面向新工科的电工电子信息基础课程系列教材
教育部高等学校电工电子基础课程教学指导分委员会推荐教材

人工智能基础及应用

宋永端　编著

清華大學出版社
北　京

内容简介

本书主要介绍与人工智能相关的一些基础知识，全书共9章。第1章简要介绍人工智能的发展历史及国内外研究现状，第2章详细给出学习人工智能需要具备的基础数学知识，第3～8章分别介绍不同的人工智能技术，并在第9章给出具体的应用实例。为便于读者理解及巩固所学知识点，本书各主要章节配有一定数量的例题和习题，并在最后附有相关章节的习题解答。

本书可以作为高等院校电子信息类、自动化类、计算机类等相关专业本科生或研究生的教材或参考书。

图书在版编目(CIP)数据

人工智能基础及应用/宋永端编著. —北京：清华大学出版社，2021.2(2024.9重印)
面向新工科的电工电子信息基础课程系列教材
ISBN 978-7-302-56667-0

Ⅰ. ①人… Ⅱ. ①宋… Ⅲ. ①人工智能－高等学校－教材 Ⅳ. ①TP18

中国版本图书馆CIP数据核字(2020)第203634号

责任编辑：文 怡 李 晔
封面设计：王昭红
责任校对：李建庄
责任印制：曹婉颖

出版发行：清华大学出版社
网　　址：https://www.tup.com.cn，https://www.wqxuetang.com
地　　址：北京清华大学学研大厦A座　　**邮　　编**：100084
社 总 机：010-83470000　　**邮　　购**：010-62786544
投稿与读者服务：010-62776969，c-service@tup.tsinghua.edu.cn
质量反馈：010-62772015，zhiliang@tup.tsinghua.edu.cn
课件下载：https://www.tup.com.cn，010-83470236
印 装 者：北京嘉实印刷有限公司
经　　销：全国新华书店
开　　本：185mm×260mm　　**印　　张**：12.75　　**字　　数**：290千字
版　　次：2021年2月第1版　　**印　　次**：2024年9月第4次印刷
印　　数：4101～5100
定　　价：39.00元

产品编号：088531-01

前 言

人工智能经历了三起两落之后，近几年又进入飞速发展时期。特别是在2016年，阿尔法狗（AlphaGo）以4∶1的战绩战胜世界围棋冠军李世石后，人工智能瞬间吸引了人们的目光。国际互联网公司纷纷开展与人工智能相关的研究，新兴人工智能研究机构如雨后春笋般出现。同时，世界各国也相继针对人工智能的发展制定相应政策，并有大量资金投入，极大促进了人工智能在不同行业领域的应用，特别是在与语音识别、自然语言处理和计算机视觉相关的领域得到较大发展。伴随人工智能空前繁荣期的到来，人类也进入了人工智能时代。

人工智能的发展前景值得期待。一方面，产业互联网的发展带动了人工智能的发展；另一方面，智能化是未来的发展趋势。因此，人工智能技术将成为职场人的必备技能之一，特别是对于有志在人工智能领域发展的年轻人来说更是如此。不言而喻，要想学好人工智能技术，需要打好基础，但对初学者而言，面对如此繁多的人工智能技术相关资料难以取舍。为了让初学者有一本相对系统全面的人工智能教材，编者在参考相关文献专著的基础上，结合自己多年的教学和实践经验，将入门人工智能必备基础知识汇于此书，希望对人工智能基础理论初学者有一定帮助和启发。

本书以浅显易懂的语言，简洁清晰的公式，配合生动有趣的案例，介绍人工智能学习所需的基本知识，包括机器学习、神经网络、深度学习等基础内容，以帮助读者了解人工智能，并为进一步研究打下基础。就目前而言，人工智能的发展还处于弱人工智能阶段，离人们所期待的强人工智能还相差甚远。编者希望本书能引起更多学者对人工智能的兴趣，共同推动人工智能技术的发展。

本书编写得到国家自然科学基金项目的资助。在策划与编写过程中，以下教师和同学提供了大量帮助：喻薇、何鎏、崔福伟、曹晔、周淑燕、曹岚、刘剑、时天源、李泽强等，在此一并致谢。本书的编写还得到重庆市智慧无人系统重点实验室的大力支持，有关内容还得益于国内外人工智能领域专家学者的相关论文和专著，编者在此深表谢意。

人工智能技术和应用发展迅速，可谓日新月异。由于编者水平所限，书中疏漏、不当甚至错误之处在所难免，恳请读者批评指正！

宋永端

2021年1月于重庆

课件

目录

第1章　人工智能简介 …… 1

1.1　人工智能定义 …… 2

1.2　人工智能发展历史与三大学派 …… 2

1.2.1　人工智能发展历史 …… 2

1.2.2　三大学派 …… 6

1.3　国内外发展现状、挑战与未来趋势 …… 7

1.3.1　国内外发展现状 …… 7

1.3.2　面临的问题 …… 10

1.3.3　未来发展趋势 …… 11

习题 …… 12

参考文献 …… 13

第2章　数学基础 …… 14

2.1　矩阵及其运算 …… 15

2.1.1　向量 …… 15

2.1.2　矩阵 …… 15

2.1.3　矩阵运算 …… 16

2.1.4　范数 …… 17

2.2　导数与微分 …… 19

2.2.1　导数 …… 19

2.2.2　微分 …… 23

2.2.3　偏导数 …… 24

2.3　泰勒展开式 …… 25

2.4　梯度及其运算 …… 26

2.4.1　梯度 …… 26

2.4.2　梯度下降 …… 28

2.5　概率论相关知识 …… 29

2.5.1　概率 …… 29

2.5.2　条件概率 …… 30

目录

2.5.3 随机变量的分布函数 …… 31
2.5.4 数学期望 …… 33
习题 …… 35
参考文献 …… 36

第 3 章 机器学习的起点：线性回归 …… 37

3.1 线性回归模型建立 …… 38
3.1.1 机器学习角度 …… 39
3.1.2 统计学角度 …… 41
3.2 线性回归原理 …… 43
习题 …… 46
参考文献 …… 47

第 4 章 支持向量机 …… 48

4.1 线性可分支持向量机 …… 49
4.1.1 线性可分支持向量机的定义 …… 49
4.1.2 函数间隔与几何间隔 …… 50
4.1.3 间隔最大化 …… 51
4.1.4 线性可分支持向量机学习的对偶算法 …… 54
4.2 线性支持向量机 …… 57
4.2.1 线性支持向量机的定义 …… 57
4.2.2 线性支持向量机学习的对偶算法 …… 58
4.2.3 支持向量 …… 60
4.2.4 合页损失函数 …… 60
4.3 非线性支持向量机 …… 62
4.3.1 核技巧 …… 62
4.3.2 常见的核函数 …… 64
4.3.3 非线性支持向量机 …… 64
习题 …… 66
参考文献 …… 66

第 5 章 神经网络及基本结构 …… 67

5.1 神经元介绍 …… 68

目录

5.2 感知机 …… 70
5.3 神经网络的基本结构 …… 72
5.4 反向传播 …… 76
5.5 梯度下降算法 …… 79
习题 …… 81
参考文献 …… 82

第6章 卷积神经网络 …… 83

6.1 卷积神经网络发展历史 …… 84
6.2 卷积神经网络结构 …… 84
6.2.1 卷积层 …… 86
6.2.2 池化层 …… 88
6.2.3 softmax 分类函数 …… 90
6.3 卷积神经网络常用的损失函数 …… 92
6.4 卷积神经网络常用的训练算法 …… 92
6.4.1 随机梯度下降算法 …… 92
6.4.2 RMSProp 优化算法 …… 95
6.4.3 Adam 优化算法 …… 95
习题 …… 96
参考文献 …… 98

第7章 循环神经网络 …… 99

7.1 循环神经网络原理 …… 100
7.1.1 RNN 的基本结构 …… 100
7.1.2 RNN 的前向传播 …… 102
7.1.3 RNN 的反向传播 …… 103
7.1.4 双向 RNN …… 105
7.1.5 基于编码-解码的序列到序列架构 …… 106
7.2 长期依赖问题及优化 …… 108
7.3 基于门结构的 RNN …… 109
7.3.1 门结构 …… 109
7.3.2 LSTM …… 110

目录

7.3.3 GRU …… 112

7.4 注意力机制 …… 113

7.4.1 NLP 中注意力机制的起源 …… 113

7.4.2 注意力机制的标准形式 …… 114

7.4.3 注意力机制的变形 …… 115

习题 …… 120

参考文献 …… 121

第 8 章 分类与聚类 …… 122

8.1 基于判别函数的分类方法 …… 123

8.1.1 广义判别函数法 …… 123

8.1.2 分段线性判别函数法 …… 125

8.2 基于已知样本类别的分类方法 …… 127

8.2.1 参数估计法 …… 128

8.2.2 非参数估计 …… 131

8.3 基于未知样本类别的聚类方法 …… 135

8.3.1 基于距离阈值的聚类算法 …… 136

8.3.2 层次聚类法 …… 138

8.3.3 动态聚类算法 …… 140

习题 …… 147

参考文献 …… 147

第 9 章 应用实例 …… 149

9.1 MATLAB 基础 …… 150

9.1.1 常量 …… 150

9.1.2 变量 …… 150

9.1.3 数组 …… 151

9.1.4 矩阵 …… 152

9.1.5 函数 …… 152

9.1.6 循环语句 …… 152

9.1.7 条件语句 …… 153

9.2 几个典型案例 …… 154

9.2.1 房价预测 …… 154
9.2.2 支持向量机的二分类应用 …… 155
9.2.3 豆瓣读书评价分析 …… 158
9.2.4 手写数字识别 …… 161
9.2.5 基于循环神经网络的情感分类 …… 164
9.2.6 国民健康状况研究 …… 168
参考文献 …… 172

参考答案 …… 173

第1章 人工智能简介

1.1 人工智能定义

人工智能(Artificial Intelligence,AI)是研究、开发用于模拟、延伸和扩展人类智能的一门新型交叉学科[1]。

一直以来,对人工智能的定义众说纷纭。

人工智能的一个较早定义,是由约翰·麦卡锡(John McCarthy)在 1956 年的达特茅斯会议上提出的：人工智能是让机器的行为看起来就像人所表现出的智能行为一样。

另一个定义指出：人工智能是人造机器所表现出来的智能性,即人造机器像人一样能够思考、采取行动或制定决策。

从仿人的角度,将利用机器(含计算机程序)模拟人类感知、学习、认知、推理、决策、交互等过程的技术称为人工智能。

尼尔逊教授对人工智能下了这样一个定义："人工智能是关于知识的学科——怎样表示知识以及怎样获得知识并使用知识的科学。"

通过以上对人工智能的各种定义,可以总结出：人工智能是让机器去学习人类的行动、思维等能力,从而拓展人类自身能力的一门科学技术。

按照机器是否能够产生自我认知,将人工智能分为弱人工智能(专用人工智能)、强人工智能(通用人工智能)和超强人工智能。

弱人工智能：没有自我意识,不具备真正的推理能力。目前,所有人工智能领域取得的进展都只是在弱人工智能领域,只适用于特定领域,多见于具有人脸识别、语音识别或语义理解功能的设备,如智能客服、服务机器人等。

强人工智能：具有独立的自我意识且具备真正的推理能力。现有的人工智能设备都不具备强人工智能能力,弱人工智能进化到强人工智能也许是人工智能发展中最难的一步。

超强人工智能：具有人的思维,有自己的世界观、价值观,会自己制定规则,具有人所具有的本能和创造力,并且具备比人类思考效率及质量高无数倍的大脑,在几乎所有领域都大大超越人类。

1.2 人工智能发展历史与三大学派

本节主要介绍人工智能的发展历史,即人工智能的起源、诞生以及跌宕起伏的发展过程,并介绍在此发展过程中产生的三大主要学派。

1.2.1 人工智能发展历史

人工智能从被提出至今,由于各种原因,其发展过程并非一帆风顺,经历了三次繁荣和两次低谷。下面参照《人工智能标准化白皮书》,按照时间顺序对人工智能的发展阶段进行大致划分，并简单介绍每个阶段发生的代表性事件，如图 1.1 所示。

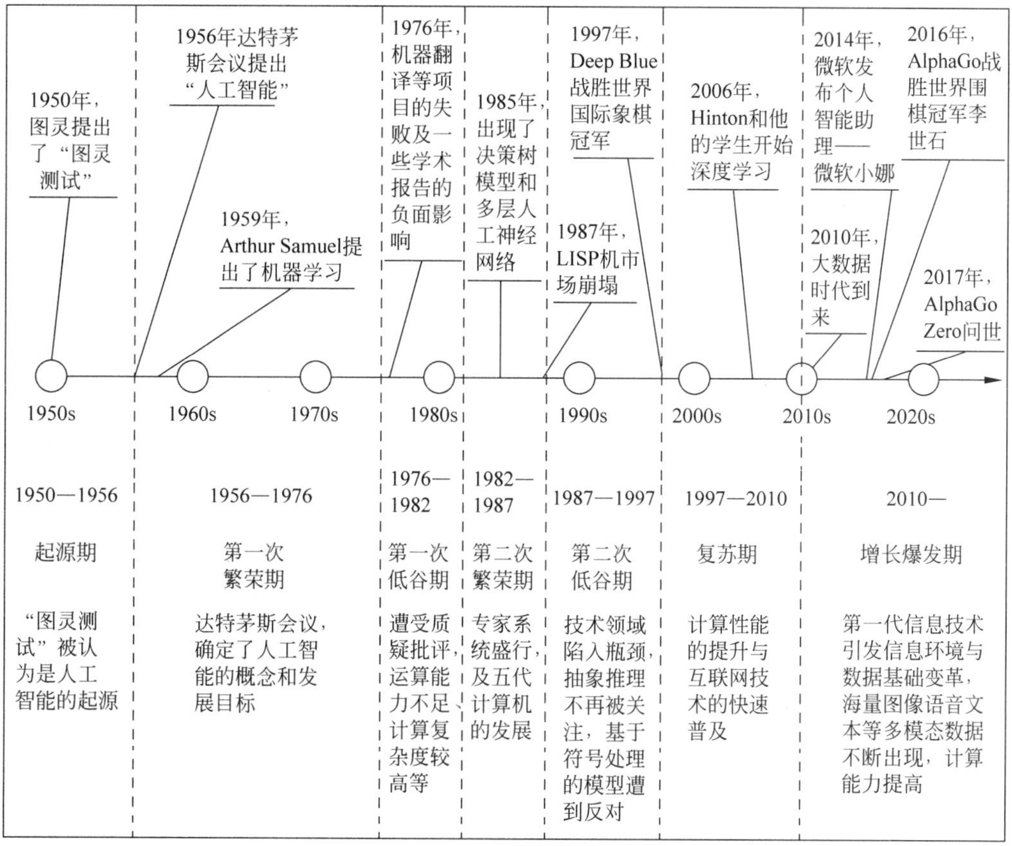
1950年，图灵提出了“图灵测试”
1956年达特茅斯会议提出“人工智能”
1959年，Arthur Samuel提出了机器学习
1976年，机器翻译等项目的失败及一些学术报告的负面影响
1985年，出现了决策树模型和多层人工神经网络
1987年，LISP机市场崩塌
1997年，Deep Blue战胜世界国际象棋冠军
2006年，Hinton和他的学生开始深度学习
2010年，大数据时代到来
2014年，微软发布个人智能助理——微软小娜
2016年，AlphaGo战胜世界围棋冠军李世石
2017年，AlphaGo Zero问世
1950s
1960s
1970s
1980s
1990s
2000s
2010s
2020s
1950—1956
起源期
“图灵测试”被认为是人工智能的起源
1956—1976
第一次繁荣期
达特茅斯会议，确定了人工智能的概念和发展目标
1976—1982
第一次低谷期
遭受质疑批评，运算能力不足、计算复杂度较高等
1982—1987
第二次繁荣期
专家系统盛行，及五代计算机的发展
1987—1997
第二次低谷期
技术领域陷入瓶颈，抽象推理不再被关注，基于符号处理的模型遭到反对
1997—2010
复苏期
计算性能的提升与互联网技术的快速普及
2010—
增长爆发期
第一代信息技术引发信息环境与数据基础变革，海量图像语音文本等多模态数据不断出现，计算能力提高

图 1.1　人工智能发展史(图片来源：《人工智能标准化白皮书》)

1. 起源期

起源期为 1950—1956 年。定义该段时间为人工智能的起源期，主要是因为图灵的论文和他提出的“图灵测试”。

1950 年，英国数学家阿兰・麦席森・图灵发表了论文《计算机器与智能》(*Computing Machinery and Intelligence*)，该论文为后来人工智能科学提供了开创性的构思。他还提出了“图灵测试”：观察者同时向人和机器提问，如果有超过 30% 的测试无法判断被测试者是不是人，则该机器就通过了图灵测试。1956 年，图灵发表文章《机器能思考吗》，其机器智能思想被认为是人工智能的直接起源之一，因此，图灵被认为是“人工智能之父”。美国计算机协会(ACM)于 1966 年设立图灵奖，用以表彰为计算机科学做出突出贡献的人，图灵奖被誉为“计算机界的诺贝尔奖”[2]。

2. 第一次繁荣期

第一次繁荣期为 1956—1976 年。人工智能概念和机器学习概念相继被提出，并取得了许多不错的研究成果，人工智能进入第一个发展高潮。

1956 年 8 月，在美国汉诺斯小镇的达特茅斯学院中，约翰・麦卡锡、马文・闵斯基、克劳德・香农、艾伦・纽厄尔、赫伯特・西蒙等科学家召开了一个夏季讨论班，讨论如何用机器来模仿人类学习以及其他方面的智能。人工智能的概念在这次足足进行了两个月的会议上被首次提出来。因此，1956 年也就成为了人工智能元年[3]。

3. 第一次低谷期

第一次低谷期为 1976—1982 年。由于在第一次繁荣期人工智能的发展让人们对人工智能期待过高，人们提出了一些不符合实际的目标。莱特希尔报告的提出与人工智能界接二连三的失败，让人工智能开始走入低谷。

1973 年，著名数学莱特希尔(James Lighthill)受英国科学研究委员会委托，通过阅读与人工智能相关的所有重要相关论文，向英国政府提交了一份关于人工智能的研究报告《人工智能：综合调查》(*Artificial Intelligence*：*A General Survey*)对机器人技术、语言处理技术等知名子领域研究进行了严重的质疑。同年 6 月，在 BBC《争议》系列节目中，莱特希尔与布里斯托大学神经心理学教授 Richard Gregory、达特茅斯会议的发起人约翰・麦卡锡、爱丁堡大学机器人实验室主任 Donald Michie 进行了题为“通用机器人是海市蜃楼”的著名辩论[4]。莱特希尔指出人工智能那些看上去宏伟的目标根本无法实现，相关的研究没有价值。

此后，科学界对人工智能的基础研究和实际价值进行了一轮深入的拷问，使得人工智能的研究遭受巨大质疑。随后，各国政府和机构也停止或减少了资金投入，人工智能在 20 世纪 70 年代陷入了第一次寒冬期[5]。

其实这次寒冬的到来不是偶然的。一方面，很多理论上可解决的问题或实现的方法涉及巨大的计算量，但当时的计算水平不能满足实际需求；另一方面，一些任务需要大量的数据，当时互联网还没有普及，要获得大量的数据也困难重重。

4. 第二次繁荣期

第二次繁荣期为 1982—1987 年。推动人工智能第二次繁荣的原因有专家系统的应用和神经网络的复兴。

专家系统主要由知识库和推理机组成。知识库用来存放专家提供的知识，推理机依据当前条件和已知信息，匹配知识库中的规则，获得新的结论，以得到问题求解结果。

其中比较著名的例子有，1980 年卡内基梅隆大学设计出的专家系统——XCON。当用户订购 DEC 公司的 VAX 系列计算机时，XCON 可以按照需求自动配置零部件。从 1980 年投入使用到 1986 年，XCON 一共处理了八万个订单[6]。XCON 取得了巨大的商业成功，有大量的资金投入到人工智能领域，大部分世界 500 强公司开始开发和部署各自领域的专家系统。专家系统的出现实现了人工智能从理论研究走向实际应用的重大突破。专家系统模拟人类专家的知识和经验解决特定领域的问题。该方法在许多领域取得成功，推动了人工智能的快速发展。

神经网络在这一时期复兴。1983 年，加州理工学院的物理学家 John Hopfield 利用神经网络，在旅行商这个 NP 完全问题的求解上获得当时最好成绩，引起了轰动。1986 年，Rumelhart、Hinton 和 Williams 发明了可以训练的反向传播神经网络，并展示了反向传播方法可以根据输入数据使用隐含层来表示内在的联系[7]。虽然由于计算能力的限制，神经网络没有被大量应用到实际生产生活中，但是却为人工智能的再一次繁荣做了铺垫。

5. 第二次低谷期

第二次低谷期为 1987—1997 年。随着专家系统在人工智能不同领域不断应用，其局限性也不断暴露出来，主要原因有三。其一，应用领域狭窄、推理方法单一，限制了专家系统在更多领域的应用；其二，缺乏常识性知识、知识获取困难，因此，一些常识性问题不能解决，也难以处理不断出现的新问题和新知识；其三，维护困难、成本越来越高，尤其是当专家系统变得复杂时，该问题尤为突出。

1982 年，为了研究与开发下一代计算机，日本开始了一项长达十年、耗资 5 亿美元的第五代计算机系统(FGCS)的研究项目，用以开发并行推理和个人顺序推理系统以及关键数据库[8]。该项目希望使用大规模多 CPU 并行计算能力解决人工智能面临的算力不足问题，并打算建立更加全面的专家系统增加人工智能的能力。但是该项目在十年后以失败结束，使得专家系统不仅不时髦，反而变成有负面含义的词。

由此，人们对专家系统和人工智能的信心产生动摇，对人工智能的发展方向提出质疑，认为基于规则的编程一开始就是错误的，而且硬件市场的研究也跟不上人工智能的需求，各国政府和机构对人工智能相关研究的投资骤减，导致人工智能又进入低谷。

6. 复苏期

复苏期为 1997—2010 年。由于互联网技术的快速发展，人工智能的研究也得以加速发展，人工智能技术不断走向实用化。这一时期出现了许多影响深远的事件，分别介绍如下。

1997 年 5 月，国际商业机器公司研制的深蓝超级计算机战胜了国际象棋世界冠军卡斯帕罗夫，如图 1.2 所示。深蓝可估计之后的 12 步棋，而一名优秀的人类棋手大约可估计之后的 10 步棋。最终，深蓝计算机以 3.5∶2.5 击败卡斯帕罗夫。其实，在一年之前，深蓝曾首次挑战卡斯帕罗夫，但以 2∶4 落败，当时深蓝还受到了卡斯帕罗夫的嘲笑，但是深蓝战胜卡斯帕罗夫后，卡斯帕罗夫表示深蓝有时可以“像上帝一样思考”。

图 1.2　1997 年，超级计算机深蓝挑战国际象棋世界冠军卡斯帕罗夫[9]

2006年,多伦多大学教授杰弗里·辛顿(Geoffrey Hinton)和他的学生发表在*Science*期刊上的文章《用神经网络进行数据降维》(*Reducing the Dimensionality of Data with Neural Networks*)[10],重新将神经网络带入人们的视野,利用单层的RBM自编码预训练使得深层的神经网络训练变得可能。

同年,美国斯坦福大学计算机科学系李飞飞教授意识到专家学者在研究算法的过程中忽视了"数据"的重要性,于是开始带头构建大型图像数据集——ImageNet,图像识别大赛由此拉开帷幕。

7. 增长爆发期

2010年至今属于增长爆发期。随着互联网、大数据等信息技术的发展,大量的数据可用。同时,图形处理器的硬件发展,大大提高了数据的处理速度。基于以上基础,以神经网络为代表的人工智能技术得以飞速发展,在各个领域都得到广泛应用,比如图像处理、语音助手、人机对弈、无人驾驶等,人工智能技术迎来爆发式增长的新高潮。

这一时期,不得不提的代表性事件是在2016年,AlphaGo(阿尔法狗)大战世界围棋冠军李世石,以4∶1的战绩赢得这场比赛。AlphaGo是由谷歌(Google)旗下DeepMind公司戴密斯·哈萨比斯领衔的团队开发。其采用了深度神经网络和强化学习,可谓自学成才。一年后,AlphaGo以3∶0的战绩完胜围棋世界冠军柯洁。随后,柯洁表示:"在我看来,它就是围棋上帝,能够打败一切。"AlphaGo的胜利,让人们看到了人工智能的巨大潜力。各国政府和机构纷纷加大对人工智能的投资,制定各自的发展策略,大力发展人工智能。

1.2.2 三大学派

人工智能自1956年正式提出算起,已经研究发展了60多年。其间,不同学科背景的学者从不同的角度对人工智能提出了不同的观点,由此产生了不同的学术流派。其中,对人工智能研究影响较大的主要有符号主义、连接主义和行为主义三大学派。

1. 符号主义

符号主义又称为逻辑主义或计算机学派,起源于数理逻辑,其原理主要为物理符号系统假设和有限合理性原理。

符号主义认为符号是人的认知基元,人和计算机都是一个物理符号系统,因此,可以用计算机来模拟人的智能行为。

基于符号主义的系统需要演绎归纳、逻辑推理,以及在特定模型下求解的搜索算法。这包括专家系统、约束求解器和规划系统。此外,该系统通常还包括一些能控制不确定性与风险的变量。后来出现的专家系统也是基于符号主义思想,这让人工智能的理论得以应用,大大推动了人工智能的发展。现在,符号主义仍然是人工智能的主流派别。

2. 连接主义

连接主义又称为仿生学派或生理学派,其原理主要为神经网络及神经网络间的连接机制与学习算法。连接主义取名来自网络拓扑学。

连接主义认为神经元是人的认知基元，而不是符号，人脑不同于电脑，并提出连接主义的大脑工作模式。

连接主义中知名度最高的是人工神经网络（Artificial Neural Networks，ANN）技术。它由多层神经元组成，这些神经元可处理输入信号，并通过权重系数实现彼此的连接，且通过连接实现不同层神经网络之间信号的正向传递和反向传递。人工神经网络大小不一，形状各异，包括卷积神经网络（擅长图像识别与分类）与循环神经网络（主要应用于时间序列分析等时间类问题）。深度学习就是使用多层人工神经网络构建神经网络模型进行学习的过程。

3. 行为主义

行为主义又称为进化主义或控制论学派，其原理主要为感知-动作型控制系统。

行为主义认为智能决定于感知和行动，智能不需要知识、表示和推理，在现实世界中与周围环境不断交互的过程中，人工智能可以表现出来并能不断进化。

行为主义起初的研究工作重点是对控制系统和拟人的研究。到 20 世纪六七十年代，控制系统的研究取得了一定进展，并在 20 世纪 80 年代诞生了智能控制和智能机器人系统。20 世纪末，行为主义在人工智能发展中作为新学派出现。

表 1.1 显示了人工智能三大学派之间的区别。符号主义和行为主义在很多方面是相同的，可解释性强；连接主义由于主要是基于神经网络，因此可解释性比较差，但是它无需大量的专业知识，就可以通过大量数据找出其中的规律。

表 1.1 三大学派优劣势分析[11]

人工智能三大学派	知识表达	黑箱	特征学习	可解释性	是否需要大样本	计算复杂性	组合爆炸	环境互动	过拟合问题
符号主义（逻辑主义）	强	否	无	强	否	高	多	否	无
连接主义（仿生学派）	强	是	有	弱	是	高	少	否	有
行为主义（决策控制）	强	否	无	强	否	一般	一般	是	无

1.3 国内外发展现状、挑战与未来趋势

1.3.1 国内外发展现状

近年来，人工智能的发展吸引了各国的眼球，为抢占这一科技制高点，各国政府和机构纷纷出台政策方针发展人工智能。下面分别从政策和行业应用方面介绍我国和世界上其他国家人工智能的发展现状。

1. 政策

表 1.2 罗列了世界上部分国家为发展人工智能制定的一些政策。下面详细介绍我国和世界上其他国家有关人工智能的政策。

表 1.2　世界各国人工智能政策(资料来源：国际技术经济研究所、清华大学)

国家	时间	政策/规划	推动力量	资金投入
美国	2016 年 11 月	《为人工智能的未来做准备》	国家科学技术委员会 白宫科技政策办公室 国家预算办公室 人工智能特别委员会等	12 亿美元
		《国家人工智能研究与发展战略计划》		
		《人工智能、自动化与经济报告》		
	2018 年 5 月	白宫人工智能峰会		—
	2019 年	《维护美国在人工智能领域领导地位》		—
		《国家人工智能研发战略计划》		—
		《美国人工智能时代：行动蓝图》		—
中国	2015 年 5 月	《中国制造 2025》	国务院、科技部等 人工智能规划推进办公室 人工智能战略咨询委员会等	—
	2016 年 8 月	《“十三五”国家科技创新规划》		—
	2017 年 7 月	《新一代人工智能发展规划》		—
	2018 年 4 月	《高等学校人工智能创新行动计划》		—
日本	2015 年 1 月	《机器人新战略》	人工智能技术战略会议等	1000 亿日元
	2017 年 3 月	《人工智能技术战略》		924 亿日元
印度	2018 年 6 月	《国家人工智能战略》	中央部门成立人工智能小组	—
欧盟	2014 年	《2014—2020 欧洲机器人技术战略》	欧盟委员会 欧洲机器人技术平台等	28 亿欧元
	2018 年 4 月	《欧盟人工智能》		—
	2020 年 3 月	《走向卓越与信任——欧盟人工智能监管新路径》		—
德国	2014 年	《新高科技战略》	联邦教育研究部 德国工程研究院等	110 亿欧元
	2018 年 7 月	《联邦政府人工智能战略要点》		—
法国	2013 年	《法国机器人发展计划》	法国数字委员会 国家信息与自动化研究院 AI 伦理委员会等	1500 万欧元
	2017 年 3 月	《国家人工智能战略》		2500 万欧元
	2018 年 5 月	《人工智能战略》		15 亿欧元
英国	2016 年 10 月	《机器人技术和人工智能》	英国 AI 理事会 国家人工智能研究中心 工程和物理科学委员会 开放数据研究生等	—
	2016 年 11 月	《人工智能：未来决策的机会与影响》		—
	2017 年 10 月	《在英国发展人工智能》		—
	2018 年启动	《人工智能行业新政》		10 亿美元
韩国	2016 年 3 月	《人工智能“BRAIN”计划》	韩国科技信息通信部 韩国电子通信研究院等	—
	2018 年 5 月	《人工智能发展战略》		—

1) 中国人工智能相关政策

为推动人工智能发展，我国于 2015 年颁布了《中国制造 2025》[12]，主要内容有加快推动新一代信息技术与制造技术融合发展，把智能制造作为深度融合的主攻方向；着力发展智能装备和智能产品，推进生产过程智能化。2017年，我国发布了《新一代人工智能发展规划》，确定新一代人工智能发展分三步走的战略目标，将发展人工智能技术上升为国家战略。2018年，中央经济工作会议将加强人工智能等新型基础设施建设列为2019年的重点工作。2019年，我国发布了《关于促进人工智能和实体经济深度融合的指导意见》，提出把握新一代人工智能的发展特点。

2）世界其他国家人工智能相关政策

世界上其他国家也纷纷出台与人工智能有关的方针政策。最早开始于2013年，法国发布《法国机器人发展计划》。当2016年，AlphaGo大放异彩之后，各国重视人工智能的发展，大量的政策也从这一年开始大量颁布。美国于2016年接连发布《为人工智能的未来做好准备》《国家人工智能研究和发展战略计划》和《人工智能、自动化与经济报告》三份报告，将发展人工智能技术上升为国家战略。欧盟于2016年提出人工智能立法动议，并于2018年提出《欧盟人工智能》，优先发展人工智能项目。日本、韩国和印度等国家也出台各自的人工智能政策，大力发展人工智能，积极推动人工智能的发展。

2. 行业应用

目前，人工智能企业分布呈现三足鼎立的局面，主要在美国、中国和欧洲等国家和地区。据前瞻产业研究院统计，2017年全球人工智能企业中，美国占比48.11%，中国占比11.10%，欧盟占比10.88%，剩余其他国家地区占比29.91%，如图1.3所示。下面分别介绍中国和世界上其他国家人工智能在行业应用方面的发展情况。

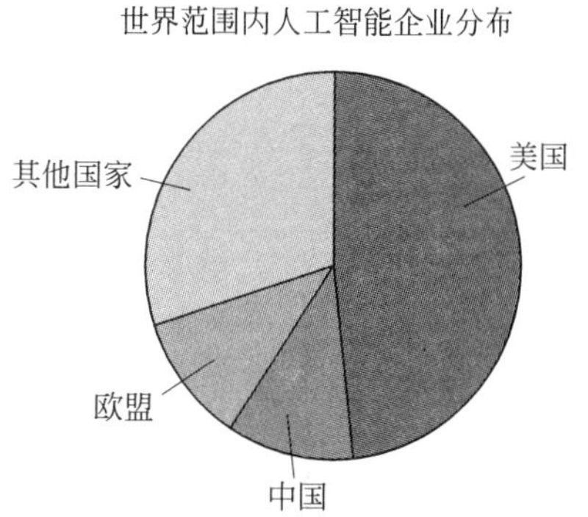

图1.3　2017年世界上人工智能企业分布图

1）中国人工智能的行业应用

我国人工智能的行业应用比较偏重于垂直细分领域的应用，基本都是“行业＋AI”组合，即传统行业与AI的结合，如智能客服、智能医疗、智能安防和智能金融等。其中，智能安防、智能金融和智能客服占比较大。

智能安防领域：2018年，我国智能安防软硬件市场规模达到135亿元，2019年，智能安防市场仍旧高速增长，至2020年增速开始稳定，2020年市场规模有望突破700亿元[13]。其中，视频监控占比接近90%，主要应用在人脸识别闸机、门禁、监控摄像头等。

智能安防领域的代表性企业有海康威视、大华股份、商汤科技、旷世科技等。

智能金融领域：2018 年，我国智能金融领域的软硬件投入为 166.8 亿元，到 2020 年，超过 580 亿元。其中银行业是主要的投入方，占比 70%。AI 公司在金融方面以智能风控产品为主，主要包括技术集中型和数据集中型两类。

智能客服领域：2018 年，智能客服业务规模达到 27.2 亿元，该领域未来规模将达到 500 亿～800 亿元。智能客服应用比较广泛，可以应用在通信、银行、智能家居、交通等行业。代表性的企业有百度、阿里、科大讯飞、京东等。

我国正处于人工智能的发展起步阶段，与世界上发达国家还有不小的差距，特别是在基础理论研究方面，需要投入大量的人力物力。但是，我国具有广阔的发展空间。根据我国的规划，2020 年、2025 年和 2030 年中国 AI 核心产业规模将分别超 1500 亿元、4000 亿元和 1 万亿元。

2）世界上其他国家人工智能的行业应用

除了中国之外，世界上人工智能发展比较超前的国家有美国、英国、德国、法国、加拿大、日本、韩国等，下面简单介绍美国和欧洲在行业应用方面人工智能的发展情况。

美国领跑人工智能的发展潮流，推动软硬件系统协同演进，全面开发人机协作智能系统。美国硅谷聚集了从人工智能底层芯片到产业应用的企业，是当今人工智能发展的重点区域。美国的人工智能融资规模占全球的 60% 以上。以谷歌、微软、亚马逊、Facebook、IBM 五大巨头为代表，共建人工智能生态圈，通过合作的方式推进人工智能的研究和推广，已从底层基础设施到算法再到应用全面布局，形成了较为完整的产业体系。美国人工智能技术一部分应用于军事领域，另一部分应用于民用领域。

欧洲人工智能总体发展情况较好，约有 1600 家处于早期阶段的人工智能软件公司[14]。其中，90%着眼于垂直细分领域。欧洲各国人工智能发展各有特色，其中，英国无疑是其中的佼佼者。目前英国约有 500 家人工智能初创企业，约占欧洲总数的三分之一。据统计，英国对人工智能初创企业的投资超过法国和德国在人工智能初创企业的投资总和。一些英国人工智能企业与英国高校有着密切的联系与合作。德国带动传统产业改造升级，集中于“工业 4.0”计划，以服务机器人为重点，加快智能机器人的开发和应用，并且大力发展自动驾驶技术，引领汽车产业革命。瑞士一早就盯准了机器人行业，大力发展智能机器人技术，成为了国际化的机器人创新中心，被人们称为“机器人硅谷”。

1.3.2 面临的问题

人工智能发展了 60 多年，虽然过程曲折，但如今的人工智能发展迅猛，给人类社会带来了巨大的便利，当然，人工智能的快速发展不可避免地会存在一些问题。下面列出了人工智能发展过程中需要解决的问题。

1. 通用人工智能实现问题

发展至今，人工智能的各种技术应用只是限于特定领域，属于弱人工智能。虽然在特定领域人工智能表现还可以，但是如何实现通用人工智能，让人工智能产品具备人类常识和认知能力，使其能适用于不同的领域是一个现在很难解决的问题。

2. 稀缺数据资源条件下的学习

人工智能技术的发展基础是数据，得益于互联网的发展，人类搜集了很多可用的数据，用于人工智能模型的训练。但是，人工智能模型的训练需要大量的数据，对于一些特定领域，数据资源稀缺，如何使用稀缺数据去学习是一个需要解决的问题。

3. 安全问题

人工智能的发展，不可避免地会存在安全问题，这里说的安全问题包括信息安全、交通安全、人身安全等。信息安全是指我们使用的人工智能设备可能会泄露个人信息，也可能被黑客入侵，从而被黑客控制，然后向使用者散发不良信息；交通安全主要是指无人驾驶汽车的安全性问题，如何避免无人驾驶汽车撞人事件的发生是一个亟待解决的问题；人身安全主要是指 AI 武器，比如用于刺杀的小型无人机，这样的 AI 武器如果被不法分子利用，将会对人们的人身安全带来巨大威胁。

4. 法律法规的制定问题

人工智能势必会带来一系列安全问题，如何避免出现这样的问题是人工智能专家学者需要解决的问题，如果有人使用人工智能技术故意伤害他人，就必须受到法律的制裁。但是，现在人工智能的相关法律法规还没有跟上人工智能技术的发展，需要健全有关的法律法规，规范人们的行为，让人工智能持续健康地发展。

5. 道德伦理问题

2017 年，沙特阿拉伯给一个名叫索菲亚的机器人颁发了国籍，使其成为史上首个被授予国籍的机器人。虽然索菲亚在与人对话方面表现很出色，但是她还不是一个真正的人。还有一些用于缓解婚姻关系或者对社交恐惧症患者有帮助的性爱机器人，很受欢迎。西班牙科学家 Sergi Santos 认为，人类可以与机器人相爱，甚至结婚生子。这听起来就让人难以接受了。如果这样的性爱机器人普及，家庭成员间如何称呼？生理上的满足是否会降低人类抚育后代的需求？

1.3.3 未来发展趋势

人工智能发展势头如日中天，但是也遇到了很多问题，接下来其发展趋势如何？

1. 从专用智能向通用智能发展

从可应用性看，人工智能大体可分为专用人工智能和通用人工智能[16]。专用人工智能也指特定领域人工智能，已经取得了重大突破。通用人工智能尚处于起步阶段，还有很长的一段路要走。如何让人工智能系统能够举一反三，融会贯通，学会推理，具备常识，带有情商和同理心，这中间的过程还有很多技术难题需要攻克。

2. 从人工智能向人机融合智能发展

现有的人工智能系统是弱人工智能系统，没有经过人机融合合作训练过的智能系统表现出的智能性实在不敢让人恭维。要充分发挥“人”的认知能力和“机”的快速计算能力，让“人”在关键时刻对“机”进行指导，比如，将“人”的先验经验（规则或者知识图谱等）与神经网络模型结合，提高“机”的智能能力，同时，让“机”成为人类智能的延伸和拓展，提高人们处理问题的速度。

3. 自动化 AI 技术

人工智能产品的开发涉及数据准备、模型开发、超参数优化等过程，这些过程都需要人工操作，如何用自动化技术实现上述过程，让 AI 帮助我们自动化创建、部署、管理和操作 AI 模型生命周期中涉及的步骤和流程是未来一个非常实用的发展方向。

4. 可解释性和鲁棒性将受到更多关注

人工智能模型是一个黑盒子，将获取的数据输入人工智能模型进行训练，得出可用的模型，这一过程中模型为何有效？模型结果是可靠安全的吗？这些现在都解释不清楚，这些问题涉及模型的可解释性和鲁棒性问题。近年来，模型的可解释性和鲁棒性受到学术界和企业界学者的广泛关注。

5. 人工智能将减少对数据的需求

人工智能技术的研发需要大量的数据，这里所说的减少对数据的需求不是说不需要大量数据了，而是对现实中的真实数据需求减少，因为数据合成方法将会兴起，人们可以通过获取的部分真实数据去生成更多的数据用于模型的训练，因此对真实数据的需求会减少。

6. AI 药物的研发

药物研发是一个漫长的过程，可能需要十几年的时间，而且耗费大量的人力物力，研发成本很高[17]。因此，人们希望通过视觉 AI 技术，大规模监视和监测细胞药物之间的相互作用，加快药物发现中的实验和数据收集，大大加快药物研发的速度。

习题

1. 人工智能的定义是什么？
2. 人工智能的发展经历了哪几个阶段？并分别列举每个阶段的代表性事件。
3. 人工智能发展过程中产生了哪 3 个主要学派？它们的区别和联系是什么？

4. 人工智能面临的问题有哪些？

5. 人工智能的未来发展趋势有哪些？

6. 人工智能的发展对你有什么影响？谈谈你对人工智能的看法。

参考文献

[1] 百度百科. 人工智能(计算机科学的一个分支)[EB/OL]. https://baike.baidu.com/item/%E4%BA%BA%E5%B7%A5%E6%99%BA%E8%83%BD/9180?fr=aladdin.

[2] 百度百科. 艾伦·麦席森·图灵[EB/OL]. https://baike.baidu.com/item/%E8%89%BE%E4%BC%A6%C2%B7%E9%BA%A6%E5%B8%AD%E6%A3%AE%C2%B7%E5%9B%BE%E7%81%B5/3940576?fr=aladdin.

[3] 百度百科. 达特茅斯会议[EB/OL]. https://baike.baidu.com/item/%E8%BE%BE%E7%89%B9%E8%8C%85%E6%96%AF%E4%BC%9A%E8%AE%AE/22287232?fr=aladdin.

[4] 45 年前伦敦，一个报告引发 AI 寒冬……2018 上海，依图邀你与大师重思历史人工智能. https://www.sohu.com/a/250379392_675966.

[5] 简书. 人工智能通识-AI 发展简史-讲义全篇[EB/OL]. https://www.jianshu.com/p/0fed5efab3e5.

[6] 尼克. 从专家系统到知识图谱_开放知识图谱. CSDN 博客[EB/OL]. https://blog.csdn.net/TgqDT3gGaMdkHasLZv/article/details/78957864.

[7] Rumelhart D E, Hinton G E, Williams R J. Learning representations by back-propagating errors. nature, 1986, 323(6088), 533.

[8] Moto-Oka T, Stone H S, 宛琰. 第五代计算机系统——日本的规划[J]. 系统工程与电子技术, 1984(12): 3-10.

[9] 过去热点今天看：1996 年 2 月 10 日深蓝计算机首次挑战卡斯帕罗夫[EB/OL]. https://baijiahao.baidu.com/s?id=1625004534403640487&wfr=spider&for=pc.

[10] Hinton G E. Reducing the Dimensionality of Data with Neural Networks[J]. Science, 2006, 313 (5786): 504-507.

[11] AI 前导课——第一课 AI 概览[EB/OL]. http://www.mamicode.com/info-detail-2490298.html.

[12] <人工智能>全球各主要国家相关智能制造政策大盘点！[EB/OL]. http://www.sohu.com/a/218175593_505843.

[13] 2019 年中国人工智能产业研究报告[EB/OL]. https://baijiahao.baidu.com/s? id=1637554415410910963&wfr=spider&for=pc.

[14] 欧洲人工智能发展及对我国的启示[EB/OL]. https://www.xzbu.com/2/view-14846084.htm.

[15] 这次诡秘的无人机“刺杀”，预示了人类一个可怕的未来_全球无人机网 [EB/OL]. http://www.81uav.cn/uav-news/201808/08/40680.html.

[16] 人工智能的历史、现状和未来[EB/OL]. https://baijiahao.baidu.com/s?id=1626225036349017037&wfr=spider&for=pc.

[17] 专家眼中 2020 年 AI 八大趋势[EB/OL]. https://mp.weixin.qq.com/s/ezTtsNbkOE7LmjgBkJdbsg.

第2章 数学基础

2.1 矩阵及其运算

大多数实际工程系统都是多输入多输出系统，因而设计者需要熟悉一些矩阵理论的相关基础知识。

2.1.1 向量

向量是矩阵的一种特殊形式，因此，在介绍矩阵之前，我们首先介绍向量的相关定义及性质。

定义 2.1[1] 由 n 个数组成的有序数组称为 n 维向量，其中这 n 个数称为向量的 n 个元素（或分量），第 i 个数就代表向量的第 i 个元素。例如，一个 n 维行向量 $\boldsymbol{\alpha}$ 可以表示为 $\boldsymbol{\alpha}=[\alpha_1 \quad \alpha_2 \quad \cdots \quad \alpha_n]$，而 n 维列向量 $\boldsymbol{\beta}$ 则可以表示为

$$\boldsymbol{\beta}=\begin{bmatrix}\beta_1\\ \beta_2\\ \vdots\\ \beta_n\end{bmatrix}$$

其中，$\alpha_1,\alpha_2,\cdots,\alpha_n$ 为行向量 $\boldsymbol{\alpha}$ 的元素，同理，$\beta_1,\beta_2,\cdots,\beta_n$ 则表示列向量 $\boldsymbol{\beta}$ 的元素。如无特殊说明，本书中所指的向量一般是指列向量。

定义 2.2[1] 设 n 维向量 $\boldsymbol{\alpha}$ 与 $\boldsymbol{\beta}$ 分别为

$$\boldsymbol{\alpha}=\begin{bmatrix}\alpha_1\\ \alpha_2\\ \vdots\\ \alpha_n\end{bmatrix},\quad \boldsymbol{\beta}=\begin{bmatrix}\beta_1\\ \beta_2\\ \vdots\\ \beta_n\end{bmatrix}$$

则称 $\alpha_1\beta_1+\alpha_2\beta_2+\cdots+\alpha_n\beta_n$ 为向量 $\boldsymbol{\alpha}$ 与 $\boldsymbol{\beta}$ 的内积，记作 $[\boldsymbol{\alpha},\boldsymbol{\beta}]=\boldsymbol{\alpha}^{\mathrm{T}}\boldsymbol{\beta}=\alpha_1\beta_1+\alpha_2\beta_2+\cdots+\alpha_n\beta_n$ 或 $(\boldsymbol{\alpha},\boldsymbol{\beta})=\boldsymbol{\alpha}^{\mathrm{T}}\boldsymbol{\beta}=\alpha_1\beta_1+\alpha_2\beta_2+\cdots+\alpha_n\beta_n$。

内积具有以下几个重要性质[1]：设 $\boldsymbol{\alpha},\boldsymbol{\beta},\boldsymbol{\gamma}$ 是 n 维向量，λ 为实数，则有

① $[\boldsymbol{\alpha},\boldsymbol{\beta}]=[\boldsymbol{\beta},\boldsymbol{\alpha}]$；

② $[\lambda\boldsymbol{\alpha},\boldsymbol{\beta}]=[\boldsymbol{\alpha},\lambda\boldsymbol{\beta}]$；

③ $[\boldsymbol{\alpha}+\boldsymbol{\beta},\boldsymbol{\gamma}]=[\boldsymbol{\alpha},\boldsymbol{\gamma}]+[\boldsymbol{\beta},\boldsymbol{\gamma}]$；

④ $[\boldsymbol{\alpha},\boldsymbol{\alpha}]\geqslant 0$；当且仅当 $\boldsymbol{\alpha}=\mathbf{0}$ 时 $[\boldsymbol{\alpha},\boldsymbol{\alpha}]=0$。

2.1.2 矩阵

定义 2.3[1] 由 $n\times m$ 个数组成的 n 行 m 列的数组称为 n 行 m 列矩阵。例如，一个 n 行 m 列的矩阵 $\boldsymbol{A}$ 可以表示为

$$
\boldsymbol{A}=\begin{bmatrix} a_{11} & a_{12} & \cdots & a_{1j} & \cdots & a_{1m} \\ a_{21} & a_{22} & \cdots & a_{2j} & \cdots & a_{2m} \\ \vdots & \vdots & \ddots & \vdots & \ddots & \vdots \\ a_{i1} & a_{i2} & \cdots & a_{ij} & \cdots & a_{im} \\ \vdots & \vdots & \ddots & \vdots & \ddots & \vdots \\ a_{n1} & a_{n2} & \cdots & a_{nj} & \cdots & a_{nm} \end{bmatrix}
$$

其中，$a_{ij}(i=1,2,\cdots,n;j=1,2,\cdots,m)$称为矩阵$\boldsymbol{A}$位于第$i$行第$j$列的元素。元素为实数的$n$行$m$列的矩阵$\boldsymbol{A}$可以记作$\boldsymbol{A}\in\mathbf{R}^{n\times m}$或$\boldsymbol{A}_{n\times m}$。

注意：n维列向量可以看作n行1列的矩阵，因此向量可以看作矩阵的一种特殊形式。

例 2.1 某出版社为4所高校出版3类书籍的数量可以用如下矩阵表示：

$$
\boldsymbol{X}=\begin{bmatrix} x_{11} & x_{12} & x_{13} \\ x_{21} & x_{22} & x_{23} \\ x_{31} & x_{32} & x_{33} \\ x_{41} & x_{42} & x_{43} \end{bmatrix}
$$

其中，$x_{ij}(i=1,2,3,4;j=1,2,3)$表示出版社为第$i$所高校出版第$j$类书籍的数量。

2.1.3 矩阵运算

矩阵的运算通常包括矩阵与矩阵的加减运算、矩阵与数之间的相乘运算以及矩阵与矩阵之间的相乘运算，下面对这几类运算进行详细介绍。

1. 矩阵的加减运算

定义 2.4[1] 两个$n\times m$矩阵$\boldsymbol{X}=(x_{ij})$与$\boldsymbol{Y}=(y_{ij})$的和(差)可以记为$\boldsymbol{X}\pm\boldsymbol{Y}$，即

$$
\boldsymbol{X}\pm\boldsymbol{Y}=\begin{bmatrix} x_{11}\pm y_{11} & x_{12}\pm y_{12} & \cdots & x_{1m}\pm y_{1m} \\ x_{21}\pm y_{21} & x_{22}\pm y_{22} & \cdots & x_{2m}\pm y_{2m} \\ \vdots & \vdots & \ddots & \vdots \\ x_{n1}\pm y_{n1} & x_{n2}\pm y_{n2} & \cdots & x_{nm}\pm y_{nm} \end{bmatrix}
$$

注意：当且仅当两个矩阵行数相等，列数也相等时，两个矩阵之间才能进行加减运算。另外，设$\boldsymbol{X},\boldsymbol{Y},\boldsymbol{Z}$都为$n\times m$矩阵，不难发现矩阵的加减运算满足$\boldsymbol{X}+\boldsymbol{Y}=\boldsymbol{Y}+\boldsymbol{X}$及$(\boldsymbol{X}+\boldsymbol{Y})+\boldsymbol{Z}=\boldsymbol{X}+(\boldsymbol{Y}+\boldsymbol{Z})$。

例 2.2 已知矩阵$\boldsymbol{X}=\begin{bmatrix} 3 & 2 \\ 5 & 1 \end{bmatrix}$，$\boldsymbol{Y}=\begin{bmatrix} 2 & 6 \\ 3 & 4 \end{bmatrix}$，分别求$\boldsymbol{X}+\boldsymbol{Y}$与$\boldsymbol{X}-\boldsymbol{Y}$。

解：$\boldsymbol{X}+\boldsymbol{Y}=\begin{bmatrix} 3+2 & 2+6 \\ 5+3 & 1+4 \end{bmatrix}=\begin{bmatrix} 5 & 8 \\ 8 & 5 \end{bmatrix}$；

$$X-Y=\begin{bmatrix}3-2 & 2-6\\5-3 & 1-4\end{bmatrix}=\begin{bmatrix}1 & -4\\2 & -3\end{bmatrix}。$$

2. 矩阵与数相乘

定义 2.5[1]　$n\times m$ 矩阵 $\boldsymbol{X}$ 与数 μ 的乘积记作 $\boldsymbol{X}\mu$ 或 $\mu\boldsymbol{X}$，即

$$\boldsymbol{X}\mu=\mu\boldsymbol{X}=\begin{bmatrix}\mu x_{11} & \mu x_{12} & \cdots & \mu x_{1m}\\\mu x_{21} & \mu x_{22} & \cdots & \mu x_{2m}\\\vdots & \vdots & \ddots & \vdots\\\mu x_{n1} & \mu x_{n2} & \cdots & \mu x_{nm}\end{bmatrix}$$

设 $\boldsymbol{X},\boldsymbol{Y}$ 为 $n\times m$ 矩阵，μ,η 为数，易得

① $(\mu\eta)\boldsymbol{X}=\mu(\eta\boldsymbol{X})$；

② $(\mu+\eta)\boldsymbol{X}=\mu\boldsymbol{X}+\eta\boldsymbol{X}$；

③ $\mu(\boldsymbol{X}+\boldsymbol{Y})=\mu\boldsymbol{X}+\mu\boldsymbol{Y}$。

3. 矩阵与矩阵相乘

定义 2.6[1]　设 $\boldsymbol{X}=(x_{ij})$是 $n\times l$ 矩阵，$\boldsymbol{Y}=(y_{ij})$是 $l\times m$ 矩阵，记 $\boldsymbol{Z}=\boldsymbol{XY}$，则 $\boldsymbol{Z}=(z_{ij})$ 是一个 $n\times m$ 矩阵，其中 $z_{ij}=x_{i1}y_{1j}+x_{i2}y_{2j}+\cdots+x_{il}y_{lj}$。

注意：当且仅当 $\boldsymbol{X}$ 的列数与 $\boldsymbol{Y}$ 的行数相等时，$\boldsymbol{XY}$ 才能运算。

例 2.3　已知 $\boldsymbol{X}=\begin{bmatrix}3 & 2\\5 & 1\end{bmatrix}$，$\boldsymbol{Y}=\begin{bmatrix}2 & 6\\3 & 4\end{bmatrix}$，分别求 $\boldsymbol{XY}$ 与 $\boldsymbol{YX}$。

解：因为 $\boldsymbol{X}$ 与 $\boldsymbol{Y}$ 都是 2×2 的矩阵，$\boldsymbol{X}$ 的列数(或行数)与 $\boldsymbol{Y}$ 的行数(或列数)相等，因而矩阵 $\boldsymbol{XY}$ 与 $\boldsymbol{YX}$ 均存在。由定义 2.6，可得

$$\boldsymbol{XY}=\begin{bmatrix}3\times 2+2\times 3 & 3\times 6+2\times 4\\5\times 2+1\times 3 & 5\times 6+1\times 4\end{bmatrix}=\begin{bmatrix}12 & 26\\13 & 34\end{bmatrix}$$

$$\boldsymbol{YX}=\begin{bmatrix}2\times 3+6\times 5 & 2\times 2+6\times 1\\3\times 3+4\times 5 & 3\times 2+4\times 1\end{bmatrix}=\begin{bmatrix}36 & 10\\29 & 10\end{bmatrix}$$

显然，$\boldsymbol{XY}\neq\boldsymbol{YX}$，因此在矩阵相乘运算时需要特别注意矩阵相乘的顺序。

2.1.4　范数

该节主要介绍向量和矩阵的范数这两部分内容。

1. 向量的范数

定义 2.7[2]　若 V 是数域 K 上的线性空间，对任意一个向量 $\boldsymbol{\alpha}\in V$，定义一个实值函数 $\|\boldsymbol{\alpha}\|$，如果 $\|\boldsymbol{\alpha}\|$ 同时满足

① 非负性　　$\|\boldsymbol{\alpha}\|\geqslant 0$，等号当且仅当 $\boldsymbol{\alpha}=\boldsymbol{0}$ 时成立

② 齐次性　　$\|\mu\boldsymbol{\alpha}\|=|\mu|\ \|\boldsymbol{\alpha}\|,\forall\mu\in K$

③ 三角不等式　$\|\boldsymbol{\alpha}+\boldsymbol{\beta}\|\leqslant\|\boldsymbol{\alpha}\|+\|\boldsymbol{\beta}\|,\forall\boldsymbol{\alpha},\boldsymbol{\beta}\in V$

则 $\|\boldsymbol{\alpha}\|$ 称为 V 上 $\boldsymbol{\alpha}$ 的范数。

几种常见的向量范数如下：

定理 2.1[2]　设 $\boldsymbol{\alpha}=[\alpha_1\quad\alpha_2\quad\cdots\quad\alpha_n]^{\mathrm{T}}\in\mathbf{C}^n$，则关于向量 $\boldsymbol{\alpha}$ 的几类常用范数有

① 1-范数　$\|\boldsymbol{\alpha}\|_1=|\alpha_1|+|\alpha_2|+\cdots+|\alpha_n|$

② 2-范数　$\|\boldsymbol{\alpha}\|_2=\sqrt{\alpha_1^2+\alpha_2^2+\cdots+\alpha_n^2}$

③ ∞-范数　$\|\boldsymbol{\alpha}\|_\infty=\max\{|\alpha_1|,|\alpha_2|,\cdots,|\alpha_n|\}$

④ p-范数　$\|\boldsymbol{\alpha}\|_p=(\sum\limits_{i=1}^{n}|\alpha_i|^p)^{1/p},p\geqslant 1$

例 2.4　已知向量 $\boldsymbol{\alpha}=[1\quad -2\quad -4\quad 3]^{\mathrm{T}}$，分别求 $\|\boldsymbol{\alpha}\|_1$，$\|\boldsymbol{\alpha}\|_2$，$\|\boldsymbol{\alpha}\|_\infty$。

解：由定理 2.1，可得

$$\|\boldsymbol{\alpha}\|_1=1+|-2|+|-4|+3=10$$

$$\|\boldsymbol{\alpha}\|_2=\sqrt{1+(-2)^2+(-4)^2+3^2}=\sqrt{30}$$

$$\|\boldsymbol{\alpha}\|_\infty=\max\{1,|-2|,|-4|,3\}=4$$

2. 矩阵的范数

定义 2.8[2]　设 $\boldsymbol{X},\boldsymbol{Y}\in\mathbf{C}^{n\times n}$，$\mu\in\mathbf{C}$，在 $\mathbf{C}^{n\times n}$ 上按某一法则定义一个关于 $\boldsymbol{X}$ 的实值函数，记为 $\|\boldsymbol{X}\|$，若 $\|\boldsymbol{X}\|$ 同时满足以下条件：

① 非负性　　$\|\boldsymbol{X}\|\geqslant\mathbf{0}$，等号当且仅当 $\boldsymbol{X}=\mathbf{0}$ 时成立

② 齐次性　　$\|\mu\boldsymbol{X}\|=|\mu|\ \|\boldsymbol{X}\|,\forall\mu\in\mathbf{C}$

③ 三角不等式　$\|\boldsymbol{X}+\boldsymbol{Y}\|\leqslant\|\boldsymbol{X}\|+\|\boldsymbol{Y}\|$

④ 相容性　　$\|\boldsymbol{XY}\|\leqslant\|\boldsymbol{X}\|\ \|\boldsymbol{Y}\|$

则 $\|\boldsymbol{X}\|$ 称为矩阵范数。

下面给出几种常见的矩阵范数的相关定义。

定理 2.2[2]　设 $\boldsymbol{X}=(x_{ij})\in\mathbf{C}^{n\times n}$，则关于矩阵 $\boldsymbol{X}$ 的几种范数分别为

① Frobenius 范数(F-范数)　$\|\boldsymbol{X}\|_{\mathrm{F}}=(\sum\limits_{i,j=1}^{n}|x_{ij}|^2)^{1/2}=(\mathrm{tr}\boldsymbol{X}^{\mathrm{H}}\boldsymbol{X})^{1/2}$；

② 1-范数　$\|\boldsymbol{X}\|_1=\max\limits_{j}\sum\limits_{i=1}^{3}|x_{ij}|$；

③ 2-范数　$\|\boldsymbol{X}\|_2=\sqrt{\lambda}$，其中 λ 为 $\boldsymbol{X}^{\mathrm{H}}\boldsymbol{X}$ 的最大特征值；

④ ∞-范数　$\|\boldsymbol{X}\|_\infty=\max\limits_{i}\sum\limits_{j=1}^{n}|x_{ij}|$。

其中，$\boldsymbol{X}^{\mathrm{H}}$ 为 $\boldsymbol{X}$ 的共轭转置矩阵。

例 2.5 已知矩阵 $\boldsymbol{X}=\begin{bmatrix}1 & -1\\ 2 & 2\end{bmatrix}$,分别求 $\|\boldsymbol{X}\|_1$, $\|\boldsymbol{X}\|_2$, $\|\boldsymbol{X}\|_\infty$, $\|\boldsymbol{X}\|_F$。

解:由定理 2.2,可得

$$\|\boldsymbol{X}\|_1=\max_j\sum_{i=1}^{2}|x_{ij}|=\max\{1+2,|-1|+2\}=3$$

因为

$$\boldsymbol{X}^{\mathrm{H}}\boldsymbol{X}=\begin{bmatrix}1 & 2\\ -1 & 2\end{bmatrix}\begin{bmatrix}1 & -1\\ 2 & 2\end{bmatrix}=\begin{bmatrix}5 & 3\\ 3 & 5\end{bmatrix}$$

易得矩阵 $\boldsymbol{X}^{\mathrm{H}}\boldsymbol{X}$ 的特征值分别为 2 和 8,故

$$\|\boldsymbol{X}\|_2=\sqrt{\max\{2,8\}}=\sqrt{8}=2\sqrt{2}$$

$$\begin{aligned}\|\boldsymbol{X}\|_\infty&=\max_i\sum_{j=1}^{2}|x_{ij}|\\&=\max\{1+|-1|,2+2\}\\&=4\end{aligned}$$

$$\|\boldsymbol{X}\|_F=(\mathrm{tr}\boldsymbol{X}^{\mathrm{H}}\boldsymbol{X})^{1/2}=(5+5)^{1/2}=\sqrt{10}$$

2.2 导数与微分

系统动力学模型往往是用微分方程来表示的,而且在采用李雅普诺夫稳定性理论证明系统稳定性时通常也需要涉及函数的导数与微分运算,本节将重点介绍导数与微分的概念及其运算法则。

2.2.1 导数

1. 函数在一点处的导数

定义 2.9[3] 设函数 $y=f(x)$在点 x_0 的某个邻域内有定义,且当 x 在点 x_0 处取得增量 Δx(其中点 $x_0+\Delta x$ 仍在该邻域内)时,函数也相应地取得增量 $\Delta y=f(x_0+\Delta x)-f(x_0)$;如果 $\lim\limits_{\Delta x\to 0}\dfrac{\Delta y}{\Delta x}$ 存在,则称函数 $y=f(x)$在点 x_0 处可导,该极限则称为函数 $y=f(x)$在 x_0 处的导数,记作 $f'(x_0)$,即

$$f'(x_0)=\lim_{\Delta x\to 0}\frac{\Delta y}{\Delta x}=\lim_{\Delta x\to 0}\frac{f(x_0+\Delta x)-f(x_0)}{\Delta x}$$

也可表示为 $f'(x_0)=\lim\limits_{x\to x_0}\dfrac{f(x)-f(x_0)}{x-x_0}$。

例 2.6 求函数 $f(x)=x$ 在 $x=1$ 处的导数。

解:根据导数定义,可得

$$f'(1)=\lim_{x\to 1}\frac{f(x)-f(1)}{x-1}=\lim_{x\to 1}\frac{x-1}{x-1}=1$$

2. 函数在一点处可导的充要条件

首先，根据 Δx 趋于 0^- 或者趋于 0^+ 两种情况，可以将函数 $y=f(x)$ 在点 x_0 处的导数分为在该点处的左导数与右导数[3]，记为

左导数：$f'_-(x_0)=\lim\limits_{\Delta x\to 0^-}\dfrac{f(x_0+\Delta x)-f(x_0)}{\Delta x}$

右导数：$f'_+(x_0)=\lim\limits_{\Delta x\to 0^+}\dfrac{f(x_0+\Delta x)-f(x_0)}{\Delta x}$

由于 $y=f(x)$ 函数在点 x_0 处的导数是一个极限，而极限存在的充要条件是左、右极限都存在且相等，因此，函数 $y=f(x)$ 在 x_0 处可导的充要条件是函数在点 x_0 处的左导数与右导数都存在且相等，即 $f'_-(x_0)=f'_+(x_0)$。

例 2.7 已知 $f(x)=|x|$，讨论函数 $f(x)$ 分别在 $x=0$ 和 $x=1$ 处的可导性。

解：为了讨论函数在 $x=0$ 和 $x=1$ 处的可导性，首先求出函数在这两点处的左导数与右导数，易得

$$f'_-(0)=\lim_{\Delta x\to 0^-}\frac{f(0+\Delta x)-f(0)}{\Delta x}=\lim_{\Delta x\to 0^-}\frac{-\Delta x-0}{\Delta x}=-1$$

$$f'_+(0)=\lim_{\Delta x\to 0^+}\frac{f(0+\Delta x)-f(0)}{\Delta x}=\lim_{\Delta x\to 0^+}\frac{\Delta x-0}{\Delta x}=1$$

因为 $f'_-(0)\neq f'_+(0)$，所以函数 $f(x)$ 在 $x=0$ 处不可导。又

$$f'_-(1)=\lim_{\Delta x\to 0^-}\frac{f(1+\Delta x)-f(1)}{\Delta x}=\lim_{\Delta x\to 0^-}\frac{(1+\Delta x)-1}{\Delta x}=1$$

$$f'_+(1)=\lim_{\Delta x\to 0^+}\frac{f(1+\Delta x)-f(1)}{\Delta x}=\lim_{\Delta x\to 0^+}\frac{(1+\Delta x)-1}{\Delta x}=1$$

显然 $f'_-(1)=f'_+(1)=1$，所以函数 $f(x)$ 在 $x=1$ 处是可导的。

定理 2.3[3] 若函数 $y=f(x)$ 在开区间 I 内的每一点处都可导，则称函数 $f(x)$ 在开区间 I 内可导。此时，对于任意一个 $x\in I$，都有一个关于 $f(x)$ 的确定的导数值，由此就构成了一个新的函数，这个新的函数就称为 $y=f(x)$ 的导函数，记为 y'，$f'(x)$，$\dfrac{\mathrm{d}y}{\mathrm{d}x}$，即 $f'(x)=\lim\limits_{\Delta x\to 0}\dfrac{f(x+\Delta x)-f(x)}{\Delta x}$。

例 2.8 求 $f(x)=x^2$ 的导数。

解：函数的导数为

$$f'(x)=\lim_{\Delta x\to 0}\frac{f(x+\Delta x)-f(x)}{\Delta x}$$

$$=\lim_{\Delta x\to 0}\frac{(x+\Delta x)^2-x^2}{\Delta x}$$

$$=\lim_{\Delta x\to 0}\frac{2x\Delta x+(\Delta x)^2}{\Delta x}$$

$$=2x$$

3. 基本初等函数的导数[3]

(1) $C'=0$　　(2) $(\sin(x))'=\cos(x)$

(3) $(\cos(x))'=-\sin(x)$　　(4) $(\tan(x))'=\sec^2(x)$

(5) $(\cot(x))'=-\csc^2(x)$　　(6) $(\sec(x))'=\sec(x)\tan(x)$

(7) $(\csc(x))'=-\csc(x)\cot(x)$　　(8) $(x^{\mu})'=\mu x^{\mu-1}$

(9) $(a^x)'=a^x\ln(a)$　　(10) $(\mathrm{e}^x)'=\mathrm{e}^x$

(11) $(\ln(x))'=\frac{1}{x}$　　(12) $(\log_a x)'=\frac{1}{x\ln(a)}$

(13) $(\arcsin(x))'=\frac{1}{\sqrt{1-x^2}}$　　(14) $(\arccos(x))'=-\frac{1}{\sqrt{1-x^2}}$

(15) $(\arctan(x))'=\frac{1}{1+x^2}$　　(16) $(\operatorname{arccot}(x))'=-\frac{1}{1+x^2}$

4. 函数导数的运算法则

定理 2.4[3]　如果函数 $f=f(x)$ 与 $g=g(x)$ 在点 x 处均可导，那么它们的和、差、积、商(分母等于 0 的点除外)在点 x 处也可导，且

① $[f(x)\pm g(x)]'=f'(x)\pm g'(x)$

② $[f(x)g(x)]'=f'(x)g(x)+f(x)g'(x)$

③ $\left[\frac{f(x)}{g(x)}\right]'=\frac{f'(x)g(x)-f(x)g'(x)}{g^2(x)}(g(x)\neq 0)$

例 2.9　求 $y=3x^3+x^2-\sin(x)$ 的导数。

解：由定理 2.4，易得函数的导数为

$$\begin{aligned}y'&=(3x^3+x^2-\sin(x))'\\&=(3x^3)'+(x^2)'-(\sin(x))'\\&=9x^2+2x-\cos(x)\end{aligned}$$

例 2.10　求 $y=x^4(x^2+\mathrm{e}^x)$ 的导数。

解：由定理 2.4，可得函数的导数为

$$\begin{aligned}y'&=(x^4)'(x^2+\mathrm{e}^x)+x^4(x^2+\mathrm{e}^x)'\\&=4x^3(x^2+\mathrm{e}^x)+x^4(2x+\mathrm{e}^x)\\&=6x^5+4x^3\mathrm{e}^x+x^4\mathrm{e}^x\end{aligned}$$

例 2.11 求 $y=\frac{x}{1+x^2}$的导数。

解：由定理2.4,可得函数的导数为

$$\begin{aligned} y' &= \left(\frac{x}{1+x^2}\right)' \\ &= \frac{x'(1+x^2)-x(1+x^2)'}{(1+x^2)^2} \\ &= \frac{1+x^2-x\cdot 2x}{(1+x^2)^2} \\ &= \frac{1-x^2}{(1+x^2)^2} \end{aligned}$$

5. 反函数求导法则

定理 2.5[3] 若 $x=f(y)$在区间 I_y 内为单调且可导的函数,而且 $f'(y)\neq 0$,那么它的反函数 $y=f^{-1}(x)$在区间 $I_x=\{x \mid x=f(y), y\in I_y\}$内也可导,且$[f^{-1}(x)]'=\frac{1}{f'(y)}$ 或$\frac{\mathrm{d}y}{\mathrm{d}x}=\frac{1}{\frac{\mathrm{d}x}{\mathrm{d}y}}$。

例 2.12 设 $y=\mathrm{e}^x$ 为直接函数,则 $x=\ln(y)$为它的反函数。函数 $y=\mathrm{e}^x$ 在区间 $I_x=(-\infty,+\infty)$内单调可导,且$\frac{\mathrm{d}y}{\mathrm{d}x}=(\mathrm{e}^x)'=\mathrm{e}^x$,因此在对应区间 $I_y=(0,+\infty)$,有$\frac{\mathrm{d}x}{\mathrm{d}y}=(\ln(y))'=\frac{1}{\mathrm{e}^x}=\frac{1}{y}$。

6. 复合函数求导法则

定理 2.6[3] 若 $h=g(x)$在点 x 可导,而 $y=f(h)$在点 $h=g(x)$可导,则复合函数 $y=f[g(x)]$在点 x 可导,且其导数为$\frac{\mathrm{d}y}{\mathrm{d}x}=\frac{\mathrm{d}y}{\mathrm{d}h}\cdot\frac{\mathrm{d}h}{\mathrm{d}x}$。

例 2.13 求 $y=\sin\left(\frac{x}{1+x^2}\right)$的导数。

解：$y=\sin\left(\frac{x}{1+x^2}\right)$可看作为由 $y=\sin(h)$,$h=\frac{x}{1+x^2}$复合而成的函数,又

$$\frac{\mathrm{d}y}{\mathrm{d}h}=\cos(h)$$

$$\frac{\mathrm{d}h}{\mathrm{d}x}=\frac{1+x^2-x\cdot 2x}{(1+x^2)^2}=\frac{1-x^2}{(1+x^2)^2}$$

因此，$\frac{dy}{dx}=\frac{dy}{dh}\cdot\frac{dh}{dx}=\cos(h)\cdot\frac{1-x^2}{(1+x^2)^2}=\cos\left(\frac{x}{1+x^2}\right)\cdot\frac{1-x^2}{(1+x^2)^2}$。

2.2.2 微分

定义 2.10[3] 设函数 $y=f(x)$在某个区间内有定义，且 x_0 及 $x_0+\Delta x$ 都在该区域内，如果 $\Delta y=f(x_0+\Delta x)-f(x_0)$可表示为 $\Delta y=A\Delta x+o(\Delta x)$，其中 A 是与 Δx 无关的常数，则称 $y=f(x)$在点 x_0 处是可微的，其中 $A\Delta x$ 为 $y=f(x)$在点 x_0 处相对于增量 Δx 的微分，记作 dy，即 $dy=A\Delta x$。

注 1：函数 $y=f(x)$在点 x_0 处可微的充要条件是函数 $y=f(x)$在点 x_0 处可导，且当函数 $y=f(x)$在点 x_0 可微时，其微分为 $dy=f'(x_0)\Delta x$。

注 2：函数 $y=f(x)$在任意点 x 的微分，称作函数 $y=f(x)$的微分，记为 dy 或 $df(x)$，即 $dy=f'(x)\Delta x$。

例 2.14 求 $y=x^2+2x^3$ 在 $x=2$ 处的微分。

解 函数在 $x=2$ 处的微分为

$$dy=(x^2+2x^3)'\mid_{x=2}\Delta x=(2x+6x^2)'\mid_{x=2}\Delta x=28\Delta x$$

例 2.15 求 $y=2x+2\sin(x^2)+3x^3$ 的微分。

解：函数的微分为

$$dy=(2x+2\sin(x^2)+3x^3)'\Delta x=(2+4x\cos(x^2)+9x^2)\Delta x$$

1. 基本初等函数的微分[3]

(1) $d(\sin(x))=\cos(x)dx$　　(2) $d(\cos(x))=-\sin(x)dx$

(3) $d(\tan(x))=\sec^2(x)dx$　　(4) $d(\cot(x))=-\csc^2(x)dx$

(5) $d(\sec(x))=\sec(x)\tan(x)dx$　　(6) $d(\csc(x))=-\csc(x)\cot(x)dx$

(7) $d(x^\mu)=\mu x^{\mu-1}dx$　　(8) $d(a^x)=a^x\ln(a)dx$

(9) $d(\log_a x)=\frac{1}{x\ln(a)}dx$　　(10) $d(\arcsin(x))=\frac{1}{\sqrt{1-x^2}}dx$

(11) $d(\arccos(x))=-\frac{1}{\sqrt{1-x^2}}dx$　　(12) $d(\arctan(x))=\frac{1}{1+x^2}dx$

(13) $d(\text{arccot}(x))=-\frac{1}{1+x^2}dx$

2. 函数微分的运算法则[3]

(1) $d(f\pm g)=df\pm dg$

(2) $d(Cf)=Cdf$

(3) $d(fg)=g\,df+f\,dg$

(4) $d\left(\frac{f}{g}\right)=\frac{g\,df-f\,dg}{g^2}$

3. 复合函数微分的运算法则

定理 2.7[3] 若 $y=f(h)$和 $h=g(x)$都可导,则复合函数 $y=f[g(x)]$的微分为 $dy=y'_x dx=f'(h)g'(x)dx$。由于 $g'(x)dx=dh$,因此复合函数 $y=f[g(x)]$的微分也可写为 $dy=f'(h)dh$。

例 2.16 求 $y=\sin\left(\frac{1}{1+x^2}\right)$的微分。

解:把$\frac{1}{1+x^2}$看作中间变量 h,则

$$\begin{aligned}dy&=d(\sin(h))=\cos(h)dh\\&=\cos\left(\frac{1}{1+x^2}\right)d\left(\frac{1}{1+x^2}\right)\\&=\cos\left(\frac{1}{1+x^2}\right)\cdot\frac{-2x}{(1+x^2)^2}dx\\&=-\frac{2x}{(1+x^2)^2}\cos\left(\frac{1}{1+x^2}\right)dx\end{aligned}$$

2.2.3 偏导数

定义 2.11[4] 设函数 $z=f(x,y)$在点(x_0,y_0)的某一邻域内有定义,且当 x 在 x_0 处有增量 Δx 而 y 固定在 y_0 时,相应的函数有增量 $f(x_0+\Delta x,y_0)-f(x_0,y_0)$,如果 $\lim\limits_{\Delta x\to 0}\frac{f(x_0+\Delta x,y_0)-f(x_0,y_0)}{\Delta x}$存在,则该极限被称为函数 $z=f(x,y)$在点(x_0,y_0)处对 x 的偏导数,记为 $\left.\frac{\partial z}{\partial x}\right|_{\substack{x=x_0\\y=y_0}}$,$\left.z_x\right|_{\substack{x=x_0\\y=y_0}}$或 $f_x(x_0,y_0)$。同理,可以定义函数 $z=f(x,y)$在点(x_0,y_0)处对 y 的偏导数为 $\lim\limits_{\Delta y\to 0}\frac{f(x_0,y_0+\Delta y)-f(x_0,y_0)}{\Delta y}$,可记为 $\left.\frac{\partial z}{\partial y}\right|_{\substack{x=x_0\\y=y_0}}$,$\left.z_y\right|_{\substack{x=x_0\\y=y_0}}$或$f_y(x_0,y_0)$。

若函数 $z=f(x,y)$在区域 D 内每一点(x,y)处对 x 的偏导数都存在,该偏导数则称为函数 $z=f(x,y)$对 x 的偏导数,记为$\frac{\partial z}{\partial x}$,$z_x$ 或 $f_x(x,y)$。同理,可以定义函数 $z=f(x,y)$对 y 的偏导数,记为$\frac{\partial z}{\partial y}$,$z_y$ 或 $f_y(x,y)$。

例 2.17 求 $z=x^2\sin(2y)$ 在点 $\left(1,\frac{\pi}{4}\right)$ 处的偏导数。

解：把 y 看作常量，可得 $\frac{\partial z}{\partial x}=2x\sin(2y)$；把 x 看作常量，可得 $\frac{\partial z}{\partial y}=2x^2\cos(2y)$

因此可得，$\left.\frac{\partial z}{\partial x}\right|_{\substack{x=1\\y=\frac{\pi}{4}}}=2\times1\times\sin\left(2\times\frac{\pi}{4}\right)=2$

$$\left.\frac{\partial z}{\partial y}\right|_{\substack{x=1\\y=\frac{\pi}{4}}}=2\times1\times\cos\left(2\times\frac{\pi}{4}\right)=0$$

例 2.18 求 $f(x,y,z)=x^2+y^3+z$ 的偏导数。

解：把 y 和 z 看作常量，可得 $\frac{\partial f}{\partial x}=2x$；同理，把 x 和 z 看作常量，可得 $\frac{\partial f}{\partial y}=3y^2$；把 x 和 y 看作常量，可得 $\frac{\partial f}{\partial z}=1$。

2.3 泰勒展开式

定理 2.8（**泰勒中值定理**）[3] 如果函数 $f(x)$ 在含有 x_0 的某个开区间 (a,b) 内有直到 $(n+1)$ 阶的导数，则对于任意一个 $x\in(a,b)$，有

$$f(x)=p_n(x)+R_n(x)$$

其中

$$p_n(x)=f(x_0)+f'(x_0)(x-x_0)+\frac{f''(x_0)}{2!}(x-x_0)^2+\cdots+\frac{f^{(n)}(x_0)}{n!}(x-x_0)^n$$

$$R_n(x)=\frac{f^{(n+1)}(\eta)}{(n+1)!}(x-x_0)^{n+1},\quad \eta\in(x_0,x)$$

那么，$f(x)=p_n(x)$ 称为 $f(x)$ 按 $(x-x_0)$ 的幂展开的 n 次泰勒多项式；$f(x)=p_n(x)+R_n(x)$ 称为 $f(x)$ 按 $(x-x_0)$ 的幂展开的带有拉格朗日型余项的 n 阶泰勒公式；$R_n(x)$ 则称为拉格朗日型余项。

定理 2.9[3] 在泰勒公式中，如果选取 $x_0=0$，对应的 $\eta\in(0,x)$，可以表示为 $\eta=\theta x$，$(0<\theta<1)$，则有

$$f(x)=f(0)+f'(0)x+\frac{f''(0)}{2!}x^2+\cdots+\frac{f^{(n)}(0)}{n!}x^n+\frac{f^{(n+1)}(\theta x)}{(n+1)!}x^{n+1},\quad(0<\theta<1)$$

该公式被称为 $f(x)$ 按 $(x-x_0)$ 的幂展开的带有拉格朗日型余项的麦克劳林公式。

定理 2.10 在不需要余项的精确表达式时，n 阶泰勒公式也可写成 $f(x)=f(x_0)+f'(x_0)(x-x_0)+\frac{f''(x_0)}{2!}(x-x_0)^2+\cdots+\frac{f^{(n)}(x_0)}{n!}(x-x_0)^n+o[(x-x_0)^n]$，该公式称为 $f(x)$ 按 $(x-x_0)$ 的幂展开的带有佩亚诺型余项的 n 阶泰勒公式，$o[(x-x_0)^n]$ 称为佩亚诺型余项。

定理 2.11[3] 如果取 $x_0=0$，那么 $f(x)$ 按 $(x-x_0)$ 的幂展开的带有佩亚诺型余项的麦克劳林公式为

$$f(x)=f(0)+f'(0)x+\frac{f''(0)}{2!}x^2+\cdots+\frac{f^{(n)}(0)}{n!}x^n+o(x^n)$$

例 2.19 已知 $f(x)=\mathrm{e}^x$，分别写出其带有拉格朗日型余项和佩亚诺型余项的 n 阶麦克劳林公式。

解：由

$$f(x)=f'(x)=f'(x)=\cdots=f^{(n)}(x)=\mathrm{e}^x$$

可得

$$f(0)=f'(0)=f'(0)=\cdots=f^{(n)}(0)=1$$

又

$$f^{(n+1)}(\theta x)=\mathrm{e}^{\theta x}$$

那么，带有拉格朗日型余项的 n 阶麦克劳林公式为

$$\mathrm{e}^x=1+x+\frac{1}{2!}x^2+\cdots+\frac{1}{n!}x^n+\frac{\mathrm{e}^{\theta x}}{(n+1)!}x^{n+1},\quad 0<\theta<1$$

而带有佩亚诺型余项的 n 阶麦克劳林公式为

$$\mathrm{e}^x=1+x+\frac{1}{2!}x^2+\cdots+\frac{1}{n!}x^n+o(x^n)$$

常用函数的带佩亚诺型余项的麦克劳林公式[3]：

(1) $\frac{1}{1-x}=1+x+x^2+\cdots+x^n+o(x^n)$

(2) $\mathrm{e}^x=1+x+\frac{1}{2!}x^2+\cdots+\frac{1}{n!}x^n+o(x^n)$

(3) $\sin(x)=x-\frac{1}{3!}x^3+\frac{1}{5!}x^5+\cdots+(-1)^n\frac{1}{(2n+1)!}x^{2n+1}+o(x^{2n+1})$

(4) $\cos(x)=1-\frac{1}{2!}x^2+\frac{1}{4!}x^4+\cdots+(-1)^n\frac{1}{(2n)!}x^{2n}+o(x^{2n})$

(5) $\ln(1+x)=x-\frac{1}{2}x^2+\frac{1}{3}x^3+\cdots+(-1)^{n-1}\frac{1}{n}x^n+o(x^n)$

(6) $(1+x)^\alpha=1+\alpha x+\frac{\alpha(\alpha-1)}{2!}x^2+\cdots+\frac{\alpha(\alpha-1)\cdots(\alpha-n+1)}{n!}x^n+o(x^n)$

2.4 梯度及其运算

2.4.1 梯度

定义 2.12[4] 如果函数 $f(x,y)$ 在平面区域 D 内具有一阶连续的偏导数，那么对于任意一点 $P_0(x_0,y_0)\in D$，都可以定义一个向量

$$f_x(x_0,y_0)i+f_y(x_0,y_0)j$$

该向量就称为函数 $f(x,y)$ 在点 $P_0(x_0,y_0)$ 的梯度，记为 $\mathrm{grad}f(x_0,y_0)$ 或 $\nabla f(x_0,y_0)$，即

$$\mathrm{grad}f(x_0,y_0)=\nabla f(x_0,y_0)=f_x(x_0,y_0)i+f_y(x_0,y_0)j$$

其中，$\nabla=\frac{\partial}{\partial x}i+\frac{\partial}{\partial y}j$ 称为向量微分算子或者 Nabla 算子，$\nabla f=\frac{\partial f}{\partial x}i+\frac{\partial f}{\partial y}j$ 也可表示为坐标形式 $\nabla f=\left(\frac{\partial f}{\partial x},\frac{\partial f}{\partial y}\right)$。

推论 2.1[5] 若函数 $f(x)\in\mathbf{R}:\mathbf{R}^n\to\mathbf{R}$ 是一个标量函数，其中 $\boldsymbol{x}=[x_1,x_2,\cdots,x_n]^{\mathrm{T}}\in\mathbf{R}^n$，则函数 $f(x)$ 关于 x 的梯度可记为 $\nabla f(x)=\left(\frac{\partial f}{\partial x_1},\frac{\partial f}{\partial x_2},\cdots,\frac{\partial f}{\partial x_n}\right)$。

例 2.20 已知 $f(x,y)=\mathrm{e}^x+2xy$，求 $\mathrm{grad}f(x,y)$。

解：由 $f(x,y)=\mathrm{e}^x+2xy$ 可得

$$\frac{\partial f}{\partial x}=\mathrm{e}^x+2y,\quad \frac{\partial f}{\partial y}=2x$$

故

$$\begin{aligned}\mathrm{grad}f(x,y)&=\frac{\partial f}{\partial x}i+\frac{\partial f}{\partial y}j\\&=(\mathrm{e}^x+2y)i+2xj\end{aligned}$$

定理 2.12[4] 若函数 $f(x,y)$ 在点 $P_0(x_0,y_0)$ 可微，$\boldsymbol{e}_l=(\cos(\alpha),\cos(\beta))$ 是与方向 l 方向相同的单位向量，则

$$\begin{aligned}\left.\frac{\partial f}{\partial l}\right|_{(x_0,y_0)}&=f_x(x_0,y_0)\cos(\alpha)+f_y(x_0,y_0)\cos(\beta)\\&=\mathrm{grad}f(x_0,y_0)\cdot\boldsymbol{e}_l\\&=|\mathrm{grad}f(x_0,y_0)|\cos(\theta)\end{aligned}$$

其中，θ 为 $\mathrm{grad}f(x_0,y_0)$ 与 $\boldsymbol{e}_l$ 之间的夹角。

例 2.21 求函数 $f(x,y)=\mathrm{e}^x+2xy$ 在点 $(0,1)$ 处沿从 $(1,2)$ 到 $(2,3)$ 方向的方向导数。

解：由例 2.20 易得 $\mathrm{grad}f(0,1)=3i$，其坐标表示形式为

$$\mathrm{grad}f(0,1)=(3,0)$$

从 $(1,2)$ 到 $(2,3)$ 的向量为 $(2,3)-(1,2)=(1,1)$，与之方向相同的单位向量为

$$\boldsymbol{e}_l=\frac{(1,1)}{\sqrt{1+1}}=\left(\frac{1}{\sqrt{2}},\frac{1}{\sqrt{2}}\right)$$

那么，$f(x,y)$ 在点 $(0,1)$ 处沿从 $(1,2)$ 到 $(2,3)$ 方向的方向导数为

$$\mathrm{grad}f(0,1)\cdot\boldsymbol{e}_l=(3,0)\cdot\left(\frac{1}{\sqrt{2}},\frac{1}{\sqrt{2}}\right)=\frac{3}{\sqrt{2}}$$

2.4.2 梯度下降

梯度下降在机器学习中的应用非常广泛，其主要目标是通过迭代的方式寻找目标函数的最小值，或者收敛到最小值。

梯度下降法的过程与下山类似[6]。把可微分的一个目标函数看作一座山，目的是找到该函数的最小值，即对应着山脚。假定因天气原因，山上的可视度很低，导致无法确定下山的路径，因而只好利用周围的信息一步一步地寻找下山的路。所以，下山最快的方式是沿着当前位置最陡峭的方向向下走，即找到该点对应的梯度并沿着与之相反的方向，便能使函数下降最快。

梯度下降法的数学表示[6]：

$$\omega^1 = \omega^0 - \rho \nabla J(\omega^0)$$

其中，ω^1 表示下个时刻的位置；ω^0 指当前时刻的位置；ρ 为学习率或者步长，控制着每一步走的距离；$J(\omega)$是目标函数，而$\nabla J(\omega^0)$为 $J(\omega)$在 ω^0 处的梯度。

注意：这里的负号表明与梯度方向相反，代表下降最快的方向，若为梯度上升法，则与梯度方向相同。

为了便于理解，首先给出一个单变量函数的梯度下降算法的例子，然后再给出两变量函数的梯度下降算法的例子，多变量以此类推。

例 2.22 设目标函数为 $J(\omega)=\omega^2$，用梯度下降法求 $J(\omega)$最小值点。

解：显然函数的微分为 2ω。假定初始位置为 $\omega^0=0.5$，学习率选取为 $\rho=0.3$，那么根据梯度下降公式可得

$$\begin{aligned}
\omega^0 &= 0.5 \\
\omega^1 &= \omega^0 - \rho \nabla J(\omega^0) \\
&= 0.5 - 0.3 \times (2 \times 0.5) \\
&= 0.2 \\
\omega^2 &= \omega^1 - \rho \nabla J(\omega^1) \\
&= 0.2 \quad 0.3 \times (2 \times 0.2) \\
&= 0.08 \\
\omega^3 &= \omega^2 - \rho \nabla J(\omega^2) \\
&= 0.08 - 0.3 \times (2 \times 0.08) \\
&= 0.032 \\
\omega^4 &= \omega^3 - \rho \nabla J(\omega^3) \\
&= 0.032 - 0.3 \times (2 \times 0.032) \\
&= 0.0128 \\
\omega^5 &= \omega^4 - \rho \nabla J(\omega^4) \\
&= 0.0128 - 0.3 \times (2 \times 0.0128) \\
&= 0.00512
\end{aligned}$$

$$\omega^6 = \omega^5 - \rho\nabla J(\omega^5) = 0.00512 - 0.3 \times (2 \times 0.00512) = 0.002048$$

$$\omega^7 = \omega^6 - \rho\nabla J(\omega^6) = 0.002048 - 0.3 \times (2 \times 0.002048) = 0.0008192$$

由此可知，经过7次运算，基本上可以认为达到了目标函数最小值点0。

例 2.23 设目标函数为 $J(\omega)=\omega_1^2+\omega_2^2$，通过梯度下降法求该目标函数的最小值点。

解：显然函数的梯度为 $(2\omega_1, 2\omega_2)$。假定初始位置为 $\omega^0=(1,2)$，学习率选取为 $\rho=0.25$，那么根据梯度下降公式可得

$$\omega^0 = (1,2)$$

$$\omega^1 = \omega^0 - \rho\nabla J(\omega^0) = (1,2) - 0.25 \times (2,4) = (0.5,1)$$

$$\omega^2 = \omega^1 - \rho\nabla J(\omega^1) = (0.5,1) - 0.25 \times (1,2) = (0.25,0.5)$$

$$\omega^3 = \omega^2 - \rho\nabla J(\omega^2) = (0.25,0.5) - 0.25 \times (0.5,1) = (0.125,0.25)$$

$$\omega^4 = \omega^3 - \rho\nabla J(\omega^3) = (0.125,0.25) - 0.25 \times (0.25,0.5) = (0.0625,0.125)$$

$$\omega^5 = \omega^4 - \rho\nabla J(\omega^4) = (0.0625,0.125) - 0.25 \times (0.125,0.25) = (0.03125,0.0625)$$

以此类推，可得

$$\omega^6 = (0.015625,0.03125)$$

$$\omega^7 = (0.0078125,0.015625)$$

$$\omega^8 = (0.00390625,0.0078125)$$

$$\omega^9 = (0.001953125,0.00390625)$$

$$\omega^{10} = (0.000976562,0.001953125)$$

经过10次运算，基本达到了目标函数最小值(0,0)。

2.5 概率论相关知识

2.5.1 概率

定义 2.13[7] 设 S 是随机试验 E 的样本空间，对 E 的每一事件 A 赋予一个实数

$P(A)$，如果 $P(\cdot)$满足如下性质：

① 非负性。对于任一事件 A，$P(A)\geqslant 0$ 恒成立。

② 规范性。对于必然事件 S，有 $P(S)=1$。

③ 可列可加性。若 $A_1,A_2,\cdots$是两两互不相容的事件，即对于 $A_iA_j=\varnothing,i\neq j,i,j=1,2,\cdots$ 那么 $P(A_1\cup A_2\cup\cdots)=P(A_1)+P(A_2)+\cdots$。

则 $P(A)$ 称为事件 A 的概率。

概率的重要性质[7]

性质 1 $P(\varnothing)=0$；

性质 2（有限可加性） 如果 $A_1,A_2,\cdots,A_n$ 是两两互不相容的事件，那么 $P(A_1\cup A_2\cup\cdots\cup A_n)=P(A_1)+P(A_2)+\cdots+P(A_n)$；

性质 3 设 A,B 为两个事件，如果 $A\subset B$，则 $P(B-A)=P(B)-P(A)$ 且 $P(B)\geqslant P(A)$；

性质 4 对于任一事件 A，有 $P(A)\leqslant 1$；

性质 5 对于任意两个事件 A,B，有 $P(A\cup B)=P(A)+P(B)-P(AB)$。

例 2.24 抛一枚硬币 2 次，设事件 A 和 B 分别表示“两次都为正面”和“至少有一次正面”，求 A,B 发生的概率。

解：抛掷一枚硬币 2 次的样本空间为 $E=\{$正正，正反，反正，反反$\}$，而 $A=\{$正正$\}$，于是 $P(A)=\frac{1}{4}$。

另外，$B=\{$正正，正反，反正$\}$，于是 $P(B)=\frac{3}{4}$。

2.5.2 条件概率

定义 2.14[7] 设 A,B 表示两个事件，且 $P(A)>0$，则称 $P(B|A)=\frac{P(AB)}{P(A)}$ 为在事件 A 发生的条件下事件 B 发生的条件概率。

不难验证，条件概率 $P(\cdot|A)$符合概率定义中的 3 个条件，即

① 非负性　对于任一事件 B，$P(B|A)\geqslant 0$ 恒成立；

② 规范性　对于必然事件 S，有 $P(S|A)=1$；

③ 可列可加性　若 $B_1,B_2,\cdots$是两两互不相容的事件，那么 $P(\bigcup_{i=1}^{\infty}B_i\mid A)=\sum_{i=1}^{\infty}P(B_i\mid A)$。

例 2.25 抛一枚硬币 3 次，设事件 A 表示“第一次为正面”，事件 B 表示“第二次和第三次都为正面”，求在事件 A 发生的条件下事件 B 发生的条件概率 $P(B|A)$。

解：抛掷一枚硬币 3 次的样本空间为

$E=\{$正正正，正正反，正反正，正反反，反正正，反正反，反反正，反反反$\}$

而

$$A=\{\text{正正正,正正反,正反正,正反反}\}$$
$$AB=\{\text{正正正}\}$$

那么可得

$$P(A)=\frac{4}{8},\quad P(AB)=\frac{1}{8}$$

因此,条件概率为 $P(B|A)=\dfrac{P(AB)}{P(A)}=\dfrac{1/8}{4/8}=\dfrac{1}{4}$。

2.5.3 随机变量的分布函数

定义 2.15[7] 如果 X 是一个随机变量,x 为任意实数,则函数

$$F(x)=P(X\leqslant x),\quad -\infty<x<\infty$$

称为 X 的分布函数。

注意:对于任意实数 $x_1,x_2(x_1\leqslant x_2)$,有

$$P\{x_1<X\leqslant x_2\}=P(X\leqslant x_2)-P(X\leqslant x_1)=F(x_2)-F(x_1)$$

1. 分布函数 $F(x)$ 的基本性质[7]

性质 1 $F(x)$ 是一个不减函数;

性质 2 $0\leqslant F(x)\leqslant 1$,且 $F(-\infty)=\lim\limits_{x\to-\infty}F(x)=0$,$F(\infty)=\lim\limits_{x\to\infty}F(x)=1$。

例 2.26 设随机变量 X 的分布律为

X	-1	0	1
p_k	0.3	0.2	0.5

求 X 的分布函数。

解:X 仅在 $x=-1,0,1$ 三点处概率不为 0,由分布函数的定义可得

$$F(x)=\begin{cases}0, & x<-1\\ P\{X=-1\}, & -1\leqslant x<0\\ P\{X=-1\}+P\{X=0\}, & 0\leqslant x<1\\ P\{X=-1\}+P\{X=0\}+P\{X=1\}, & x\geqslant 1\end{cases}$$

即

$$F(x)=\begin{cases}0, & x<-1\\ 0.3, & -1\leqslant x<0\\ 0.5, & 0\leqslant x<1\\ 1, & x\geqslant 1\end{cases}$$

定义 2.16[7] 若对于随机变量 X 的分布函数 $F(x)$,存在函数 $f(x)\geqslant 0$,使对于任意实数 x,有

$$F(x)=\int_{-\infty}^{x} f(t)\mathrm{d}t$$

则称 X 为连续型随机变量,其中 $f(x)$称为 X 的概率密度函数,简称概率密度。

由定义可得,概率密度 $f(x)$有以下几个重要性质[7]:

性质 1 $f(x)\geqslant 0$;

性质 2 $\int_{-\infty}^{\infty} f(x)\mathrm{d}x=1$;

性质 3 对于任意实数 $x_1, x_2(x_1\leqslant x_2)$,$P\{x_1<X\leqslant x_2\}=F(x_2)-F(x_1)=\int_{x_1}^{x_2} f(x)\mathrm{d}x$;

性质 4 如果 $f(x)$在点 x 处连续,那么 $F'(x)=f(x)$。

例 2.27 设随机变量 X 的概率密度如下,求 X 的分布函数 $F(x)$。

$$f(x)=\begin{cases}\dfrac{x}{2}, & 0\leqslant x<2\\ 0, & \text{其他}\end{cases}$$

解:X 的分布函数为

$$F(x)=\begin{cases}0, & x<0\\ \displaystyle\int_0^x \frac{x}{2}\mathrm{d}x, & 0\leqslant x<2\\ 1, & x\geqslant 2\end{cases}$$

即分布函数为

$$F(x)=\begin{cases}0, & x<0\\ \dfrac{x^2}{4}, & 0\leqslant x<2\\ 1, & x\geqslant 2\end{cases}$$

2. 常用的连续型随机变量[7]

1) 均匀分布

若连续型随机变量 X 的概率密度为

$$f(x)=\begin{cases}\dfrac{1}{b-a}, & a<x<b\\ 0, & \text{其他}\end{cases}$$

则称 X 在区间(a,b)上服从均匀分布,记为 $X\sim U(a,b)$,其曲线如图 2.1 所示。

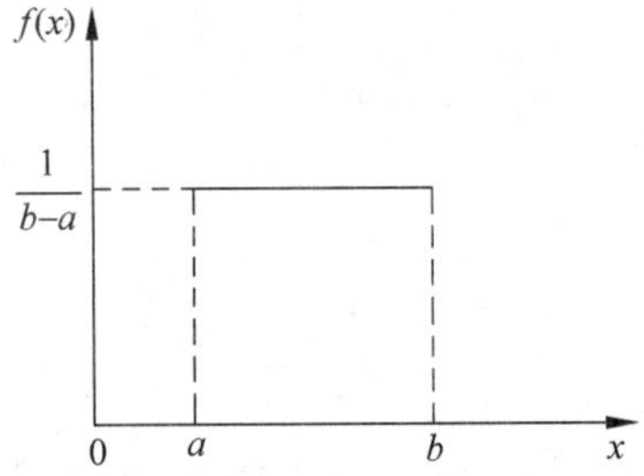

图 2.1 均匀分布概率密度函数曲线

2) 指数分布

若连续型随机变量 X 的概率密度为

$$f(x)=\begin{cases}\dfrac{1}{\theta}\mathrm{e}^{-x/\theta}, & x>0\\ 0, & \text{其他}\end{cases}$$

其中 $\theta>0$ 为常数，则称 X 服从参数为 θ 的指数分布。图 2.2 给出了 θ 分别取 1,2,3 时对应的概率密度曲线。

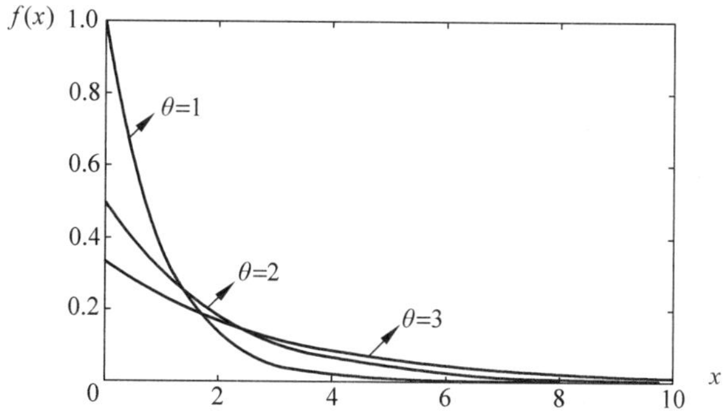

图 2.2 指数分布概率密度函数曲线

3) 正态分布

若连续型随机变量 X 的概率密度为

$$f(x)=\frac{1}{\sqrt{2\pi}\sigma}e^{-\frac{(x-\mu)^2}{2\sigma^2}},\quad -\infty<x<\infty$$

其中，$\mu,\sigma(\sigma>0)$ 为常数，则称 X 服从参数为 μ,σ 的正态分布或高斯分布，记为 $X\sim N(\mu,\sigma^2)$。其中，图 2.3 给出了 $\mu=0,\sigma$ 分别取 0.5,1,2 时的概率密度曲线。

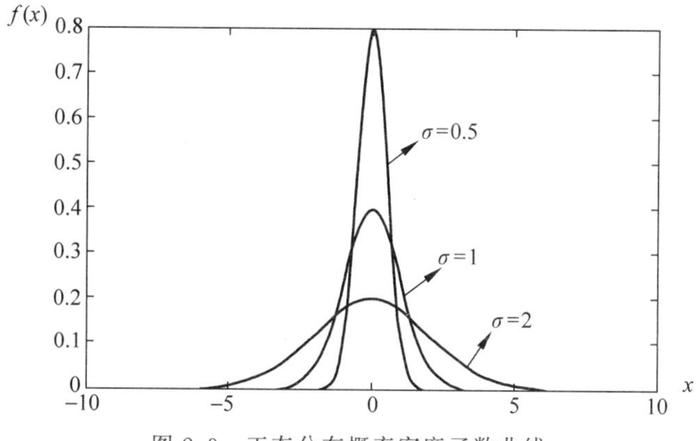

图 2.3 正态分布概率密度函数曲线

2.5.4 数学期望

定义 2.17[7] 设离散型随机变量 X 分布律为

$$P(X=x_k)=p_k,\quad k=1,2,\cdots$$

如果级数 $\sum_{k=1}^{\infty}x_kp_k$ 绝对收敛，则该级数的和称为随机变量 X 的数学期望，记作 $E(X)$，即

$E(X)=\sum_{k=1}^{\infty} x_k p_k$。

注意：数学期望通常可简称为期望或均值。

例 2.28 设随机变量 X 具有如下分布律，求 $E(X)$。

X	−1	0	1
p_k	0.3	0.2	0.5

解：根据期望的定义可得

$$E(X)=-1\times 0.3+0\times 0.2+1\times 0.5=0.2$$

定义 2.18[7] 设连续型随机变量 X 概率密度为 $f(x)$，若积分 $\int_{-\infty}^{\infty} xf(x)\mathrm{d}x$ 绝对收敛，则积分 $\int_{-\infty}^{\infty} xf(x)\mathrm{d}x$ 的值称为随机变量 X 的数学期望，记作 $E(X)$，即 $E(X)=\int_{-\infty}^{\infty} xf(x)\mathrm{d}x$。

例 2.29 连续型随机变量 X 的概率密度为 $f(x)=\begin{cases} \mathrm{e}^{-x}, & x>0 \\ 0, & x\leqslant 0 \end{cases}$，求 $E(X)$。

解：由连续型随机变量期望的定义，可得

$$\begin{aligned} E(X) &= \int_{-\infty}^{\infty} xf(x)\mathrm{d}x=\int_{-\infty}^{0} 0\mathrm{d}x+\int_{0}^{\infty} x\mathrm{e}^{-x}\mathrm{d}x \\ &= 0-\int_{0}^{\infty} x\mathrm{d}\mathrm{e}^{-x}=-x\mathrm{e}^{-x}\Big|_{0}^{\infty}+\int_{0}^{\infty}\mathrm{e}^{-x}\mathrm{d}x=1 \end{aligned}$$

数学期望具备的几个重要性质[7]

性质 1 $E(C)=C$，C 为常数；

性质 2 $E(CX)=CE(X)$，C 为常数，X 表示随机变量；

性质 3 设 X，Y 是两个随机变量，则 $E(X+Y)=E(X)+E(Y)$；

性质 4 设 X，Y 是相互独立的随机变量，则 $E(XY)=E(X)E(Y)$。

定义 2.19[7] 设 Y 是关于随机变量 X 的函数，即 $Y=g(X)$，其中 g 为连续函数。

(1) X 是离散型随机变量，其分布律为 $P\{X=x_k\}=p_k$，$k=1,2,\cdots$，若 $\sum_{k=1}^{\infty} g(x_k)p_k$ 绝对收敛，那么

$$E(Y)=E[g(X)]=\sum_{k=1}^{\infty} g(x_k)p_k$$

(2) X 是连续型随机变量，其概率密度为 $f(x)$，若 $\int_{-\infty}^{\infty} g(x)f(x)\mathrm{d}x$ 绝对收敛，那么

$$E(Y)=E[g(X)]=\int_{-\infty}^{\infty} g(x)f(x)\mathrm{d}x$$

例 2.30 设随机变量 X 的概率密度为 $f(x)=\begin{cases}\dfrac{1}{m}, & 0<x<m \\ 0, & \text{其他}\end{cases}$，$Y=X^2$，求 $E(Y)$。

解：根据上述定理可得

$$E(Y)=\int_{-\infty}^{\infty} x^2 f(x)\mathrm{d}x=\int_0^m x^2 \frac{1}{m}\mathrm{d}x=\frac{m^2}{3}$$

习题

1. 计算下列乘积。

(1) $\begin{bmatrix}3 & 2 & 8\\5 & 7 & 3\\1 & 4 & 2\end{bmatrix}\begin{bmatrix}5\\3\\4\end{bmatrix}$

(2) $\begin{bmatrix}1 & 3 & 2\\3 & 4 & 1\end{bmatrix}\begin{bmatrix}3 & 2 & 8\\5 & 7 & 3\\1 & 4 & 2\end{bmatrix}$

(3) $\begin{bmatrix}1 & 4 & 2\\2 & 3 & 6\\2 & 3 & 5\end{bmatrix}\begin{bmatrix}3 & 2 & 8\\5 & 7 & 3\\1 & 4 & 2\end{bmatrix}$

2. 已知

$$\boldsymbol{A}=\begin{bmatrix}1 & 2 & 3\\2 & 4 & 2\\5 & 1 & 3\end{bmatrix},\quad \boldsymbol{B}=\begin{bmatrix}6 & 2 & 3\\4 & 3 & 7\\1 & 2 & 5\end{bmatrix}$$

求 $2\boldsymbol{AB}-4\boldsymbol{A}$ 并判断 $\boldsymbol{AB}$ 是否等于 $\boldsymbol{BA}$。

3. 设 $\boldsymbol{X}=[3\quad -6\quad 2\quad 5]^{\mathrm{T}}$，求 $\|\boldsymbol{X}\|_1$，$\|\boldsymbol{X}\|_2$ 及 $\|\boldsymbol{X}\|_\infty$。

4. 设 $\boldsymbol{A}=\begin{bmatrix}3 & 0 & 0\\0 & -1 & 0\\0 & 1 & 1\end{bmatrix}$，求 $\|\boldsymbol{A}\|_2$ 及 $\|\boldsymbol{A}\|_{\mathrm{F}}$。

5. 求下列函数的导数。

(1) $y=1+x^4+5\sin(\mathrm{e}^x)$

(2) $y=2^x+\ln(\mathrm{e}^{3x^2})$

(3) $y=\dfrac{1}{\sqrt{x}}$

6. 已知函数 $f(x)=\begin{cases}1+x^2, & x\leqslant 1\\ 2\sin(0.5\pi x), & x>1\end{cases}$，讨论函数 $f(x)$ 在 $x=1$ 处的可导性。

7. 求下列函数的微分。

(1) $y=x^2+x\sin(\mathrm{e}^x)$

(2) $y=2^x e^{x^2}$

(3) $y=\frac{1}{2x}+\frac{1}{\sqrt{x}}$

8. 求下列函数的偏导数。

(1) $f=x^2y+2x\sin(xy)$

(2) $f=\frac{y}{x}+e^{xy}$

9. 求函数 $f(x)=x^2e^x$ 的带有佩亚诺型余项的 n 阶麦克劳林公式。

10. 已知函数 $f(x,y,z)=2x^2+y^2+3z^2+2xyz$，求 $\mathrm{grad}f(1,2,3)$。

11. 求函数 $f(x,y)=2e^x+xy$ 在点(0,1)处从(1,1)到$(3,1+2\sqrt{3})$方向的方向导数。

12. 一个盒子中有 5 个小球，其中 3 个红色，2 个黄色，从中取小球两次，每次任取一个小球，作不放回抽取。记事件 A 和 B 分别为“第一次取到的是红色”和“第二次取到的是黄色”，求 $P(B|A)$。

13. 设随机变量 X 的概率密度为

$$f(x)=\begin{cases}x, & 0\leqslant x<1\\ 2-x, & 1\leqslant x<2\\ 0, & \text{其他}\end{cases}$$

求 X 的分布函数 $F(x)$。

14. 设随机变量 X 的分布律如下，求 $E(X)$。

X	-2	-1	0	1	2
p_k	0.2	0.1	0.2	0.3	0.2

15. 设 $X\sim U(a,b)$，求 $E(X)$。

参考文献

[1] 同济大学数学系. 工程数学线性代数[M]. 5 版. 北京：高等教育出版社，2007.
[2] 李新，何传江. 矩阵理论及其应用[M]. 重庆：重庆大学出版社，2005.
[3] 同济大学数学系. 高等数学(上册)[M]. 6 版. 北京：高等教育出版社，2007.
[4] 同济大学数学系. 高等数学(下册)[M]. 6 版. 北京：高等教育出版社，2007.
[5] 王诗翔. 深度学习数学基础[DB/OL]. 2019.
https://www.jianshu.com/p/c7178bc93b40.
[6] Arrow and Bullet. 梯度下降算法原理讲解——机器学习[DB/OL]. 2015.
https://blog.csdn.net/benpaobagzb/article/details/50269235.
[7] 盛骤，谢式千，潘承毅. 概率论与数理统计[M]. 4 版. 北京：高等教育出版社，2008.

第3章 机器学习的起点：线性回归

机器学习作为人工智能的研究核心，通过模拟或实现人类的学习行为以获取新的知识或技能，并且重新组织已有的知识结构来不断改善自身的性能。一般来说，机器学习分为监督学习、半监督学习、无监督学习和强化学习等。本章介绍的线性回归是一种监督学习方法，它是机器学习的基石，很多复杂的机器学习算法都一定程度构建在线性回归基础上。

机器学习中的两个常见的问题：回归任务和分类任务。那什么是回归任务和分类任务？在研究两个或两个以上变量之间的关系时，通常需要由一个或几个变量来预测另一个变量。换句话说，对于一组数据和其标记值$(x_1,y_1),(x_2,y_2),\cdots,(x_n,y_n)$，需要使用$x_i$对$y_i$进行预测。如果$y_i$是连续的，则称为回归；如果$y_i$是离散的，则称为分类。简单地说，在监督学习中(也就是有标签的数据中)，标记值为连续值时是回归任务，标记值为离散值时是分类任务。线性回归模型就是处理回归任务最基础的模型。

首先，本章结合实例从机器学习和统计学角度来介绍线性回归模型的建立方法；其次，具体介绍一元线性回归和多元线性回归的基本概念和一些回归模型参数的估计方法；最后，结合案例和习题加深对线性回归的理解。

3.1 线性回归模型建立

线性回归(linear regression)的目的是建立尽可能准确预测实值输出标记的线性模型。许多非线性模型也可以在线性模型的基础上通过引入层级结构或高维映射得到。总的来说，线性回归虽然形式简单，但蕴含着机器学习的一些基本思想。

首先，用一个简单的例子来介绍线性回归模型。表 3.1 所示的数据为玩具厂某工人制作玩偶的数量和成本之间的关系。仔细研究所记录的数据，似乎玩偶个数和成本是线性关系。这也很符合我们的预期，为了更加直观地了解数据，验证猜测，将数据可视化，即把上面的数据点表示在一个直角坐标系中，如图 3.1 所示。

表 3.1 生产记录表

日　期	玩偶个数	成　本	第　几　天
4月1日	10	7.7	1
4月2日	10	9.87	2
4月3日	11	10.87	3
4月4日	12	12.18	4
4月5日	13	11.43	5
4月6日	14	13.36	6
4月7日	15	15.15	7
4月8日	16	16.73	8
4月9日	17	17.4	9
…	…	…	…

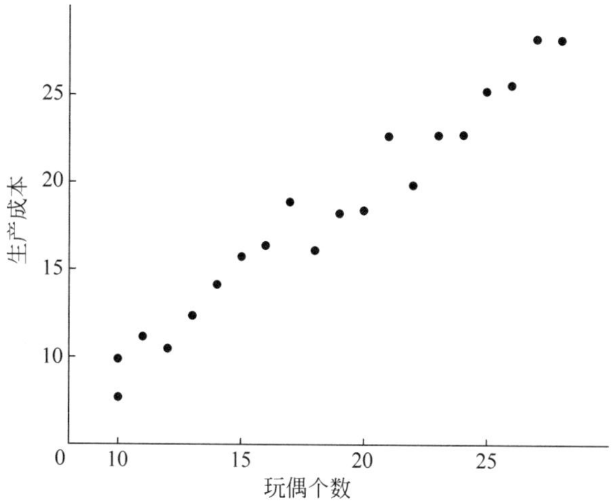

图 3.1　玩偶个数与生产成本图

由图 3.1 可以看出，生产成本和生产个数并不呈一条严格的直线，似乎是沿着某条直线上下随机地波动。其实上面展示的这些数据，是按照下面的数学公式产生的

$$y_i = x_i + \varepsilon_i \tag{3.1}$$

- x_i 是某一天制作的玩偶个数，y_i 是对应此天的生产成本。由图 3.1 可知，制作玩偶的平均成本是 1。
- 其中 $\{\varepsilon_i\}$ 是一个随机变量，它服从期望为 0，方差为 1 的正态分布。它表示在生产玩偶时，一些随机产生或随机节约的成本。比如对于制作失败的玩偶，ε_i 为正；又如制作过程中刚好发现有可用的旧布料，此时 ε_i 为负。
- ε_i 所代表的随机成本和制作玩偶的个数是相互独立的。

为了分析数据之间的关联性、趋势和统计特征等，需要采用适当的方法或模型对特定的数据进行分析。对于线性回归模型，一般可以从机器学习和统计学的两个角度进行分析。

3.1.1　机器学习角度

1. 确定场景类型

（1）在现有的数据集中，有玩偶的生产个数（记为 x_i）和生产成本（记为 y_i）。其中，i 表示第 i 天的数据，x_i 表示第 i 天生产的玩偶数。我们的目的是通过生产个数的信息去预测生产成本。

（2）因为需要被预测的成本是一个数量。它是一个连续变化的量，而并非表示类别的离散量，所以这是一个回归问题。

2. 定义损失函数(loss function)

(1) 搭建模型的目标是使得模型预测的生产成本和实际成本接近。

(2) 换用数学语言描述上述问题,已知实际成本为 y_i,假设模型预测的成本为 $\hat{y}_i$。定义如式(3.2)所示的损失函数,表示预测值和真实值的差。

$$LL = \sum_i (y_i - \hat{y}_i)^2 \tag{3.2}$$

而搭建模型的目标就是使损失函数达到最小值。

(3) 式(3.2)并不是一个处处可导的函数,数学上处理起来比较麻烦。因此,重新定义一个数学上容易处理的损失函数,即真实值与预测值之间的欧几里得距离平方和,如式(3.3)所示。

$$L = \sum_i (y_i - \hat{y}_i)^2 \tag{3.3}$$

下面模型参数的估计就依赖于此损失函数。

3. 提取特征

(1) 经过检查,提供的数据中没有记错或者特别异常的情况。换句话说,数据可以直接使用。

(2) 在现有的数据中,只有一个表示个数的原始特征 $X = \{x_i\}$。在这个变量上面的加减乘除是有明确含义的。也就是说,变量本身的数学运算是有意义的,所以 X 可以直接在模型里面使用。

(3) 也可以对 X 做某种数学变换,得到一个新的特征。比如,对它做平方运算得到新的特征 X^2。这些新提取的特征也可以被应用到模型中。但对于此问题,我们先只用原始特征建模。如果效果不好,则再考虑提取新的特征。

4. 确定模型形式并估计参数

(1) 根据分析,x_i 和 y_i 之间是线性关系。因此,可以直接使用线性模型,不需要考虑非线性问题到线性问题的转化。

(2) 模型的定义如式(3.4)所示,其中,a 表示生产一个玩偶的变动成本,b 表示生产的固定成本

$$\hat{y}_i = ax_i + b \tag{3.4}$$

(3) 参数的估计值为使得损失函数达到最小值的情况,如式(3.5)所示。

$$(\hat{a}, \hat{b}) = \text{argmin}_{a,b} \sum_i (y_i - ax_i - b)^2 \tag{3.5}$$

5. 评估模型效果

(1) 从预测的角度看,我们希望模型的预测成本越接近真实成本越好。所以,定义如式(3.6)的线性模型均方差,均方差越小,模型效果越好。

$$\mathrm{MSE}=\frac{1}{n}\sum_{i=1}^{n}(y_i-\hat{y}_i)^2=\frac{1}{n}L \tag{3.6}$$

(2) 从解释数据的角度来看，我们希望模型能最大限度地解释成本变化的原因。换句话说，未被模型解释的成本 $(y_i-\hat{y}_i)$ 占成本变化 $(y_i-\frac{1}{n}\sum y_i)$ 的比例越小越好。因此，定义模型的决定系数 R^2。决定系数越接近1，模型的效果越好。

$$\begin{aligned}
\bar{y} &= \frac{1}{n}\sum_{i=1}^{n}y_i \\
\mathrm{SS_{tot}} &= \sum_i (y_i-\bar{y})^2 \\
\mathrm{SS_{res}} &= \sum_i (y_i-\hat{y}_i)^2 \\
R^2 &= 1-\frac{\mathrm{SS_{res}}}{\mathrm{SS_{tot}}}
\end{aligned} \tag{3.7}$$

3.1.2 统计学角度

1. 假设条件概率

(1) 根据描述，数据集中有两个变量：一个是自变量玩偶个数(记为 x_i)；另一个是因变量生产成本(记为 y_i)，其中，i 表示第 i 天的数据，比如 x_i 表示第 i 天生产的玩偶数。根据前面的分析，y_i 和 x_i 两者之间似乎是线性关系，但又带着一些随机波动。因此可以假设关系如下：

$$y_i=ax_i+b+\varepsilon_i \tag{3.8}$$

(2) 在式(3.8)中，a 和 b 是模型的参数，分别表示生产一个玩偶的变动成本和固定成本；而 ε_i 被称为噪声项，表示没被已有数据捕捉到的随机成本。它服从期望为0、方差为 σ^2(σ^2 也是模型的参数)的正态分布，记为 $\varepsilon_i\sim N(0,\sigma^2)$。这里假设 $\{\varepsilon_i\}$ 之间相互独立，而且 $\{\varepsilon_i\}$ 和 $\{x_i\}$ 之间也是相互独立的，这两点假设非常重要。

(3) 从左到右看式(3.8)，如果给定一组参数 a，b 以及噪声项的方差 σ^2。由于 x_i 表示玩偶个数，是一个确定的量。那么 y_i 就与 ε_i 一样是一个随机变量，服从期望为 ax_i+b，方差为 σ^2 的正态分布，即 $y_i\sim N(ax_i+b,\sigma^2)$。换句话说，提供的数据 y_i 只是 $N(ax_i+b,\sigma^2)$ 这个正态分布的一个观测值，而且 $\{y_i\}$ 之间也是互相独立的。

(4) 把上面的第(3)点翻译成数学语言就是：y_i 在已知 a，b，x_i，σ 时的条件概率是 $N(ax_i+b,\sigma^2)$，如式(3.9)所示。

$$P(y_i\mid a,b,x_i,\sigma^2)\sim N(ax_i+b,\sigma^2) \tag{3.9}$$

2. 估计参数

(1) 根据上面的分析，$\{y_i\}$ 之间也是相互独立的。所以得到 $\{y_i\}$ 出现的联合概率如式(3.10)所示。此概率称为模型的似然函数(likelihood function),通常也记为 L。

$$P(Y \mid a,b,X,\sigma^2)=\prod P(y_i \mid a,b,x_i,\sigma^2) \tag{3.10}$$

$$\ln P(Y \mid a,b,X,\sigma^2)=-0.5n\ln(2\pi\sigma^2)-(1/2\sigma^2)\sum_i(y_i-ax_i-b)^2 \tag{3.11}$$

(2) 对于不同的模型参数,$\{y_i\}$出现的概率(即参数的似然函数)并不相同。这个概率当然是越大越好,所以使这个概率最大的参数将是参数估计的最佳选择。此方法也称为极大似然估计法(Maximum Likelihood Estimation,MLE)。根据式(3.10),参数(a,b)的估计值$(\hat{a},\hat{b})$如下:

$$(\hat{a},\hat{b})=\mathrm{argmax}_{a,b}P(Y \mid a,b,X,\sigma^2)=\mathrm{argmin}_{a,b}\sum_i(y_i-ax_i-b)^2 \tag{3.12}$$

(3) 同理,可以得到参数 σ^2 的估计值 $\widehat{\sigma^2}$,如式(3.13)所示。

$$\begin{cases}\widehat{\sigma^2}=\mathrm{argmax}_{a,b}P(Y \mid a,b,X,\sigma^2)=\dfrac{\sum\limits_{i=1}^{n}(y_i-\hat{y}_i)}{n}\\ \hat{y}_i=\hat{a}x_i+\hat{b}\end{cases} \tag{3.13}$$

3. 推导参数的分布

(1) 其实上面得到的参数估计值$(\hat{a},\hat{b},\widehat{\sigma^2})$都是随机变量。具体的推导过程有些烦琐,限于篇幅,这里略去数学细节。仅以 $\hat{a}$ 为例,用一个不太严谨的数学推导来说明这个问题。假设数据集里只有两对数据(x_k,y_k),(x_l,y_l),且 $x_k \neq x_l$。这时可以通过解式(3.13)中的方程组来得到表达式。式(3.13)的右半部分表示 $\hat{a}$ 是一个随机变量,而且服从一个以参数真实值 a 为期望的正态分布。由$\begin{cases}y_k=\hat{a}x_k+\hat{b}\\ y_l=\hat{a}x_l+\hat{b}\end{cases}$可得

$$\hat{a}=\frac{y_k-y_l}{x_k-x_l}=\frac{a(x_k-x_l)+\varepsilon_k-\varepsilon_l}{x_k-x_l}=a+\frac{\varepsilon_k-\varepsilon_l}{x_k-x_l} \tag{3.14}$$

(2) 通过更加细致的数学运算可以得到

$$\begin{aligned}&\hat{b}\sim N(b,\sigma^2/n)\\ &\hat{a}\sim N\left(a,\sigma^2/\sum_i(x_i-\bar{x})^2\right)\\ &\widehat{\sigma^2}\sim\chi^2_{n-2}\frac{\sigma^2}{n}\end{aligned} \tag{3.15}$$

(3) 既然参数估计值都是随机变量,那么我们更关心的是这些估计值所服从的概率分布,而不仅仅是根据式(3.12)和式(3.13)得到的数值。因为这些数值只是对应分布的一次观测值,它们并不总是等于真实参数,而是严重依赖于估计参数时所使用的数据。比如针对提供的数据集,只使用前 3 天数据估计出来的参数和使用 4~6 天数据估计出来的参数就不一样。

(4) 由式(3.15)可得，参数估计值的方差随着数据量的增大而减少。换句话说，数据量越大，模型估计的参数就越接近真实值。这也是大数据的价值之一：数据量越大，模型预测的效果就越好。

4. 假设检验与置信区间

(1) 参数的概率分布可以透露许多很有用的信息。比如在95%的情况下，参数 a 的真实值(生产一个玩偶的变动成本)会落在一个怎样的区间里？我们称此为参数 a 的95%置信区间。类似地，也可以计算模型预测结果的置信区间，即对于被预测对象，真实值的大致范围是怎样。这一点非常重要，因为模型几乎不可能准确地预测真实值。知道真实值的概率分布情况，能使我们更有信心地使用模型结果。

(2) 又比如在1%犯错的概率下，我们能不能拒绝参数的真实值其实等于0这个假设？在学术上它被称为参数的99%显著性假设检验。对于这个假设检验，更通俗一点的理解是：参数 b 的真实值等于0的概率是否小于1%？这可以帮助我们更好地理解数据之间的关系，比如生产玩偶时，固定成本(参数 b)是否真实存在？或者模型估计的固定成本 $\hat{b}$ 只是由于模型搭建得不准确而导致的“错误”结论？

上面由简单的例子入手，分别从机器学习和统计学两个角度分析数据之间的关联性、趋势和统计特征等。下面具体介绍一元线性回归和多元线性回归的基本概念和最小二乘法。

3.2 线性回归原理

线性回归通过对大量的观测数据进行处理，以得到比较符合事物内部规律的数学表达式。也就是说，寻找到数据与数据之间的规律，对结果进行预测。一元线性回归是研究由单个变量预测另一个与之有关的变量的回归分析。例如，如果已知广告费用和销售额之间的关系，当知道广告水平时，通过回归分析，可以预测销售额。

定义数据集 $D=\{(x_i,y_i)\}_{i=1}^{m}$，其中 $x_i\in\mathbf{R}$，$y_i\in\mathbf{R}$。对离散属性，若属性值间存在“序”(order)关系，可通过连续化将其转化为连续值，例如二值属性“身高”的取值“高”“矮”可转化为{1,0}，三值属性“高度”的取值“高”“中”“低”可转化为{1,0.5,0}。

线性回归试图学得

$$f(x_i)=wx_i+b,\quad \text{使得 } f(x_i)\simeq y_i \tag{3.16}$$

即通过衡量 $f(x)$ 与 y 之间的差别来确定 w 和 b。其中，均方误差是回归任务中最常用的性能度量，因此可试图让均方误差最小化，即

$$\begin{aligned}(w^*,b^*)&=\operatorname{argmin}_{w,b}\sum_{i=1}^{m}(f(x_i)-y_i)^2\\&=\operatorname{argmin}_{w,b}\sum_{i=1}^{m}(y_i-wx_i-b)^2\end{aligned} \tag{3.17}$$

均方误差对应了常用的欧几里得距离或简称“欧氏距离”(Euclidean distance)。基于

均方误差最小化来进行模型求解的方法称为“最小二乘法”(least square method)。在线性回归中,最小二乘法就是试图找到一条直线,使所有样本到直线上的欧氏距离之和最小。

求解 w 和 b 使 $E_{(w,b)}=\sum_{i=1}^{m}(y_i-wx_i-b)^2$ 最小化的过程,称为线性回归模型的最小二乘法“参数估计”(parameter estimation)。可将 $E_{(w,b)}$ 分别对 w 和 b 求导,得到

$$\frac{\partial E_{(w,b)}}{\partial w}=2\left(w\sum_{i=1}^{m}x_i^2-\sum_{i=1}^{m}(y_i-b)x_i\right) \tag{3.18}$$

$$\frac{\partial E_{(w,b)}}{\partial b}=2\left(mb-\sum_{i=1}^{m}(y_i-wx_i)\right) \tag{3.19}$$

然后令式(3.18)和式(3.19)为零,可得到 w 和 b 最优解的闭式(closed-form)解

$$w=\frac{\sum_{i=1}^{m}y_i(x_i-\bar{x})}{\sum_{i=1}^{m}x_i^2-\frac{1}{m}\left(\sum_{i=1}^{m}x_i\right)^2}=\frac{\sum_{i=1}^{m}x_iy_i-m\bar{y}}{\sum_{i=1}^{m}x_i^2-m\bar{x}^2} \tag{3.20}$$

$$b=\frac{1}{m}\sum_{i=1}^{m}(y_i-wx_i)=\bar{y}-w\bar{x} \tag{3.21}$$

其中,$\bar{x}=\frac{1}{m}\sum_{i=1}^{m}x_i$ 为 x 的均值,$\bar{y}=\frac{1}{m}\sum_{i=1}^{m}y_i$ 为 y 的均值。

如果由两个或两个以上变量预测另一个与之有关的变量,则称为多元线性回归。此时,定义数据集 $D=\{(\boldsymbol{x}_i,y_i)\}_{i=1}^{m}$,其中,$\boldsymbol{x}_i=(x_{i1},x_{i2},\cdots,x_{id})$,$y_i\in\mathbf{R}$,即样本由 d 个属性描述。此时我们试图学得

$$f(\boldsymbol{x}_i)=\boldsymbol{w}^{\mathrm{T}}\boldsymbol{x}_i+b,\quad 使得\ f(\boldsymbol{x}_i)\approx y_i \tag{3.22}$$

类似地,可利用最小二乘法来对 $\boldsymbol{w}$ 和 b 进行估计。为便于讨论,把 $\boldsymbol{w}$ 和 b 吸收入向量形式 $\hat{\boldsymbol{w}}=(w;b)$,相应地,把数据集 D 表示为一个 $m\times(d+1)$ 大小的矩阵 $\boldsymbol{X}$,其中每行对应于一个示例,该行前 d 个元素对应于示例的 d 个属性值,最后一个元素恒置为 1,即

$$\boldsymbol{X}=\begin{pmatrix} x_{11} & x_{12} & \cdots & x_{1d} & 1 \\ x_{21} & x_{11} & \cdots & x_{21} & 1 \\ \vdots & \vdots & \ddots & \vdots & \vdots \\ x_{m1} & x_{m1} & \cdots & x_{m1} & 1 \end{pmatrix}=\begin{pmatrix} \boldsymbol{x}_1^{\mathrm{T}} & 1 \\ \boldsymbol{x}_2^{\mathrm{T}} & 1 \\ \vdots & \vdots \\ \boldsymbol{x}_m^{\mathrm{T}} & 1 \end{pmatrix} \tag{3.23}$$

再把标记也写成向量形式 $\boldsymbol{y}=(y_1,y_2,\cdots,y_m)$,则类似于式(3.17),有

$$\hat{\boldsymbol{w}}^{*}=\operatorname{argmin}_{\hat{\boldsymbol{w}}}(\boldsymbol{y}-\boldsymbol{X}\hat{\boldsymbol{w}})^{\mathrm{T}}(\boldsymbol{y}-\boldsymbol{X}\hat{\boldsymbol{w}}) \tag{3.24}$$

令 $E_{\hat{\boldsymbol{w}}}=(\boldsymbol{y}-\boldsymbol{X}\hat{\boldsymbol{w}})^{\mathrm{T}}(\boldsymbol{y}-\boldsymbol{X}\hat{\boldsymbol{w}})$,对 $\hat{\boldsymbol{w}}$ 求导可得

$$\frac{\partial E_{\hat{\boldsymbol{w}}}}{\partial\hat{\boldsymbol{w}}}=2\boldsymbol{X}^{\mathrm{T}}(\boldsymbol{X}\hat{\boldsymbol{w}}-\boldsymbol{y}) \tag{3.25}$$

令上式为零可得 $\hat{\boldsymbol{w}}$ 最优解的闭式解,但由于涉及矩阵逆的计算,比单变量情形要复杂一

些。下面做一个简单的讨论。

当 $\boldsymbol{X}^{\mathrm{T}}\boldsymbol{X}$ 为满秩矩阵(full-rank matrix)或正定矩阵(positive definite matrix)时，令式(3.25)为零，可得

$$\hat{\boldsymbol{w}}^{*}=(\boldsymbol{X}^{\mathrm{T}}\boldsymbol{X})^{-1}\boldsymbol{X}^{\mathrm{T}}\boldsymbol{y} \tag{3.26}$$

其中 $(\boldsymbol{X}^{\mathrm{T}}\boldsymbol{X})^{-1}$ 是矩阵 $(\boldsymbol{X}^{\mathrm{T}}\boldsymbol{X})$ 的逆矩阵。令 $\hat{\boldsymbol{x}}_i=(\boldsymbol{x}_i,1)$，则最终学得的多元线性回归模型为

$$f(\hat{\boldsymbol{x}}_i)=\hat{\boldsymbol{x}}_i^{\mathrm{T}}(\boldsymbol{X}^{\mathrm{T}}\boldsymbol{X})^{-1}\boldsymbol{X}^{\mathrm{T}}\boldsymbol{y} \tag{3.27}$$

现实任务中，如果 $\boldsymbol{X}^{\mathrm{T}}\boldsymbol{X}$ 不是满秩矩阵，常见的做法是引入正则化(regularization)项。

以上就是最小二乘法的数学原理，“二乘”表示取平方，“最小”表示损失函数最小。可以看出，有了损失函数，机器学习的过程被转化成对损失函数求最优解过程，即求一个最优化问题。

例 3.1 高三·一班学生每周用于数学学习的时间 x(单位：小时)与数学成绩 y(单位：分)之间有如表 3.2 所示的对应关系。

表 3.2 学习时间与学习成绩关系表

学习时间 x	24	15	23	19	16	11	20	16	17	13
学习成绩 y	92	79	97	89	64	47	83	68	71	59

如果 y 与 x 之间具有线性相关关系，求回归线性方程。

解：从表 3.2 中可以看出：同样是每周用 16 小时学数学，一位同学的成绩是 64 分，另一位却是 68 分，这反映了 y 和 x 只有相关关系，没有函数关系。列出表 3.3。

表 3.3 学习时间与学习成绩关系表

i	1	2	3	4	5	6	7	8	9	10
x_i	24	15	23	19	16	11	20	16	17	13
y_i	92	79	97	89	64	47	83	68	71	59

经计算可得 $\bar{x}=\frac{1}{10}\sum_{i=1}^{10}x_i=17.4$，$\bar{y}=\frac{1}{10}\sum_{i=1}^{10}y_i=74.9$，$\sum_{i=1}^{10}x_i^2=3182$，$\sum_{i=1}^{10}y_i^2=58375$，$\sum_{i=1}^{10}x_iy_i=13578$。设回归直线方程 $\hat{y}=wx+b$，代入式(3.20)和式(3.21)可得

$$w=\frac{\sum_{i=1}^{10}x_iy_i-10\bar{y}}{\sum_{i=1}^{10}x_i^2-10\bar{x}^2}=\frac{545.4}{154.4}\approx 3.53 \tag{3.28}$$

$$b=\bar{y}-w\bar{x}=74.9-3.53\times 17.4\approx 13.5 \tag{3.29}$$

因此所求的回归直线方程是 $\hat{y}=3.53x+13.5$。

例 3.2 某公司的企业管理费主要取决于两种重点产品的产量，其管理费用与产量的关系表如表 3.4 所示，试估计企业管理费线性回归模型。

表 3.4 管理费用与产量关系表

年 份	企业管理费 Y(千元)	甲产品产量 X_1(万吨)	甲产品产量 X_2(万吨)
1	3	3	5
2	1	1	4
3	8	5	6
4	3	2	4
5	5	4	6

解:令 $\boldsymbol{Y}=\begin{bmatrix}3\\1\\8\\3\\5\end{bmatrix}$,$\boldsymbol{X}=\begin{bmatrix}1&3&5\\1&1&4\\1&5&6\\1&2&4\\1&4&6\end{bmatrix}$

求解可得

$$\boldsymbol{X}^{\mathrm{T}}\boldsymbol{X}=\begin{bmatrix}5&15&25\\15&55&81\\25&81&129\end{bmatrix},\quad \boldsymbol{X}^{\mathrm{T}}\boldsymbol{Y}=\begin{bmatrix}20\\76\\109\end{bmatrix},\quad (\boldsymbol{X}^{\mathrm{T}}\boldsymbol{X})^{-1}=\begin{bmatrix}26.7&4.5&-8.0\\4.5&1.0&-1.5\\-8.0&-1.5&2.5\end{bmatrix}$$

结合式(3.26),可得

$$\hat{\boldsymbol{w}}=(\boldsymbol{X}^{\mathrm{T}}\boldsymbol{X})^{-1}\boldsymbol{X}^{\mathrm{T}}\boldsymbol{Y}=\begin{bmatrix}26.7&4.5&-8.0\\4.5&1.0&-1.5\\-8.0&-1.5&2.5\end{bmatrix}\begin{bmatrix}20\\76\\109\end{bmatrix}=\begin{bmatrix}4\\2.5\\-1.5\end{bmatrix}$$

因此,回归模型为 $\hat{y}=4+2.5x_1-1.5x_2$。

线性回归是利用数理统计中回归分析,来确定两种或两种以上变量间相互依赖的定量关系的一种统计分析方法。它是统计学中最基础的数学模型,但却蕴含着机器学习中一些重要的基本思想。更为重要的是,线性模型的易解释性使得它在物理学、经济学、商学等领域中占据了难以取代的地位。线性回归的一种最直观解法是最小二乘法,其损失函数是误差的平方,具有最小值点,可以通过解矩阵方程求得这个最小值。简单来说,线性回归就是选择一条线性函数来很好地拟合已知数据并预测未知数据。

线性回归的优点是:建模速度快,不需要很复杂的计算,在数据量大的情况下依然运行速度很快;可以根据系数给出每个变量的理解和解释。建立出来的线性模型可以直观地表达自变量和因变量之间的关系。缺点是不能很好地拟合非线性数据,因此在使用时需要先判断变量之间是否是线性关系。因此,对于不能用线性回归很好进行拟合的数据,可以使用机器学习的其他算法进行预测,后面将深入介绍这些内容。

习题

1. 统计学角度分析时,式(3.8)中随机误差项 ε_i 的意义是什么?

2. 一台机器可以按不同的速度运转,且通常其生产的物件会有一定的次品比例。每小时生产次品物件的多少会随机器运转速度的变化而不同,实验结果如表 3.5 所示。

表 3.5　机器运转速度与每小时生产次品数关系表

速度	8	12	14	16
每小时生产次品数	5	8	9	11

(1) 求机器速度影响每小时生产次品物件数的线性回归方程;

(2) 若实际生产中所允许的每小时最大次品数不超过 10,那么,机器的速度不超过多少转/秒?

3. 设有模型 $y=b_0+b_1x_1+b_2x_2+u$,试在下列条件下:

(1) $b_1+b_2=1$;

(2) $b_1=b_2$。

分别求出 b_1 和 b_2 的最小二乘估计量。

参考文献

[1] Allwein E L, Schapire R E, Singer Y. Reducing multiclass to binary: A unifying approach for margin classifiers[J]. *Journal of Machine Learning Research*,2000(1):113-141.

[2] Boyd S, Vandenberghe L. Convex Optimization[M]. Cambridge, UK: Cambridge University Press, 2004.

[3] Chawla N V, Bowyer K W, Hall L O, et al., SMOTE: Synthetic minority over-sampling technique [J]. *Journal of Artificial Intelligence Research*,2002(16):321-357.

[4] 周志华. 机器学习[M]. 北京: 清华大学出版社,2016.

[5] Freedman D A, Pisami R, Purves R. 统计学[M]. 北京: 中国统计出版社,1997.

[6] 李航. 统计学习办法[M]. 北京: 清华大学出版社,2012.

[7] 唐亘. 精通数据科学: 从线性回归到深度学习[M]. 北京: 人民邮电出版社,2018.

第4章 支持向量机

支持向量机现在是一门非常成熟的技术,广泛应用于分类、预测以及识别等领域。支持向量机的基本模型是定义在特征空间上的间隔最大分类器,如果引入核技巧,它的实质就是一个非线性分类器[1-2]。

支持向量机有广泛的实际工程应用,比如最新研究结果表明,可以利用支持向量机对德黑兰大气中的一氧化碳进行预测,以及进行高光谱异常检测等[6-7]。

支持向量机包含以下 3 种常见模型:线性可分支持向量机、线性支持向量机以及非线性支持向量机,本章将重点介绍这 3 种模型的基本概念和学习算法。

4.1 线性可分支持向量机

4.1.1 线性可分支持向量机的定义

考虑一个简单的二分类问题,假设在某个特征空间上有如下定义的数据集

$$T=\{(\boldsymbol{x}_1,y_1),(\boldsymbol{x}_2,y_2),\cdots,(\boldsymbol{x}_N,y_N)\}$$

其中,$\boldsymbol{x}_i\in X=\mathbf{R}^n$,$y_i\in Y=\{+1,-1\}$,$i=1,2,\cdots,N$,$\boldsymbol{x}_i$ 表示数据集的第 i 个特征向量,y_i 表示 $\boldsymbol{x}_i$ 的分类标记,如果 y_i 等于+1,那么 $\boldsymbol{x}_i$ 就是正例点;如果 y_i 等于−1,那么 $\boldsymbol{x}_i$ 就是负例点;坐标$(\boldsymbol{x}_i,y_i)$表示一个完整的样本点。假如该数据集线性可分,我们最终目的是要在对应的特征空间上找到一个分离超平面,其方程表达式设为$\boldsymbol{\omega}\cdot\boldsymbol{x}+b=0$,这里 $\boldsymbol{\omega}$ 是法向量,b 是截距,方程可用$(\boldsymbol{\omega}\cdot b)$来简略表示。分离超平面的作用就是把特征空间分为两面,一面为正(与法向量同向),另一面为负。

定义 4.1[2] 对于空间中一个给定的线性可分训练数据集,采用间隔最大化方法或者转化为求解凸二次规划问题,从而得到的一个平面

$$\boldsymbol{\omega}^*\cdot\boldsymbol{x}+b^*=0 \tag{4.1}$$

称为分离超平面,及对应的分类决策函数

$$f(x)=\operatorname{sign}(\boldsymbol{\omega}^*\cdot\boldsymbol{x}+b^*) \tag{4.2}$$

称为线性可分支持向量机。

为了形象说明线性可分支持向量机与数据集间的关系,下面举一个简单的例子。如图 4.1 所示的二维特征空间中的分类问题,平面上有两种不同的点,分别用两种不同颜色表示,若蓝色点表示正例,红色点表示负例。很明显,这个训练数据集是线性可分的,此时有无数条直线可以把这两类数据点划分开,其中不仅能把这两类数据点正确划分,而且与数据点间隔最大的直线就是对应的线性可分支持向量机,如图 4.1 中斜线所示。

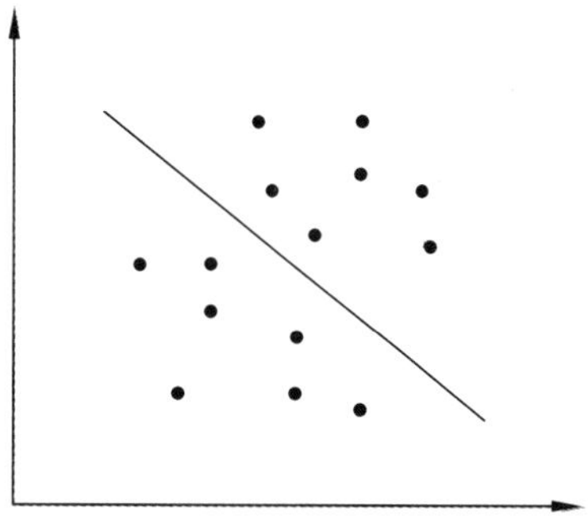

图 4.1 二维平面上线性分类的例子

4.1.2 函数间隔与几何间隔

从上面的例子可以看出，平面上不同的点与分离超平面之间的距离是不同的，距离大小在一定程度上可以表示分类预测的准确程度，距离分离超平面越远，就说明分类的准确程度越高。

如果超平面 $\boldsymbol{\omega}\cdot\boldsymbol{x}+b=0$ 确定，那么数据点 x 到超平面的距离就可以用 $|\boldsymbol{\omega}\cdot\boldsymbol{x}+b|$ 表示；并且可以通过比较 $\boldsymbol{\omega}\cdot\boldsymbol{x}+b$ 的正负符号与分类标记 y 的符号是否相同，判断分类是否正确。如果符号相同，则分类正确；如果符号相反，则分类错误。因此，分类结果的正确性和确信度可以用 $y(\boldsymbol{\omega}\cdot\boldsymbol{x}+b)$ 表示。于是这里给出函数间隔的定义。

定义 4.2[2] 对于空间中一个给定的训练数据集 T 和超平面 $(\boldsymbol{\omega}\cdot b)$，定义超平面 $(\boldsymbol{\omega}\cdot b)$ 关于样本点 $(\boldsymbol{x}_i,y_i)$ 的函数间隔为

$$\hat{\gamma}_i=y_i(\boldsymbol{\omega}\cdot\boldsymbol{x}_i+b) \tag{4.3}$$

并且把超平面 $(\boldsymbol{\omega}\cdot b)$ 关于 T 中所有样本点 $(\boldsymbol{x}_i,y_i)$ 的函数间隔最小值称为该超平面关于整个训练数据集的函数间隔，即

$$\hat{\gamma}=\min_{i=1,2,\cdots,N}\hat{\gamma}_i \tag{4.4}$$

由以上定义可知，分类结果的正确性和确信度可以用函数间隔来表示。但是，仅仅有函数间隔就可以了吗？答案是否定的。这是因为如果按照相同比例改变 $\boldsymbol{\omega}$ 和 b，虽然此时没有改变超平面，但函数间隔却相应成比例地改变了，所以只用函数间隔来描述样本点是不够的。为了解决这个问题，我们选择加一些统一的约束条件给法向量 $\boldsymbol{\omega}$，使得无论 $\boldsymbol{\omega}$ 和 b 如何改变，间隔都是不变的。

如图 4.2 所示，假设点 $\boldsymbol{x}$ 在超平面 $(\boldsymbol{\omega}\cdot b)$ 上的垂足为 $\boldsymbol{x}_0$，由于 $\boldsymbol{\omega}$ 是超平面的法向量，γ 为样本点 $\boldsymbol{x}$ 到超平面的距离，于是得到

$$\boldsymbol{x}=\boldsymbol{x}_0+\gamma\frac{\boldsymbol{\omega}}{\|\boldsymbol{\omega}\|}$$

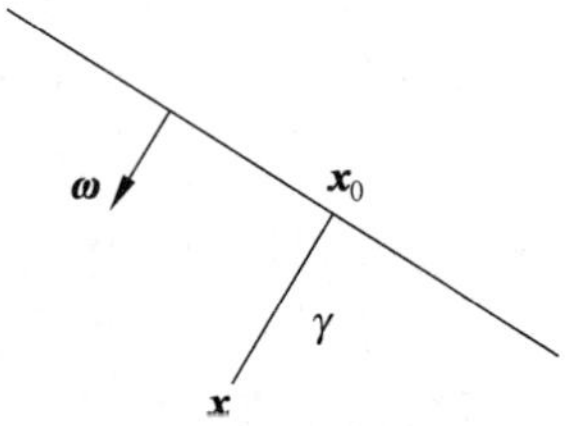

图 4.2 几何间隔

又由于 $\boldsymbol{x}_0$ 是超平面 $(\boldsymbol{\omega}\cdot b)$ 上的点，将其代入方程 $\boldsymbol{\omega}\cdot\boldsymbol{x}+b=0$，得到

$$\gamma=\frac{\boldsymbol{\omega}\cdot\boldsymbol{x}}{\|\boldsymbol{\omega}\|}+\frac{b}{\|\boldsymbol{\omega}\|}$$

如果点 $\boldsymbol{x}_0$ 在超平面负侧，那么

$$\gamma=-\left(\frac{\boldsymbol{\omega}\cdot\boldsymbol{x}}{\|\boldsymbol{\omega}\|}+\frac{b}{\|\boldsymbol{\omega}\|}\right)$$

由于 y_i 是 $\boldsymbol{x}_i$ 的分类标记，将上述情况合二为一，就得到几何间隔的定义。

定义 4.3[2] 对于空间中一个给定的训练数据集 T 和超平面 $(\boldsymbol{\omega}\cdot b)$，定义超平面 $(\boldsymbol{\omega}\cdot b)$ 关于样本点 $(\boldsymbol{x}_i,y_i)$ 的几何间隔为

$$\gamma_i=y_i\left(\frac{\boldsymbol{\omega}}{\|\boldsymbol{\omega}\|}\cdot\boldsymbol{x}_i+\frac{b}{\|\boldsymbol{\omega}\|}\right) \tag{4.5}$$

并且把超平面$(\boldsymbol{\omega} \cdot b)$关于$T$中所有样本点$(\boldsymbol{x}_i, y_i)$的几何间隔最小值称为该超平面关于整个训练数据集的几何间隔，即

$$\gamma = \min_{i=1,2,\cdots,N} \gamma_i \tag{4.6}$$

根据几何间隔定义可知，如果超平面把某一样本点正确分类，那么几何间隔就可以直接表示该样本点到超平面的距离。

通过对比，不难发现几何间隔是函数间隔的$\frac{1}{\|\boldsymbol{\omega}\|}$倍，即

$$\gamma_i = \frac{\hat{\gamma}_i}{\|\boldsymbol{\omega}\|} \tag{4.7}$$

$$\gamma = \frac{\hat{\gamma}}{\|\boldsymbol{\omega}\|} \tag{4.8}$$

当法向量$\boldsymbol{\omega}$的范数为1时，几何间隔就等于函数间隔。

有了几何间隔的概念，之前的问题就解决了。如果成比例地改变超平面参数$\boldsymbol{\omega}$和b，虽然函数间隔也根据此比例相应地变化，但超平面依旧没有改变，而此时$\|\boldsymbol{\omega}\|$也按照相同的比例变化，所以几何间隔没有改变。

4.1.3 间隔最大化

4.1.2节介绍了函数间隔与几何间隔，并且知道几何间隔对于支持向量机的学习是至关重要的，本节介绍求解几何间隔最大的分离超平面的方法。

针对线性可分的训练数据集来说，线性可分的分离超平面并不是唯一的，而是有无穷多个，但最大间隔分离超平面却只有一个，它对分类和预测都有重要意义，所以随便选择一个分离超平面是不行的。

间隔最大化的意义：对于那些距离超平面很近的实例点，普通超平面很难把它们分开，而通过间隔最大化方法，就可以找到最大间隔分离超平面，这个超平面不仅可以把距离超平面很远的实例点分离出来，而且也可以把距离超平面很近的实例点分开。下面介绍求解几何间隔最大的分离超平面方法。

1. 最大间隔分离超平面求法

回顾前面几何间隔的定义可知，求解最大间隔分离超平面可以转化为求解如下的约束最优化问题：

$$\max_{\boldsymbol{\omega},b} \gamma \tag{4.9}$$

$$\text{s.t.}\ \ y_i\left(\frac{\boldsymbol{\omega}}{\|\boldsymbol{\omega}\|} \cdot \boldsymbol{x}_i + \frac{b}{\|\boldsymbol{\omega}\|}\right) \geqslant \gamma, \quad i=1,2,\cdots,N \tag{4.10}$$

由于几何间隔与函数间隔之间有对应的数量关系，上述最优化问题可以转化为

$$\max_{\boldsymbol{\omega},b} \frac{\hat{\gamma}}{\|\boldsymbol{\omega}\|} \tag{4.11}$$

$$\text{s.t.}\ \ y_i(\boldsymbol{\omega}\cdot\boldsymbol{x}_i+b)\geqslant\hat{\gamma},\quad i=1,2,\cdots,N \tag{4.12}$$

注意到使$\frac{1}{\|\boldsymbol{\omega}\|}$最大和使$\frac{1}{2}\|\boldsymbol{\omega}\|^2$最小是等价的，不妨取 $\hat{\gamma}=1$，这样就产生了一个等价的最优化问题：

$$\min_{\boldsymbol{\omega},b}\frac{1}{2}\|\boldsymbol{\omega}\|^2 \tag{4.13}$$

$$\text{s.t.}\ \ y_i(\boldsymbol{\omega}\cdot\boldsymbol{x}_i+b)-1\geqslant 0,\quad i=1,2,\cdots,N \tag{4.14}$$

接下来的任务就是求出该等价最优化问题的解 $\boldsymbol{\omega}^*$ 和 b^*，最大间隔分离超平面 $\boldsymbol{\omega}^*\cdot\boldsymbol{x}+b^*=0$ 及分类决策函数 $f(x)=\text{sign}(\boldsymbol{\omega}^*\cdot\boldsymbol{x}+b^*)$就自然而然地得到了。

因此，得到了如下线性可分支持向量机的学习算法[4]。

(1) 首先构造约束最优化问题：

$$\min_{\boldsymbol{\omega},b}\frac{1}{2}\|\boldsymbol{\omega}\|^2$$

$$\text{s.t.}\ \ y_i(\boldsymbol{\omega}\cdot\boldsymbol{x}_i+b)-1\geqslant 0,\quad i=1,2,\cdots,N$$

得到最优解 $\boldsymbol{\omega}^*$ 和 b^*；

(2) 然后计算最大间隔分离超平面：

$$\boldsymbol{\omega}^*\cdot\boldsymbol{x}+b^*=0$$

分类决策函数

$$f(x)=\text{sign}(\boldsymbol{\omega}^*\cdot\boldsymbol{x}+b^*)$$

2. 存在性与唯一性

定理 4.1[2] 若训练数据集 T 线性可分，则可将其中的样本点完全正确分开的最大间隔分离超平面是存在且唯一的。

证明[2]：存在性。

因为训练数据集线性可分，所以式(4.13)、式(4.14)的可行解一定存在，又因为目标函数有下界，所以必有解$(\boldsymbol{\omega}^*,b^*)$。又因为样本点有正负之分，所以$(\boldsymbol{\omega},b)=(\boldsymbol{0},b)$不是最优化的可行解，因而最优解$(\boldsymbol{\omega}^*,b^*)$必满足 $\boldsymbol{\omega}^*\neq\boldsymbol{0}$。所以分离超平面是存在的。

唯一性：$\boldsymbol{\omega}^*$ 的唯一性。假设式(4.13)、式(4.14)有两个最优解$(\boldsymbol{\omega}_1^*,b_1^*)$和$(\boldsymbol{\omega}_2^*,b_2^*)$。显然 $\|\boldsymbol{\omega}_1^*\|=\|\boldsymbol{\omega}_2^*\|=c$，其中 c 是一个常数。令$\boldsymbol{\omega}=\frac{\boldsymbol{\omega}_1^*+\boldsymbol{\omega}_2^*}{2}$，$b=\frac{b_1^*+b_2^*}{2}$，可知$(\boldsymbol{\omega},b)$是式(4.13)、式(4.14)的可行解，因此：

$$c\leqslant\|\boldsymbol{\omega}\|\leqslant\frac{1}{2}\|\boldsymbol{\omega}_1^*\|+\frac{1}{2}\|\boldsymbol{\omega}_2^*\|=c$$

上式表明，$\|\boldsymbol{\omega}\|=\frac{1}{2}\|\boldsymbol{\omega}_1^*\|+\frac{1}{2}\|\boldsymbol{\omega}_2^*\|$，从而有$\boldsymbol{\omega}_1^*=\lambda\boldsymbol{\omega}_2^*$，$|\lambda|=1$。若 $\lambda=-1$，$\boldsymbol{\omega}=\boldsymbol{0}$，此时$(\boldsymbol{\omega},b)$不是问题式(4.13)、式(4.14)的可行解，与已知矛盾。因此有 $\lambda=1$，即

$$\boldsymbol{\omega}_1^* = \boldsymbol{\omega}_2^*$$

再证明 $b_1^* = b_2^*$。由$\boldsymbol{\omega}_1^* = \boldsymbol{\omega}_2^*$,可以把两个最优解($\boldsymbol{\omega}_1^*, b_1^*$)和($\boldsymbol{\omega}_2^*, b_2^*$)分别写成($\boldsymbol{\omega}^*$, b_1^*)和($\boldsymbol{\omega}^*, b_2^*$)。设 $\boldsymbol{x}_1'$ 和 $\boldsymbol{x}_2'$ 是集合$\{x_i \mid y_i = +1\}$中分别对应于($\boldsymbol{\omega}^*, b_1^*$)和($\boldsymbol{\omega}^*, b_2^*$)使得问题的不等式等号成立的点,$\boldsymbol{x}_1''$ 和 $\boldsymbol{x}_2''$是集合$\{\boldsymbol{x}_i \mid y_i = -1\}$中分别对应于($\boldsymbol{\omega}^*, b_1^*$)和($\boldsymbol{\omega}^*, b_2^*$)使得问题的不等式等号成立的点,则由 $b_1^* = -\frac{1}{2}(\boldsymbol{\omega}^* \cdot \boldsymbol{x}_1' + \boldsymbol{\omega}^* \cdot \boldsymbol{x}_1'')$,$b_2^* = -\frac{1}{2}(\boldsymbol{\omega}^* \cdot \boldsymbol{x}_2' + \boldsymbol{\omega}^* \cdot \boldsymbol{x}_2'')$,得

$$b_1^* - b_2^* = -\frac{1}{2}[\boldsymbol{\omega}^* \cdot (\boldsymbol{x}_1' - \boldsymbol{x}_2') + \boldsymbol{\omega}^* \cdot (\boldsymbol{x}_1'' - \boldsymbol{x}_2'')]$$

又因为

$$\boldsymbol{\omega}^* \cdot \boldsymbol{x}_2' + b_1^* \geqslant 1 = \boldsymbol{\omega}^* \cdot \boldsymbol{x}_1' + b_1^*$$

$$\boldsymbol{\omega}^* \cdot \boldsymbol{x}_1' + b_2^* \geqslant 1 = \boldsymbol{\omega}^* \cdot \boldsymbol{x}_2' + b_2^*$$

所以,$\boldsymbol{\omega}^* \cdot (\boldsymbol{x}_1' - \boldsymbol{x}_2') = 0$。同理有$\boldsymbol{\omega}^* \cdot (\boldsymbol{x}_1'' - \boldsymbol{x}_2'') = 0$。因此,

$$b_1^* - b_2^* = 0$$

由 $\boldsymbol{\omega}_1^* = \boldsymbol{\omega}_2^*$,$b_1^* = b_2^*$ 可知,两个最优解($\boldsymbol{\omega}_1^*, b_1^*$)和($\boldsymbol{\omega}_2^*, b_2^*$)是相同的,故得解的唯一性,所以最大间隔分离超平面是唯一的。

3. 支持向量与间隔边界

在线性可分支持向量机中,距离最大间隔分离超平面最近的样本点称为支持向量[2]。于是支持向量满足约束条件:$y_i(\boldsymbol{\omega} \cdot \boldsymbol{x}_i + b) - 1 = 0$。对于正例点来说,支持向量在平面 $\boldsymbol{\omega} \cdot \boldsymbol{x} + b = 1$ 上;对于负例点来说,支持向量在平面 $\boldsymbol{\omega} \cdot x + b = -1$ 上。

在图 4.3 中,虚直线 H_1 和 H_2 上 4 个不同的实例都是支持向量,其中 H_1 和 H_2 平行,称为间隔边界,最大间隔分离超平面在中间位置,与 H_1 和 H_2 也是平行关系[3]。H_1 和 H_2 之间的宽度就是间隔,由分离超平面的法向量$\boldsymbol{\omega}$ 决定,等于$\frac{2}{\|\boldsymbol{\omega}\|}$,$\|\boldsymbol{\omega}\|$越小,间隔越宽,$\|\boldsymbol{\omega}\|$越大,间隔越窄。

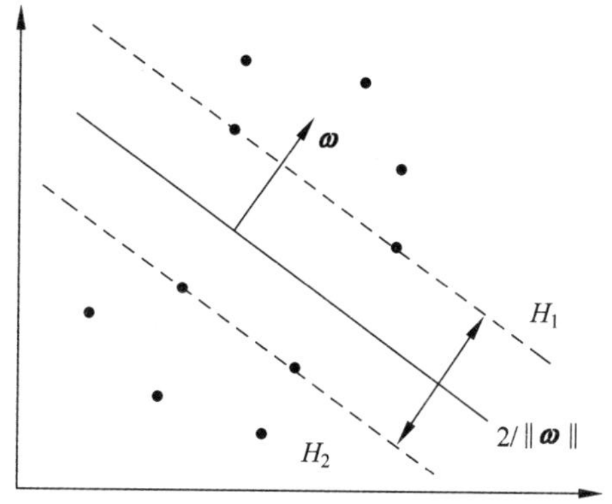

图 4.3 支持向量

在求解超平面的过程中，只有支持向量起决定性作用，改变其他实例点，分离超平面都不会发生变化，所以称这种分类模型为支持向量机。

4.1.4 线性可分支持向量机学习的对偶算法

在很多情况下，从问题的正面去求解并不一定是最简单的办法，但是从其反面考虑，往往会事半功倍。线性可分支持向量机学习的对偶算法就是利用这种思想，通过拉格朗日对偶性，把原始的最优化问题转化为求解其对偶问题。

首先引进拉格朗日乘子 $\alpha_i \geqslant 0, i=1,2,\cdots,N$，得到拉格朗日函数：

$$L(\boldsymbol{\omega},b,\alpha)=\frac{1}{2}\|\boldsymbol{\omega}\|^2-\sum_{i=1}^{N}\alpha_i[y_i(\boldsymbol{\omega}\cdot\boldsymbol{x}_i+b)-1] \tag{4.15}$$

然后根据拉格朗日对偶性，把原始的极小问题转化为极大极小问题：

$$\max_{\alpha}\min_{\boldsymbol{\omega},b}L(\boldsymbol{\omega},b,\alpha)$$

可以通过下面两个步骤得到对偶问题的解。

(1) 求 $\min\limits_{\boldsymbol{\omega},b}L(\boldsymbol{\omega},b,\alpha)$。

固定 α，要让 L 关于 $\boldsymbol{\omega}$ 和 b 最小，就要分别对 $\boldsymbol{\omega}$ 和 b 求偏导，令其偏导数等于 0。

$$\frac{\partial L}{\partial\boldsymbol{\omega}}=\boldsymbol{\omega}-\sum_{i=1}^{N}\alpha_i y_i\boldsymbol{x}_i=0$$

$$\frac{\partial L}{\partial b}=-\sum_{i=1}^{N}\alpha_i y_i=0$$

得到

$$\boldsymbol{\omega}=\sum_{i=1}^{N}\alpha_i y_i\boldsymbol{x}_i \tag{4.16}$$

$$\sum_{i=1}^{N}\alpha_i y_i=0 \tag{4.17}$$

将以上结果代入拉格朗日函数可得

$$\begin{aligned}L(\boldsymbol{\omega},b,\alpha)&=\frac{1}{2}\|\boldsymbol{\omega}\|^2-\sum_{i=1}^{N}\alpha_i[y_i(\boldsymbol{\omega}\cdot\boldsymbol{x}_i+b)-1]\\&=\frac{1}{2}\sum_{i,j=1}^{N}\alpha_i\alpha_j y_i y_j(\boldsymbol{x}_i\cdot\boldsymbol{x}_j)-\sum_{i=1}^{N}\alpha_i y_i\left(\left(\sum_{j=1}^{N}\alpha_j y_j\boldsymbol{x}_j\right)\boldsymbol{x}_i+b\right)+\sum_{i=1}^{N}\alpha_i\\&=-\frac{1}{2}\sum_{i,j=1}^{N}\alpha_i\alpha_j y_i y_j(\boldsymbol{x}_i\cdot\boldsymbol{x}_j)+\sum_{i=1}^{N}\alpha_i\end{aligned}$$

(2) 求 $\min\limits_{\boldsymbol{\omega},b}L(\boldsymbol{\omega},b,\alpha)$ 对 α 的极大值

$$\max_{\alpha}\sum_{i=1}^{N}\alpha_i-\frac{1}{2}\sum_{i,j=1}^{N}\alpha_i\alpha_j y_i y_j(\boldsymbol{x}_i\cdot\boldsymbol{x}_j) \tag{4.18}$$

$$\text{s.t.} \quad \sum_{i=1}^{N}\alpha_i y_i = 0$$

$$\alpha_i \geqslant 0, \quad i = 1,2,\cdots,N$$

把目标函数式(4.18)求极大值转化为求极小值，就得到如下的等价对偶最优化问题：

$$\min_{\boldsymbol{\alpha}} \frac{1}{2}\sum_{i,j=1}^{N}\alpha_i\alpha_j y_i y_j (\boldsymbol{x}_i \cdot \boldsymbol{x}_j) - \sum_{i=1}^{N}\alpha_i \tag{4.19}$$

$$\text{s.t.} \quad \sum_{i=1}^{N}\alpha_i y_i = 0 \tag{4.20}$$

$$\alpha_i \geqslant 0, \quad i = 1,2,\cdots,N \tag{4.21}$$

为了得到最优解，给出以下定理。相关证明这里省略，有兴趣的读者可以去查阅有关文献。

定理 4.2[2]　设 $\boldsymbol{\alpha}^* = [\alpha_1^*, \alpha_2^*, \cdots, \alpha_l^*]^{\mathrm{T}}$ 是对偶最优化问题的解，存在下标 j，使得 $\alpha_j^* > 0$，那么原始最优化问题的解 $\boldsymbol{\omega}^*$ 和 b^* 为

$$\boldsymbol{\omega}^* = \sum_{i=1}^{N}\alpha_i^* y_i \boldsymbol{x}_i \tag{4.22}$$

$$b^* = y_j - \sum_{i=1}^{N}\alpha_i^* y_i (\boldsymbol{x}_i \cdot \boldsymbol{x}_j) \tag{4.23}$$

根据上述定理，提出以下算法[4]：

(1) 首先构造最优化问题

$$\min_{\boldsymbol{\alpha}} \frac{1}{2}\sum_{i,j=1}^{N}\alpha_i\alpha_j y_i y_j (\boldsymbol{x}_i \cdot \boldsymbol{x}_j) - \sum_{i=1}^{N}\alpha_i$$

$$\text{s.t.} \quad \sum_{i=1}^{N}\alpha_i y_i = 0$$

$$\alpha_i \geqslant 0, \quad i = 1,2,\cdots,N$$

得到最优解 $\boldsymbol{\alpha}^* = [\alpha_1^*, \alpha_2^*, \cdots, \alpha_N^*]^{\mathrm{T}}$。

(2) 然后计算

$$\boldsymbol{\omega}^* = \sum_{i=1}^{N}\alpha_i^* y_i \boldsymbol{x}_i$$

选择 $\boldsymbol{\alpha}^*$ 的一个分量 $\alpha_j^* > 0$，计算

$$b^* = y_j - \sum_{i=1}^{N}\alpha_i^* y_i (\boldsymbol{x}_i \cdot \boldsymbol{x}_j)$$

(3) 最后就得到分离超平面

$$\boldsymbol{\omega}^* \cdot \boldsymbol{x} + b^* = 0$$

以及分类决策函数

$$f(x) = \mathrm{sign}(\boldsymbol{\omega}^* \cdot \boldsymbol{x} + b^*)$$

由式(4.22)和式(4.23)可知，在对偶问题中，$\boldsymbol{\omega}^*$ 和 b^* 只依赖于训练数据中对应于 $\alpha_i^*>0$ 的样本点$(\boldsymbol{x}_i,y_i)$，而不依赖于其他样本点，相应地，将训练数据集中 $\alpha_i^*>0$ 的实例点 $\boldsymbol{x}_i$ 称为支持向量。

例 4.1 如图 4.4 所示的训练数据集，正例点为 $\boldsymbol{x}_1=(3,3)^{\mathrm{T}}$，$\boldsymbol{x}_2=(4,3)^{\mathrm{T}}$，负例点为 $\boldsymbol{x}_3=(1,1)^{\mathrm{T}}$，求最大间隔分离超平面。

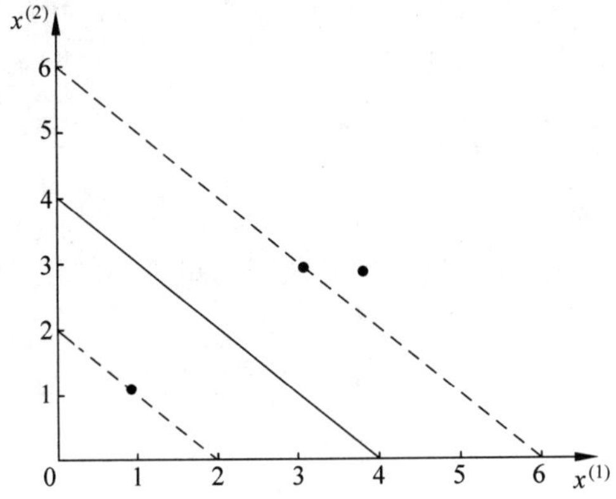

图 4.4 间隔最大分离超平面示例

解法 1：约束最优化问题

$$\min_{\boldsymbol{\omega},b}\frac{1}{2}(\omega_1^2+\omega_2^2)$$

$$\text{s.t.}\ \ 3\omega_1+3\omega_2+b\geqslant 1$$

$$4\omega_1+3\omega_2+b\geqslant 1$$

$$-\omega_1-\omega_2-b\geqslant 1$$

求得该最优化问题的解为 $\omega_1=\omega_2=\dfrac{1}{2}$，$b=-2$。所以最大间隔分离超平面为

$$\frac{1}{2}x^{(1)}+\frac{1}{2}x^{(2)}-2=0$$

其中，$\boldsymbol{x}_1=(3,3)^{\mathrm{T}}$ 和 $\boldsymbol{x}_3=(1,1)^{\mathrm{T}}$ 为支持向量。

解法 2：对偶问题

$$\min_{\boldsymbol{\alpha}}\frac{1}{2}\sum_{i,j=1}^{N}\alpha_i\alpha_j y_i y_j(\boldsymbol{x}_i\cdot\boldsymbol{x}_j)-\sum_{i=1}^{N}\alpha_i$$

$$=\frac{1}{2}(18\alpha_1^2+25\alpha_2^2+2\alpha_3^2+42\alpha_1\alpha_2-12\alpha_1\alpha_3-14\alpha_2\alpha_3)-\alpha_1-\alpha_2-\alpha_3$$

$$\text{s.t.}\ \ \alpha_1+\alpha_2-\alpha_3=0$$

$$\alpha_i\geqslant 0,\quad i=1,2,3$$

把 $\alpha_3=\alpha_1+\alpha_2$ 代入目标函数并记为

$$s(\alpha_1,\alpha_2)=4\alpha_1^2+\frac{13}{2}\alpha_2^2+10\alpha_1\alpha_2-2\alpha_1-2\alpha_2$$

上式对 α_1 和 α_2 求偏导数，并令其等于 0 可得

$$\frac{\partial s}{\partial \alpha_1}=8\alpha_1+10\alpha_2-2=0$$

$$\frac{\partial s}{\partial \alpha_2}=13\alpha_2+10\alpha_1-2=0$$

解得 $s(\alpha_1,\alpha_2)$在$\left(\frac{3}{2},-1\right)^{\mathrm{T}}$ 处取得极值，但不满足 $\alpha_2\geqslant 0$，所以最小值应在边界上取到。当 $\alpha_1=0$ 时，最小值 $s\left(0,\frac{2}{13}\right)=-\frac{2}{13}$；当 $\alpha_2=0$ 时，最小值 $s\left(\frac{1}{4},0\right)=-\frac{1}{4}$。因此，$s(\alpha_1,\alpha_2)$在$\left(\frac{1}{4},0\right)^{\mathrm{T}}$ 处取得极小值，此时 $\alpha_3=\alpha_1+\alpha_2=\frac{1}{4}$，$\alpha_1^*=\alpha_3^*=\frac{1}{4}$对应的实例向量为支持向量。

计算得

$$\begin{pmatrix}\omega_1^*\\ \omega_2^*\end{pmatrix}=\frac{1}{4}\begin{pmatrix}3\\3\end{pmatrix}+0-\frac{1}{4}\begin{pmatrix}1\\1\end{pmatrix}=\begin{pmatrix}\frac{1}{2}\\ \frac{1}{2}\end{pmatrix}$$

$$b^*=y_j-\sum_{i=1}^{N}\alpha_i^* y_i(\boldsymbol{x}_i\cdot\boldsymbol{x}_j)$$

若取 $j=1$，则

$$b^*=1-\frac{1}{4}(\boldsymbol{x}_1\cdot\boldsymbol{x}_1)-\frac{1}{4}(-1)(\boldsymbol{x}_3\cdot\boldsymbol{x}_1)=1-\frac{9}{2}+\frac{3}{2}=-2$$

若取 $j=3$，则

$$b^*=-1-\frac{1}{4}(\boldsymbol{x}_1\cdot\boldsymbol{x}_3)-\frac{1}{4}(-1)(\boldsymbol{x}_3\cdot\boldsymbol{x}_3)=-1-\frac{3}{2}+\frac{1}{2}=-2$$

任取其一即可。

最终求得分离超平面：

$$\frac{1}{2}x^{(1)}+\frac{1}{2}x^{(2)}-2=0$$

分类决策函数：

$$f(x)=\mathrm{sign}\left(\frac{1}{2}x^{(1)}+\frac{1}{2}x^{(2)}-2\right)$$

可以看到所得结果与解法 1 完全一致。

4.2 线性支持向量机

4.2.1 线性支持向量机的定义

线性不可分是说数据集中除了大部分线性可分的样本点外，还存在一些奇异点，这

些奇异点的函数间隔不满足大于或等于1的约束条件，此时就不能使用线性可分支持向量机算法。为了统一处理其中的奇异点，就引入一个松弛变量$\xi_i \geqslant 0$，使得数据集中所有样本点$(\boldsymbol{x}_i, y_i)$的函数间隔与松弛变量之和都满足大于或等于1，即

$$y_i(\boldsymbol{\omega} \cdot \boldsymbol{x}_i + b) + \xi_i \geqslant 1$$

但是ξ_i的取值也不能太大，否则任取一个超平面都可以符合条件，所以要求ξ_i的总和也是最小的，把它加在目标函数上，那么新的目标函数是

$$\frac{1}{2}\|\boldsymbol{\omega}\|^2 + C\sum_{j=1}^{N}\xi_i \tag{4.24}$$

其中系数$C>0$称为惩罚系数，由问题本身决定，协调两个目标函数的权重[3]。

对奇异点进行统一处理之后，得到线性支持向量机的学习问题：

$$\min_{\boldsymbol{\omega}, b, \xi} \frac{1}{2}\|\boldsymbol{\omega}\|^2 + C\sum_{i=1}^{N}\xi_i \tag{4.25}$$

$$\text{s.t.} \quad y_i(\boldsymbol{\omega} \cdot \boldsymbol{x}_i + b) \geqslant 1 - \xi_i, \quad i = 1, 2, \cdots, N \tag{4.26}$$

$$\xi_i \geqslant 0, \quad i = 1, 2, \cdots, N \tag{4.27}$$

可以证明其解$\boldsymbol{\omega}$是唯一的，但b不唯一，而是存在于某个区间[5]。

假设上述凸二次规划问题的解为$\boldsymbol{\omega}^*$和b^*，那么给出如下定义：

定义4.4[2]　对于一个给定的线性不可分训练数据集，通过求解式(4.25)～式(4.27)的凸二次规划问题，得到的分离超平面为

$$\boldsymbol{\omega}^* \cdot \boldsymbol{x} + b^* = 0 \tag{4.28}$$

以及相应的分类决策函数为

$$f(x) = \text{sign}(\boldsymbol{\omega}^* \cdot \boldsymbol{x} + b^*) \tag{4.29}$$

称为线性支持向量机。

4.2.2　线性支持向量机学习的对偶算法

原始最优化问题式(4.25)～式(4.27)的拉格朗日函数为

$$L(\boldsymbol{\omega}, b, \xi, \alpha, \lambda) = \frac{1}{2}\|\boldsymbol{\omega}\|^2 + C\sum_{i=1}^{N}\xi_i - \sum_{i=1}^{N}\alpha_i(y_i(\boldsymbol{\omega} \cdot \boldsymbol{x}_i + b) - 1 + \xi_i) - \sum_{i=1}^{N}\lambda_i\xi_i \tag{4.30}$$

其中$\alpha_i \geqslant 0, \lambda_i \geqslant 0$。

对偶问题是关于拉格朗日函数的极大极小值问题，首先求$L(\boldsymbol{\omega}, b, \xi, \alpha, \lambda)$对$\boldsymbol{\omega}, b, \xi$的极小值：

$$\frac{\partial L}{\partial \boldsymbol{\omega}} = \boldsymbol{\omega} - \sum_{i=1}^{N}\alpha_i y_i \boldsymbol{x}_i = 0$$

$$\frac{\partial L}{\partial b} = -\sum_{i=1}^{N}\alpha_i y_i = 0$$

$$\frac{\partial L}{\partial \xi_i}=C-\alpha_i-\lambda_i=0$$

得到

$$\boldsymbol{\omega}=\sum_{i=1}^{N}\alpha_i y_i \boldsymbol{x}_i \tag{4.31}$$

$$\sum_{i=1}^{N}\alpha_i y_i=0 \tag{4.32}$$

$$C-\alpha_i-\lambda_i=0 \tag{4.33}$$

将式(4.31)～式(4.33)代入式(4.30)，得

$$\min_{\boldsymbol{\omega},b,\xi}L(\boldsymbol{\omega},b,\xi,\alpha,\lambda)=-\frac{1}{2}\sum_{i,j=1}^{N}\alpha_i\alpha_j y_i y_j(\boldsymbol{x}_i\cdot\boldsymbol{x}_j)+\sum_{i=1}^{N}\alpha_i$$

再对$\min\limits_{\boldsymbol{\omega},b,\xi}L(\boldsymbol{\omega},b,\xi,\alpha,\lambda)$求 α 的极大值，得到对偶问题：

$$\max_{\boldsymbol{\alpha}}-\frac{1}{2}\sum_{i,j=1}^{N}\alpha_i\alpha_j y_i y_j(\boldsymbol{x}_i\cdot\boldsymbol{x}_j)+\sum_{i=1}^{N}\alpha_i \tag{4.34}$$

$$\text{s.t.}\quad \sum_{i=1}^{N}\alpha_i y_i=0 \tag{4.35}$$

$$C-\alpha_i-\lambda_i=0 \tag{4.36}$$

$$\alpha_i\geqslant 0 \tag{4.37}$$

$$\lambda_i\geqslant 0,\quad i=1,2,\cdots,N \tag{4.38}$$

利用式(4.36)消去 λ_i，只留下变量 α_i，再把目标函数转化为求极小值，就可以得到最后的对偶问题：

$$\min_{\boldsymbol{\alpha}}\frac{1}{2}\sum_{i,j=1}^{N}\alpha_i\alpha_j y_i y_j(\boldsymbol{x}_i\cdot\boldsymbol{x}_j)-\sum_{i=1}^{N}\alpha_i \tag{4.39}$$

$$\text{s.t.}\quad \sum_{i=1}^{N}\alpha_i y_i=0 \tag{4.40}$$

$$0\leqslant\alpha_i\leqslant C,\quad i=1,2,\cdots,N \tag{4.41}$$

定理 4.3[2] 设 $\boldsymbol{\alpha}^*=(\alpha_1^*,\alpha_2^*,\cdots,\alpha_l^*)^{\mathrm{T}}$ 是对偶最优化问题式(4.39)～式(4.41)的解，如果存在下标 j，使得 $0<\alpha_j^*<C$，那么可求得原始最优化问题式(4.25)～式(4.27)的解 $\boldsymbol{\omega}^*$ 和 b^*

$$\boldsymbol{\omega}^*=\sum_{i=1}^{N}\alpha_i^* y_i\boldsymbol{x}_i \tag{4.42}$$

$$b^*=y_j-\sum_{i=1}^{N}\alpha_i^* y_i(\boldsymbol{x}_i\cdot\boldsymbol{x}_j) \tag{4.43}$$

相关证明这里省略，有兴趣的读者可以去查阅有关参考文献。

有了定理 4.3，可以得到线性支持向量机的学习算法步骤[4]。

(1) 首先选择合适的参数 $C>0$，求解凸二次规划问题

$$\min_{\boldsymbol{\alpha}} \frac{1}{2}\sum_{i,j=1}^{N}\alpha_i\alpha_j y_i y_j(\boldsymbol{x}_i \cdot \boldsymbol{x}_j) - \sum_{i=1}^{N}\alpha_i$$

$$\text{s.t.} \quad \sum_{i=1}^{N}\alpha_i y_i = 0$$

$$0 \leqslant \alpha_i \leqslant C, \quad i=1,2,\cdots,N$$

得到最优解 $\boldsymbol{\alpha}^* = (\alpha_1^*, \alpha_2^*, \cdots, \alpha_N^*)^{\mathrm{T}}$。

(2) 然后计算

$$\boldsymbol{\omega}^* = \sum_{i=1}^{N}\alpha_i^* y_i \boldsymbol{x}_i$$

再选择 $\boldsymbol{\alpha}^*$ 的一个分量 α_j^*，满足 $0<\alpha_j^*<C$，计算

$$b^* = y_j - \sum_{i=1}^{N} y_i \alpha_i^* (\boldsymbol{x}_i \cdot \boldsymbol{x}_j)$$

(3) 最后得到分离超平面

$$\boldsymbol{\omega}^* \cdot \boldsymbol{x} + b^* = 0$$

以及分类决策函数

$$f(x) = \mathrm{sign}(\boldsymbol{\omega}^* \cdot \boldsymbol{x} + b^*)$$

4.2.3 支持向量

在线性支持向量机中，支持向量是指最优解 $\boldsymbol{\alpha}^* = (\alpha_1^*, \alpha_2^*, \cdots, \alpha_N^*)^{\mathrm{T}}$ 中满足 $\alpha_i^*>0$ 的样本点 (x_i, y_i) 的实例 x_i。

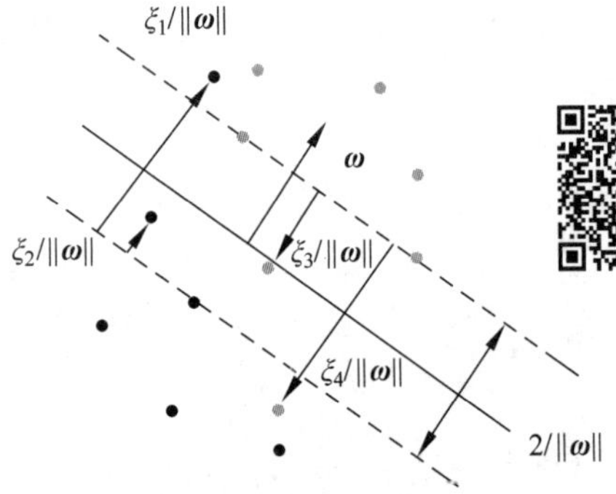

图 4.5 支持向量

如图 4.5 所示，线性不可分时的支持向量比线性可分时复杂很多。线性可分时，支持向量只能在间隔边界上；而线性不可分时，支持向量可以在间隔边界上，也可以在间隔边界与分离超平面之间，或者在分离超平面上，甚至可以在超平面误分一侧，分别对应以下 4 种情况：$\alpha_i^*<C, \xi_i=0$；$\alpha_i^*=C, 0<\xi_i<1$；$\alpha_i^*=C, \xi_i=1$；$\alpha_i^*=C, \xi_i>1$。

4.2.4 合页损失函数

学习线性支持向量机还可以最小化目标函数：

$$\sum_{i=1}^{N}[1-y_i(\boldsymbol{\omega}\cdot\boldsymbol{x}_i+b)]_+ + \mu \|\boldsymbol{\omega}\|^2 \tag{4.44}$$

其中第一项是经验损失，函数

$$L(y(\boldsymbol{\omega}\cdot\boldsymbol{x}+b))=[1-y(\boldsymbol{\omega}\cdot\boldsymbol{x}+b)]_{+} \tag{4.45}$$

称为合页损失函数[2]。“+”表示取正值的函数：

$$[z]_{+}=\begin{cases}z, & z>0\\0, & z\leqslant 0\end{cases} \tag{4.46}$$

所以如果样本点$(\boldsymbol{x}_i,y_i)$被正确分类，而且它的函数间隔$y_i(\boldsymbol{\omega}\cdot\boldsymbol{x}_i+b)$大于或等于1时，没有损失，否则损失是$1-y_i(\boldsymbol{\omega}\cdot\boldsymbol{x}_i+b)$。目标函数中的第二项是系数为$\mu$的$\boldsymbol{\omega}$的$L_2$范数平方，称为正则化项。

定理4.4[2] 支持向量机原始最优化问题式(4.25)～式(4.27)等价于最优化问题

$$\min_{\boldsymbol{\omega},b}\sum_{i=1}^{N}[1-y_i(\boldsymbol{\omega}\cdot\boldsymbol{x}_i+b)]_{+}+\mu\|\boldsymbol{\omega}\|^2 \tag{4.47}$$

证明：令$1-y_i(\boldsymbol{\omega}\cdot\boldsymbol{x}_i+b)=\frac{1}{2}\xi_i,\xi_i\geqslant 0$，则$y_i(\boldsymbol{\omega}\cdot\boldsymbol{x}_i+b)=1-\frac{1}{2}\xi_i\geqslant 1-\xi_i$，于是$\boldsymbol{\omega},b,\xi$满足约束条件。由$\xi_i\geqslant 0$可知，$[1-y_i(\boldsymbol{\omega}\cdot\boldsymbol{x}_i+b)]_{+}=\left[\frac{1}{2}\xi_i\right]_{+}=\frac{1}{2}\xi_i$，所以最优化问题可写为

$$\min_{\boldsymbol{\omega},b}\sum_{i=1}^{N}\frac{1}{2}\xi_i+\mu\|\boldsymbol{\omega}\|^2$$

取$\mu=\frac{1}{4C}$，则

$$\min_{\boldsymbol{\omega},b}\frac{1}{2C}\left(C\sum_{i=1}^{N}\xi_i+\frac{1}{2}\|\boldsymbol{\omega}\|^2\right)$$

与原始最优化问题目标函数等价。

合页损失函数的图形如图4.6所示，横轴是函数间隔$y(\boldsymbol{\omega}\cdot\boldsymbol{x}+b)$，纵轴是损失。

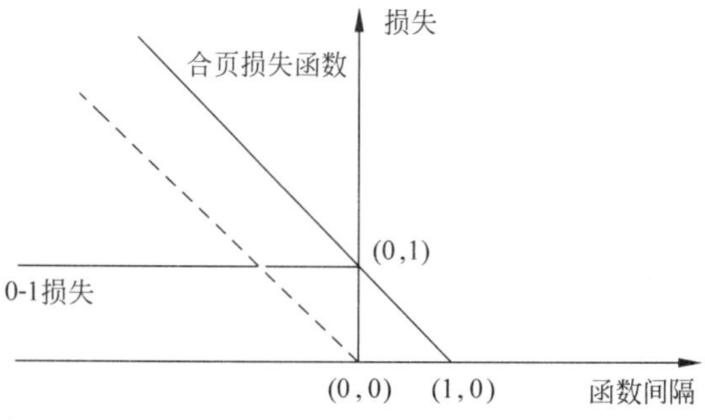

图4.6 合页损失函数

图4.6中的0-1损失函数是二分类问题的真正损失函数，它的上界是合页损失函数。因为0-1损失函数不是连续可导的，直接优化由其构成的目标函数很困难，所以认为线性支持向量机是优化由0-1损失函数的上界构成的目标函数[2]。

虚线是感知机的损失函数$[y_i(\boldsymbol{\omega}\cdot\boldsymbol{x}_i+b)]_{+}$，当样本点被正确分类时损失是0；否则损失是$-y_i(\boldsymbol{\omega}\cdot\boldsymbol{x}_i+b)$。可以看出，合页损失函数对学习的要求更高，它不仅要正确

分类,而且确信度足够高时损失才为0。

4.3 非线性支持向量机

4.1节和4.2节介绍的都是线性支持向量机的知识。但是在实际生活以及工程应用中,更多的分类问题是非线性的,面对这类问题,线性支持向量机就显得捉襟见肘,这时非线性支持向量机的学习和使用就尤为重要。下面做详细介绍。

4.3.1 核技巧

一般来说,非线性环节的出现会增加求解问题的难度,直接求解非线性问题不仅会带来繁重的计算量,甚至得不到最终的解。目前采用最多的方法是利用非线性变换,把原来的非线性求解问题转化为线性求解问题,然后通过求解转化后的线性问题,进而间接求得原来非线性问题的解。核技巧处理非线性问题就是采用这种转化思想,把原始数据映射到一个高维空间,从而解决在原始空间中线性不可分的问题。

例如,假设在原始空间 $x \in \mathbf{R}^2$ 中,有一条二次曲线方程记为

$$a_1 x_1^2 + a_2 x_2^2 + a_3 x_1 + a_4 x_2 + a_5 x_1 x_2 + a_6 = 0$$

其中 $a_i(i=1,2,\cdots,6)$是不为0的常数,如果另外构造一个新的五维空间,这5个坐标值分别为 $z_1=x_1^2, z_2=x_2^2, z_3=x_1, z_4=x_2, z_5=x_1x_2$,那么原来的二次曲线在新的坐标系下可以写作:

$$\sum_{i=1}^{5} a_i z_i + a_6 = 0$$

而此时 $z_i(i=1,2,\cdots,6)$就是线性可分的。

接下来给出核函数的定义。

定义4.5[2] 假设 X 是输入空间,H 是一个特征空间,如果存在一个从输入空间 $\boldsymbol{X}$ 到特征空间 H 的映射

$$\phi(\boldsymbol{x}): X \rightarrow H \tag{4.48}$$

使得对所有 $\boldsymbol{x}, \boldsymbol{z} \in X$,函数 $K(\boldsymbol{x}, \boldsymbol{z})$满足

$$K(\boldsymbol{x}, \boldsymbol{z}) = \phi(\boldsymbol{x}) \cdot \phi(\boldsymbol{z}) \tag{4.49}$$

那么函数 $K(\boldsymbol{x}, \boldsymbol{z})$称为核函数,$\phi(\boldsymbol{x})$称为对应的映射函数,$\phi(\boldsymbol{x}) \cdot \phi(\boldsymbol{z})$称为 $\phi(\boldsymbol{x})$和 $\phi(\boldsymbol{z})$的内积。

仔细推敲核函数定义可以发现:针对一个给定的核函数 $K(\boldsymbol{x}, \boldsymbol{z})$,其特征空间 H 和映射函数 ϕ 的选取不唯一,一是可以选择不同的特征空间,二是针对相同特征空间,可以选择不同的映射。下面举一个例子来说明。

例4.2 假设存在一个输入空间 $\mathbf{R}^2$,选择核函数为 $K(\boldsymbol{x}, \boldsymbol{z}) = (\boldsymbol{x} \cdot \boldsymbol{z})^2$,试找到一个相关的特征空间 H 和对应的映射 $\phi(\boldsymbol{x}): \mathbf{R}^2 \rightarrow H$。

解：(1) 如果取特征空间 $H=\mathbf{R}^3$，记输入向量 $\boldsymbol{x}=(x_1,x_2)^{\mathrm{T}}$，$\boldsymbol{z}=(z_1,z_2)^{\mathrm{T}}$，那么

$$(\boldsymbol{x}\cdot\boldsymbol{z})^2=(x_1z_1+x_2z_2)^2=(x_1z_1)^2+2x_1z_1x_2z_2+(x_2z_2)^2$$

当映射取

$$\varphi(\boldsymbol{x})=((x_1)^2,\sqrt{2}x_1x_2,(x_2)^2)^{\mathrm{T}}$$

很明显：$\phi(\boldsymbol{x})\cdot\phi(\boldsymbol{z})=(\boldsymbol{x}\cdot\boldsymbol{z})^2=K(\boldsymbol{x},\boldsymbol{z})$。

(2) 取 $H=\mathbf{R}^4$ 和映射

$$\varphi(\boldsymbol{x})=((x_1)^2,x_1x_2,x_1x_2,(x_2)^2)^{\mathrm{T}}$$

此时也得：$\phi(\boldsymbol{x})\cdot\phi(\boldsymbol{z})=(\boldsymbol{x}\cdot\boldsymbol{z})^2=K(\boldsymbol{x},\boldsymbol{z})$。

因为核函数 $K(\boldsymbol{x},\boldsymbol{z})$是与其相对应的两个映射函数的内积，而在线性支持向量机的对偶形式中，最终需要计算输入实例之间的内积，所以在非线性支持向量机中，可以用核函数取代线性支持向量机中的内积，得到如下函数：

$$W(\boldsymbol{\alpha})=\frac{1}{2}\sum_{i,j=1}^{N}\alpha_i\alpha_j y_i y_j K(\boldsymbol{x}_i,\boldsymbol{x}_j)-\sum_{i=1}^{N}\alpha_i \tag{4.50}$$

$$f(\boldsymbol{x})=\operatorname{sign}\Big(\sum_{i=1}^{N}\alpha_i^* y_i\varphi(\boldsymbol{x}_i)\cdot\varphi(\boldsymbol{x})+b^*\Big)=\operatorname{sign}\Big(\sum_{i=1}^{N}\alpha_i^* y_i K(\boldsymbol{x}_i,\boldsymbol{x})+b^*\Big) \tag{4.51}$$

利用非线性核函数把原来的非线性可分数据变成线性可分数据，再利用求解线性支持向量机的方法来进行计算。值得注意的是，变换之后的计算应在新坐标空间中进行，而不是原始空间。

我们所说的核函数通常是指正定核函数，前面介绍的都是在已知映射 φ 的情况下求得核函数 $K(\boldsymbol{x},\boldsymbol{z})$。如果对于一个给定的函数 $K(\boldsymbol{x},\boldsymbol{z})$，在不构造映射 φ 的情况下，有没有一个通用的方法可以判断其是否是核函数呢？接下来介绍正定核函数的充要条件。

定理 4.5[2]　假设 $K:X\times X\to\mathbf{R}$ 是一个对称函数，则 $K(\boldsymbol{x},\boldsymbol{z})$为正定核函数的充要条件是：对任意 $\boldsymbol{x}_i\in X,i=1,2,\cdots,m$，$K(\boldsymbol{x},\boldsymbol{z})$对应的 Gram 矩阵

$$\mathbf{K}=[K(\boldsymbol{x}_i,\boldsymbol{x}_j)]_{m\times m} \tag{4.52}$$

是半正定矩阵。

证明：(必要性)由于 $K(\boldsymbol{x},\boldsymbol{z})$是 $X\times X$ 上的正定核，所以存在从 X 到特征空间 H 的映射 ϕ，使得

$$K(\boldsymbol{x},\boldsymbol{z})=\phi(\boldsymbol{x})\phi(\boldsymbol{z})$$

于是，对任意的 $x_1,x_2,\cdots,x_m$，构造 $K(\boldsymbol{x},\boldsymbol{z})$关于 $\boldsymbol{x}_1,\boldsymbol{x}_2,\cdots,\boldsymbol{x}_m$ 的 Gram 矩阵

$$[K_{ij}]_{m\times m}=[K(\boldsymbol{x}_i,\boldsymbol{x}_j)]_{m\times m}$$

对任意的 $c_1,c_2,\cdots,c_m\in\mathbf{R}$，有

$$\begin{aligned}\sum_{i,j=1}^{m}c_ic_jK(\boldsymbol{x}_i,\boldsymbol{x}_j)&=\sum_{i,j=1}^{m}c_ic_j(\phi(\boldsymbol{x}_i)\cdot\phi(\boldsymbol{x}_j))\\&=\Big(\sum_i c_i\phi(\boldsymbol{x}_i)\Big)\cdot\Big(\sum_j c_j\phi(\boldsymbol{x}_j)\Big)=\Big\|\sum_i c_i\phi(x_i)\Big\|^2\geqslant 0\end{aligned}$$

表明 $K(\boldsymbol{x},\boldsymbol{z})$关于 $\boldsymbol{x}_1,\boldsymbol{x}_2,\cdots,\boldsymbol{x}_m$ 的 Gram 矩阵是半正定的。

（充分性）对给定的 $K(\boldsymbol{x},\boldsymbol{z})$，可以构造从 X 到某个特征空间 H 的映射

$$\phi: \boldsymbol{x} \to K(\cdot,\boldsymbol{x})$$

由于核 $\boldsymbol{K}$ 具有再生性，即满足 $K(\cdot,\boldsymbol{x})\cdot f=f(\boldsymbol{x})$ 及 $K(\cdot,\boldsymbol{x})\cdot K(\cdot,\boldsymbol{z})=K(\boldsymbol{x},\boldsymbol{z})$，所以

$$K(\boldsymbol{x},\boldsymbol{z})=\phi(\boldsymbol{x})\cdot\phi(\boldsymbol{z})$$

表明 $K(\boldsymbol{x},\boldsymbol{z})$ 是 $X\times X$ 上的核函数。证毕。

4.3.2 常见的核函数

1. 高斯核函数[3]

$$K(\boldsymbol{x},\boldsymbol{z})=\exp\left\{-\frac{\|\boldsymbol{x}-\boldsymbol{z}\|^2}{2\sigma^2}\right\} \tag{4.53}$$

分类决策函数为

$$f(\boldsymbol{x})=\operatorname{sign}\left(\sum_{i=1}^{N}\alpha_i^* y_i \exp\left(-\frac{\|\boldsymbol{x}-\boldsymbol{z}\|^2}{2\sigma^2}\right)+b^*\right)$$

2. 多项式核函数[3]

$$K(\boldsymbol{x},\boldsymbol{z})=(\boldsymbol{x}\cdot\boldsymbol{z}+1)^d \tag{4.54}$$

分类决策函数为

$$f(\boldsymbol{x})=\operatorname{sign}\left(\sum_{i=1}^{N}\alpha_i^* y_i(\boldsymbol{x}_i\cdot\boldsymbol{x}+1)^d+b^*\right)$$

3. 多层感知机核函数[3]

$$K(\boldsymbol{x},\boldsymbol{z})=\tanh(\rho<\boldsymbol{x},\boldsymbol{z}>+b)^d \tag{4.55}$$

4.3.3 非线性支持向量机

现在我们知道，利用核技巧把前面的内积换为核函数，就可以将线性支持向量机扩展到非线性支持向量机。

定义 4.6[2] 从非线性分类训练集，通过核函数与凸二次规划，学习得到的分类决策函数

$$f(\boldsymbol{x})=\operatorname{sign}\left(\sum_{i=1}^{N}\alpha_i^* y_i K(\boldsymbol{x},\boldsymbol{x}_i)+b^*\right) \tag{4.56}$$

称为非线性支持向量机。

类比线性支持向量机的学习算法，可以得到非线性支持向量机的学习算法[4]：

(1) 首先根据问题所需，选择一个合适的核函数 $K(\boldsymbol{x},\boldsymbol{z})$ 和参数 C，构造最优化问题

$$\min_{\boldsymbol{\alpha}} \frac{1}{2}\sum_{i,j=1}^{N}\alpha_i\alpha_j y_i y_j K(\boldsymbol{x}_i,\boldsymbol{x}_j)-\sum_{i=1}^{N}\alpha_i \tag{4.57}$$

$$\text{s.t.}\quad \sum_{i=1}^{N}\alpha_i y_i=0 \tag{4.58}$$

$$0\leqslant\alpha_i\leqslant C,\quad i=1,2,\cdots,N \tag{4.59}$$

得到一组最优解 $\boldsymbol{\alpha}^*=(\alpha_1^*,\alpha_2^*,\cdots,\alpha_N^*)^{\mathrm{T}}$。

(2) 然后从 $\boldsymbol{\alpha}^*$ 中选择一个正分量 $0<\alpha_j^*<C$，计算

$$b^*=y_j-\sum_{i=1}^{N}\alpha_i^* y_i K(\boldsymbol{x}_i\cdot\boldsymbol{x}_j)$$

(3) 最后得到分类决策函数

$$f(\boldsymbol{x})=\operatorname{sign}\left(\sum_{i=1}^{N}\alpha_i^* y_i K(\boldsymbol{x}\cdot\boldsymbol{x}_i)+b^*\right)$$

例4.3 已知正例点 $\boldsymbol{x}_1=(1,2)^{\mathrm{T}}$，$\boldsymbol{x}_2=(2,1)^{\mathrm{T}}$，负例点 $\boldsymbol{x}_3=(1,1)^{\mathrm{T}}$，$\boldsymbol{x}_4=(2,2)^{\mathrm{T}}$，试用核函数的方法求出分类决策函数。

解：选取核函数为 $K(\boldsymbol{x},\boldsymbol{z})=(\boldsymbol{x}\cdot\boldsymbol{z})^2$

$$\min_{\boldsymbol{\alpha}} \frac{1}{2}\sum_{i,j=1}^{N}\alpha_i\alpha_j y_i y_j K(\boldsymbol{x}_i,\boldsymbol{x}_j)-\sum_{i=1}^{N}\alpha_i$$

$$=\frac{1}{2}(25\alpha_1^2+25\alpha_2^2+4\alpha_3^2+64\alpha_4^2+32\alpha_1\alpha_2-18\alpha_1\alpha_3-72\alpha_1\alpha_4$$

$$-18\alpha_2\alpha_3-72\alpha_2\alpha_4+32\alpha_3\alpha_4)-\alpha_1-\alpha_2-\alpha_3-\alpha_4$$

$$\text{s.t.}\quad \alpha_1+\alpha_2-\alpha_3-\alpha_4=0$$

$$0\leqslant\alpha_i\leqslant C,\quad i=1,2,3,4$$

把 $\alpha_4=\alpha_1+\alpha_2-\alpha_3$ 代入目标函数并记为

$$s(\alpha_1,\alpha_2,\alpha_3)=\frac{1}{2}(17\alpha_1^2+17\alpha_2^2+3417\alpha_3^2+16\alpha_1\alpha_2-40\alpha_1\alpha_3-40\alpha_2\alpha_3)-2\alpha_1-2\alpha_2$$

上式对 α_1 和 α_2 求偏导数，并令其等于0，可得

$$\frac{\partial s}{\partial\alpha_1}=17\alpha_1+16\alpha_2-40\alpha_3-2=0$$

$$\frac{\partial s}{\partial\alpha_2}=17\alpha_2+16\alpha_1-40\alpha_3-2=0$$

$$\frac{\partial s}{\partial\alpha_3}=34\alpha_3+40\alpha_1-40\alpha_2=0$$

解得 $s(\alpha_1,\alpha_2,\alpha_3)$ 在取极值点处不满足约束条件 $\alpha_i\geqslant0,i=1,2,3,4$，所以最小值应在边界上取到。

当 $\alpha_1=\alpha_2=0$ 时，最小值 $s(0,0,0)=0$；当 $\alpha_1=\alpha_3=0$ 时，最小值 $s\left(0,\frac{2}{17},0\right)=-\frac{4}{34}$；

当 $\alpha_2=\alpha_3=0$ 时，最小值 $s\left(\frac{2}{17},0,0\right)=-\frac{4}{34}$。因此，$s(\alpha_1,\alpha_2,\alpha_3)$ 在 $\left(\frac{2}{17},0,0\right)^{\mathrm{T}}$ 或 $\left(0,\frac{2}{17},0\right)^{\mathrm{T}}$ 处取得极小值，此时 $\alpha_4=\alpha_1+\alpha_2-\alpha_3=\frac{2}{17}$。

当 j 取 1 或 4 时，$b^*=y_j-\sum_{i=1}^{N}\alpha_i^* y_i K(\boldsymbol{x}_i\cdot\boldsymbol{x}_j)=\frac{39}{17}$。

所以 $f(\boldsymbol{x})=\operatorname{sign}\left(\sum_{i=1}^{N}\alpha_i^* y_i K(\boldsymbol{x}\cdot\boldsymbol{x}_i)+b^*\right)$ 为所求的分类决策函数。

习题

1. 比较感知机的对偶形式与线性可分支持向量机的对偶形式。

2. 已知正例点 $\boldsymbol{x}_1=(1,2)^{\mathrm{T}}$，$\boldsymbol{x}_2=(2,3)^{\mathrm{T}}$，$\boldsymbol{x}_3=(3,3)^{\mathrm{T}}$，负例点 $\boldsymbol{x}_4=(2,1)^{\mathrm{T}}$，$\boldsymbol{x}_5=(3,2)^{\mathrm{T}}$，试求最大间隔分离超平面和分类决策函数，并在图上画出分离超平面、间隔边界和支持向量。

3. 线性支持向量机还可以定义为以下形式：

$$\min_{\boldsymbol{\omega},b,\xi}\frac{1}{2}\|\boldsymbol{\omega}\|^2+C\sum_{i=1}^{N}\xi_i^2$$

$$\text{s.t.}\quad y_i(\boldsymbol{\omega}\cdot x_i+b)\geqslant 1-\xi_i,\quad i=1,2,\cdots,N$$

$$\xi_i\geqslant 0,\quad i=1,2,\cdots,N$$

试求其对偶形式。

4. 设输入空间是 $\mathbf{R}^3$，核函数是 $K(\boldsymbol{x},\boldsymbol{z})=(\boldsymbol{x}\cdot\boldsymbol{z})^2$，试找出其相关的特征空间 H 和映射 $\phi(\boldsymbol{x})$：$\mathbf{R}^3\to H$。

5. 证明内积的正整数幂函数：

$$K(\boldsymbol{x},\boldsymbol{z})=(\boldsymbol{x}\cdot\boldsymbol{z})^p$$

是正定核函数，其中 p 是正整数，$\boldsymbol{x},\boldsymbol{z}\in\mathbf{R}^n$。

参考文献

[1] Cortes C, Vapnik V. Support-vector networks[J]. *Machine Learning*, 1995, 20.

[2] 李航. 统计学习方法[M]. 北京：清华大学出版社，2012.

[3] 夏书银. 基于分类噪声监测的支持向量机算法研究[D]. 重庆：重庆大学，2015.

[4] 李阳. 支持向量机若干算法的研究及其应用[D]. 长沙：湖南大学，2014.

[5] 邓乃扬，田英杰. 数据挖掘中的新方法：支持向量机[M]. 北京：科学出版社，2004.

[6] Akbarzadeh A, Vesali Naseh M R, NodeFarahani M. Carbon Monoxide Prediction in the Atmosphere of Tehran Using Developed Support Vector Machine[J]. *Pollution*, 2020, 43-57.

[7] Xiang P, Zhou H X. Hyperspectral anomaly detection by local joint subspace process and support vector machine[J]. *International journal of remote sensing*, 2020, 3798-3819.

第5章 神经网络及基本结构

5.1 神经元介绍

神经网络最早来源于生物学意义上的神经网络，生物学意义上的神经网络一般指由神经元、细胞、触点组成的网络，这种神经网络帮助生物产生意识、思考，控制生物的行动。科学家们从生物神经网络的模式结构受到启发，提出了人工神经网络。通常来说，人工智能领域的人工神经网络和生物领域的神经网络具有不同的含义。一般人工智能领域的神经网络的定义是："神经网络是由具有适应性的简单单元组成的广泛并行互联的网络，它的组织能够模拟生物神经系统对真实世界物体所做出的交互反应"。

神经元是神经网络的基础单元。在生物领域，每个神经元都是一个独立的工作处理单元，这些微小的单元以各种形式进行相互连接，构成了一个庞大的神经网络系统，这些神经之间连接通道的强弱通过神经元之间的化学信号来控制，神经元上树状的突起负责接收激励信号，神经元的动作由接收到的各个信号的综合大小来控制，随着信号的变化而变化，当这些信号达到一定阈值时呈现兴奋或抑制状态。结构如图 5.1 所示。

Mcculloch 首次将生物神经细胞的工作过程简化抽象为 M-P 神经元模型，目前许多新的神经元模型都来源于经典的 M-P 模型。M-P 模型与生物神经元的工作过程有一定的相似性。在这个模型中，神经元模型接收神经网络的输入或者来自其他神经元传递的输入信号，这些输入信号通过加权输入到模型中。模型将接收到的总输入与模型阈值(偏置)进行比较，再通过激活函数产生模型的输出。M-P 模型的结构示意图如图 5.2 所示，输出计算表达式为

$$y=f\left(\sum_{i=1}^{n}\omega_i x_i-\theta\right) \tag{5.1}$$

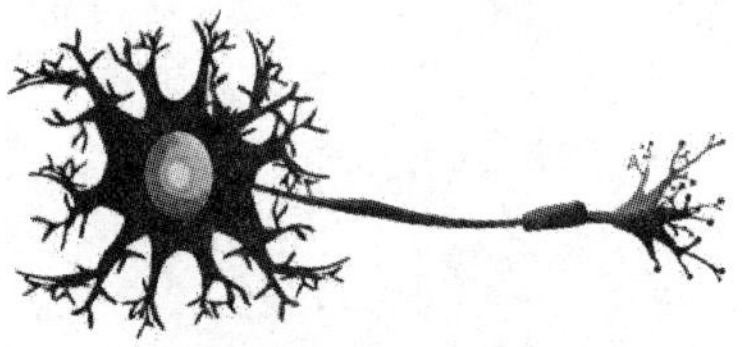

图 5.1　神经细胞结构图

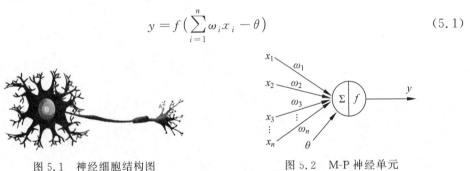

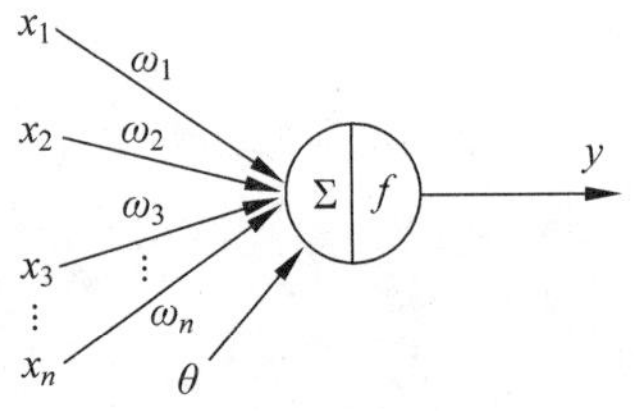

图 5.2　M-P 神经单元

神经元中的阈值(偏置)表示了神经元被激活的难易程度，激活函数在神经元模型中起着类似于"开关"的作用，控制了信息在神经网络中传播的通断，也可以把阈值看作一个开关按下的难易程度。常见的激活函数有阶跃函数、sigmoid 函数、tanh 函数、relu 函数等，值得注意的是，这些激活函数都具有非线性的特性。

例 5.1　假设存在如图 5.2 所示的 M-P 神经元，输入 $\boldsymbol{x}=[6,7,20,3]$，权重 $\boldsymbol{\omega}$ 初始化为[0.2,0.4,0.8,0.1]，激活函数 f 为 sigmoid 函数(公式如下)，计算输出 y 为多少。

$$\omega_1x_1+\omega_2x_2+\omega_3x_3+\omega_4x_4=20.3$$

$$y=f(\boldsymbol{\omega x})\approx 1$$

阶跃函数(见图 5.3)：

$$y=\begin{cases}1, & \boldsymbol{x} \geqslant \mathbf{0} \\ 0, & \boldsymbol{x}<\mathbf{0}\end{cases} \tag{5.2}$$

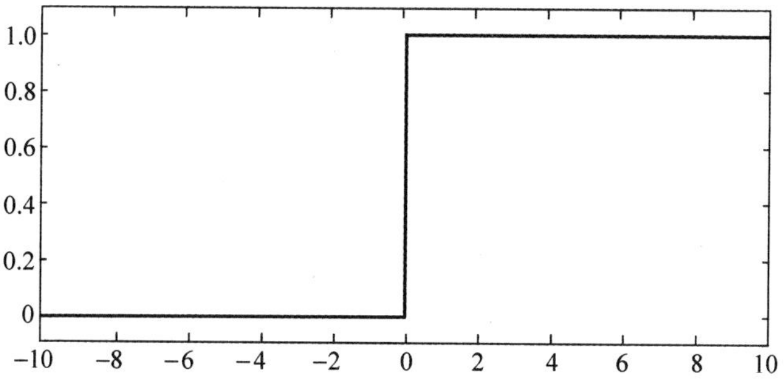

图 5.3　阶跃函数图像

sigmoid 函数(见图 5.4)：

$$y=\frac{1}{1+\mathrm{e}^{-\boldsymbol{x}}} \tag{5.3}$$

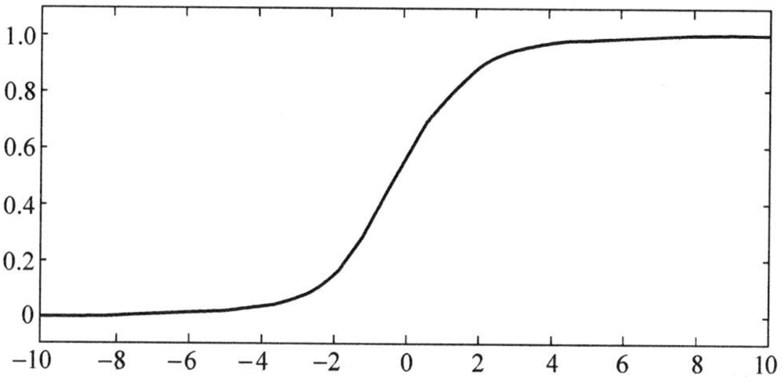

图 5.4　sigmoid 函数图像

tanh 函数(见图 5.5)：

$$y=\frac{\mathrm{e}^{\boldsymbol{x}}-\mathrm{e}^{-\boldsymbol{x}}}{\mathrm{e}^{\boldsymbol{x}}+\mathrm{e}^{-\boldsymbol{x}}} \tag{5.4}$$

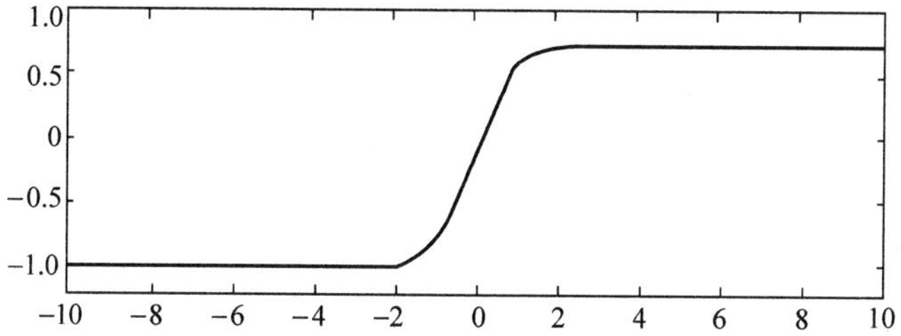

图 5.5　tanh 函数图像

relu 函数(见图 5.6)：

$$y=\max(0,\boldsymbol{x}) \tag{5.5}$$

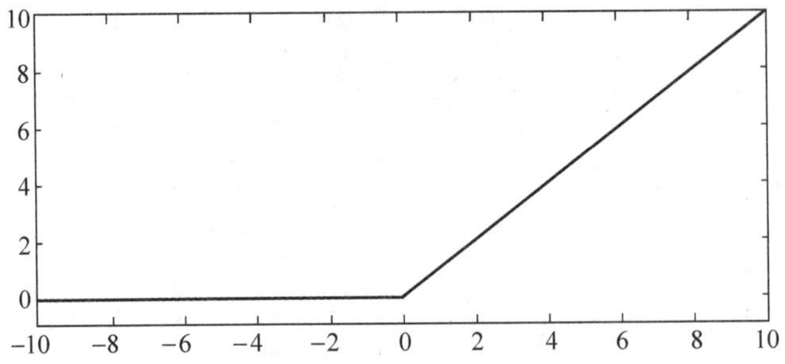

图 5.6　relu 函数图像

其中阶跃函数“01”的二值性可能更符合生物领域的神经网络的工作方式，输出值为 1 表示接收到了足够多的信号，神经元即为激活状态；输出值为 0 表示收到信号的数量不足，即为未激活状态。但是阶跃函数本身不连续、不光滑，这就给模型在反向传播（后续将介绍）时带来了极大的困难，因此现实的应用中后几种激活函数更为常见，并且需要根据实际的应用场景进行选择，并没有严格意义上的最优激活函数。作为神经元基础单元的一部分，激活函数的研究热度一直都非常高，近些年出现了 prelu、elu、glue 等激活函数，并且都取得了非常不错的效果。

假设所有的激活函数都是线性的，则无论网络叠加多少层，都是输入的线性组合，模型的拟合能力非常弱，因此除了“开关”的作用外，激活函数也为神经网络模型引入了非线性的特质，增加了模型的拟合能力，非线性也是人们在设计激活函数时首先要考虑的。

5.2　感知机

感知机是最早的神经网络的一种，它具有较为简单的结构，具有一定的表示能力。感知机由两层神经元组成，分别为输入层和输出层。输入层负责接收来自模型外部的输入，输出层由 M-P 神经单元组成。感知机通常处理线性可分问题。即针对某个数据集 M，存在一个超平面 S 可以将正负样本划分在超平面的两侧。如图 5.7 所示的数据集中的情况均为线性可分。

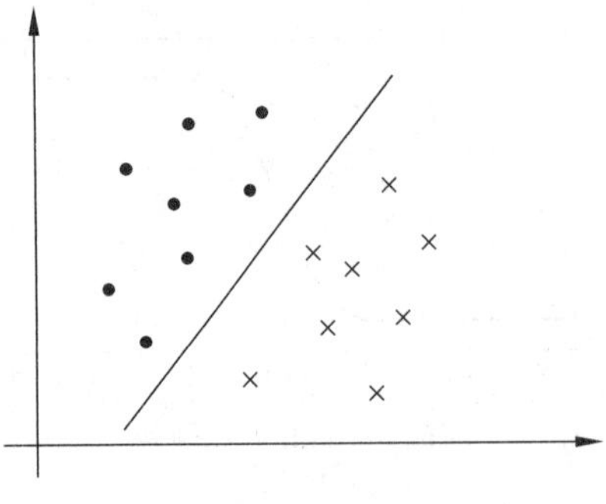

图 5.7　线性可分数据集示意图

因此也可以把感知机理解为，寻找一个可以把数据集有效划分的超平面。感知机计算表达式为

$$y=f\left(\sum_{i}\omega_i x_i-\theta\right) \tag{5.6}$$

其中，$\boldsymbol{x}$ 表示模型的输入；$\boldsymbol{\omega}$ 为对应输入的权重；θ 为神经元的阈值；y 为模型的输出。感知机通过调整模型中的连接权重、神经元的阈值来拟合不同的函数。其中一个很典型的例子就是感知机可以实现逻辑运算中的与、或、非运算。表 5.1 展示了当感知机模型表示不同逻辑运算时，权重、阈值的参数情况。这里假设输入、输出均为布尔值，激活函数为阶跃函数。

表 5.1　感知机实现逻辑运算

逻辑关系	感知机示意图	模型输出
与	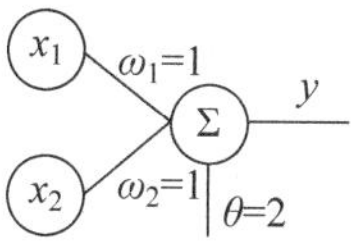	$y=f(1\times x_1+1\times x_2-2)$ $x_1=1, x_2=1\rightarrow y=1$ $x_1=0, x_2=1\rightarrow y=0$ …
或	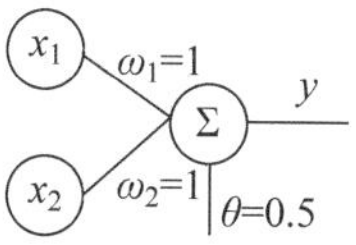	$y=f(1\times x_1+1\times x_2-0.5)$ $x_1=1, x_2=1\rightarrow y=1$ $x_1=0, x_2=1\rightarrow y=1$ …
非	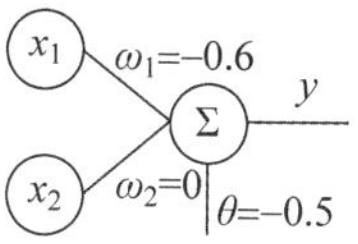	$y=f(-0.6\times x_1+0\times x_2+0.5)$ $x_1=1\rightarrow y=0$ $x_1=0\rightarrow y=1$ …

感知机的损失函数为

$$L=\sum_{x_i\in M} y_i(\boldsymbol{\omega}\cdot x_i+\theta) \tag{5.7}$$

前面讲过，感知机可以理解为寻找一个可以把数据区分开的超平面，感知机的损失函数就是表示样本与超平面的关系。感知机的损失函数表示了误分类点与超平面的距离的关系，该函数为感知机学习的经验风险函数。从损失函数可以很直观地看出，误分类点与超平面的距离越近，损失函数就越小。感知机的优化目标就是尽可能地降低误分类点与超平面之间的距离，即损失函数 L 最小。

感知机通过权重的学习来寻找合适的超平面。在学习的过程中，感知机的权重值将不断地调整，感知机的学习规则如下：

$$\omega_i \leftarrow \omega_{i-1}+\Delta\boldsymbol{\omega} \tag{5.8}$$

$$\Delta\omega_i=\alpha(y-\hat{y})x_i \tag{5.9}$$

从$\boldsymbol{\omega}$ 的更新规则可以看出，若预测正确或者达到了结束条件$\boldsymbol{\omega}$ 将不再更新。针对线性可分问题，Minsky 证明若数据集是线性可分的，感知机的学习过程将是收敛的，即权

重$\boldsymbol{\omega}$的变换方向将朝着L减小的方向。

注意：上面介绍的感知机的学习能力非常有限，并不能处理线性不可分问题。这个问题也曾一度导致神经网络研究进入低谷，如逻辑关系中的异或问题。前面所述的两侧感知机的学习过程将不停地振荡，无法收敛。

为了解决线性不可分问题，需要引入更多的神经元。如图5.8所示的模型，在输入层和输出层之间增加了一层神经元，这一层被称为隐藏层，隐藏层与输出层一样，均为拥有激活函数的神经元。

例5.2 设计一个两层感知机，并使其能计算异或($x_1=1, x_2=1 \rightarrow x_1 \text{XOR} x_2=0$)问题。假设激活函数为阶跃函数。感知机模型结构图如图5.9所示。

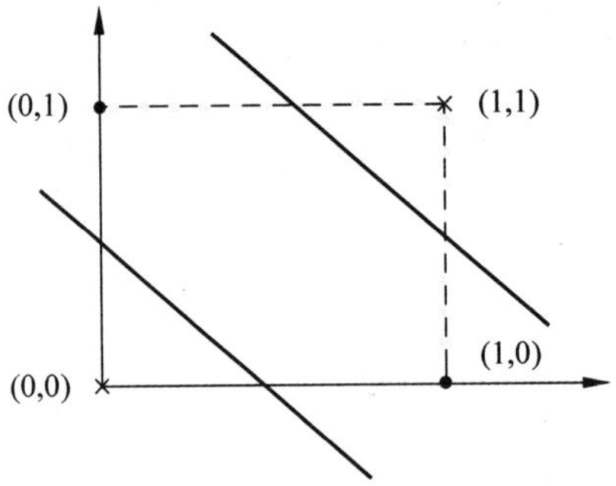

图5.8 感知机解决异或问题

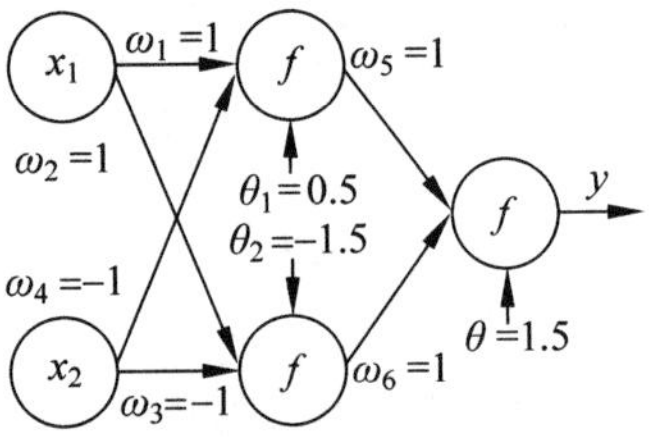

图5.9 异或问题感知机参数示意图

当$x_1=1, x_2=1$时，

$$y_{11}=f(\omega_1 x_1+\omega_4 x_2+\theta_1)=f(1\times1-1\times1-0.5)=-1$$

$$y_{12}=f(\omega_2 x_1+\omega_3 x_2+\theta_2)=f(1\times1-1\times1+1.5)=1$$

$$y=f(\omega_5 y_{11}+\omega_6 y_{12}+\theta)=f(1\times1-1\times1-1.5)=-1$$

这种包含输入层、隐藏层、输出层的神经网络也称为多层前馈网络。其每一层均与前一层是全连接的结构，并且只在相邻的层与层之间存在连接关系，层内不存在神经元的连接。在前馈神经网络中，每一个神经元以上一层各个节点的输出作为输入，通过非线性的激活函数得到这个节点的输出，并传递给下一节点，信息单向向前流通，这也是“前馈”这个名字的由来。5.3节将具体介绍这种神经网络结构。

5.3 神经网络的基本结构

前馈神经网络(feed forward neural network)又称深度前馈网络(deep feed forward network)，是一种经典的神经网络结构，前馈神经网络在自然语言处理、图像处理领域均发挥了重要的作用。

前馈神经网络这种“输入层—隐藏层—输出层”结构是神经网络的基础结构，例如，图像识别领域的卷积神经网络、针对序列化数据的循环神经网络都是基于基础的前馈神经网络衍生出来的。

从图 5.10 中可以看到前馈神经网络具有层级结构，每一层均有一定数量的神经元构成，同时也可以把这种层与层紧密相连的结构看作一个有向无环图。如果把网络的每一层看作一个函数，则这个有向无环图表示了各个函数之间的复合规则。例如，3 个函数 $f_1(x)$、$f_2(x)$和 $f_3(x)$分别代表了每一层的函数表达式，通常用链式结构来表示神经网络的运算，这个三层神经网络的计算公式为 $f(x)=f_3(f_2(f_1(x)))$。在这种链式表示中，通常约定把 $f_1(x)$称为网络的第一层，一般用 $\omega^{(1)}$ 表示第一层的参数，$f_2(x)$称为第二层，以此类推。这个链的全长称为神经网络模型的深度(depth)。随着神经网络层数的加深，神经网络也常常称为深度神经网络，这也正是深度学习的由来，深度学习广义上代表了具有较深层级的神经网络结构。前馈神经网络的最后一个层级是“输出层”，需要注意的是，我们需要根据任务目标来选择不同输出层，一般输出层具有全连接的结构。前馈神经网络的最终目标是寻找一个能拟合真实函数分布的模型参数，神经网络寻找拟合参数的过程通常称为神经网络的训练，即通过神经网络优化算法，让神经网络的分布 $f(x)$在一次又一次的训练过程中不断地拟合数据的真实分布 $f^*(x)$，让二者之间的差值在训练的过程中不断减小。训练数据通常为不同取值的一批数据点 x 和其对应的函数取值 y。训练样本指明了输出层在每一个点上的输出，即必须产生一个接近 y 的值。但是训练数据并不能直接影响隐藏层或者其他层，因此神经网络的学习算法必须能够改变这些隐藏层的参数，并通过这些隐藏层来影响最后的输出。后续会较为详细地介绍几种常见的神经网络优化算法。

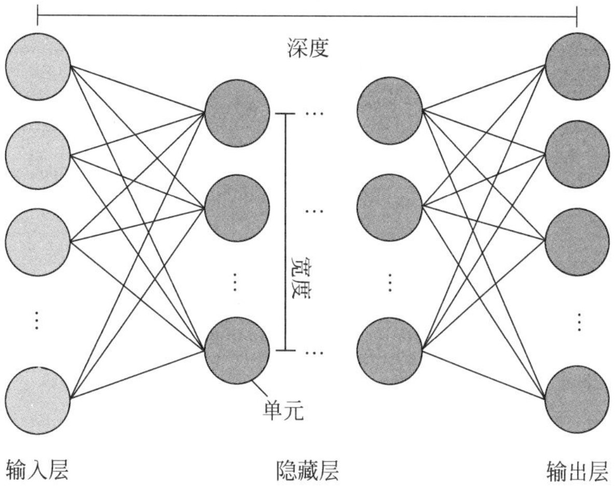

图 5.10 神经网络的一般结构

例 5.3 假设有如图 5.11 所示的神经网络，其输入向量 $\boldsymbol{X}=[2.1, 0.53, 1.48]$，输入层到隐藏层第 i 个神经元权重参数 $\boldsymbol{\omega}_1=[0.5, 2.23, 1.14]$，$\boldsymbol{\omega}_2=[2.1, 0.43, 1.23]$，$\boldsymbol{\omega}_3=[1.2, 2.33, 0.4]$，隐藏层到输出层的权重参数为 $\boldsymbol{\omega}=[0.23, 1.22, 3.11]$，假设隐藏层和输出层的激活函数均为 sigmoid 函数，求神经

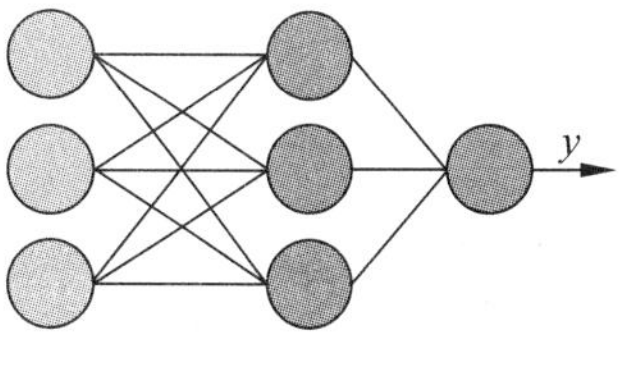

图 5.11 例 5.3 的神经网络

网络的输出 y。

$$x_1^{(2)} = \text{sigmoid}(\boldsymbol{\omega}_1^{\mathrm{T}} \boldsymbol{X}^{(1)}) = \text{sigmoid}(2.1 \times 0.5 + 0.53 \times 2.23 + 1.48 \times 1.14) = 0.9805$$

$$x_2^{(2)} = \text{sigmoid}(\boldsymbol{\omega}_2^{\mathrm{T}} \boldsymbol{X}^{(1)}) = \text{sigmoid}(2.1 \times 2.1 + 0.53 \times 0.43 + 1.48 \times 1.23) = 0.9984$$

$$x_3^{(2)} = \text{sigmoid}(\boldsymbol{\omega}_3^{\mathrm{T}} \boldsymbol{X}^{(1)}) = \text{sigmoid}(2.1 \times 1.2 + 0.53 \times 2.33 + 1.48 \times 0.4) = 0.9872$$

$$\boldsymbol{X}^{(2)} = [x_1^{(2)}, x_2^{(2)}, x_3^{(2)}]$$

$$y = \text{sigmoid}(\boldsymbol{\omega}^{\mathrm{T}} \boldsymbol{X}^{(2)}) = \text{sigmoid}(0.9805 \times 0.23 + 0.9984 \times 1.22 + 0.9872 \times 3.11) = 0.9892$$

神经网络具有很强的学习能力。一个前馈神经网络如果具有线性输出层和能够映射到一定范围内的非线性层,在一定情况下只要神经网络的神经元数或者层级足够多,就能够以任意的精度去拟合任何一个有限维空间的 borel 可测函数。这里仅需了解定义在$\mathbf{R}^n$ 的有界闭集上的任意连续函数均是 borel 可测的即可。这意味着无论试图学习什么函数总有一个神经网络模型能够表示这个函数,但是有可能这个模型参数量非常大,非常难以收敛。

深度学习是人工智能领域一个重要的研究方向。典型的深度学习模型就是层数较大的神经网络模型。从理论上来说,模型的参数数量越多,学习能力就越强,更能够适应更复杂的学习任务,但是从另一个角度来看,更大的参数意味着模型收敛难度的增加,计算量的增加。随着大数据、云计算时代的到来,深度学习逐渐得到越来越多人的关注。

随着人类计算能力和数据量的提升,深度学习在各个领域均发挥了巨大的作用,如随着自然语言处理技术和知识图谱技术的引入,具备了构建更智能、更高效的搜索引擎的可能;随着卷积神经网络及其他一系列神经网络的引入,在图像处理、图像识别领域的某些任务下计算机取得了超越人类的表现。深度学习技术通过模仿类比人类的思考方式,让人类在各个领域都取得了长足的进步。

除了"输入层—隐藏层—输出层"这种常见的结构,还有一些类型的神经网络也得到了应用。

1. 径向基(RBF)神经网络

径向基神经网络(见图 5.12)与前面介绍的前馈神经网络类似,但是径向基神经网络的激活函数由径向基函数构成,输出层为隐藏层输出的线性组合。常用的高斯径向基函数如下:

$$\rho(\boldsymbol{x}, \boldsymbol{c}_i) = \mathrm{e}^{-\beta_i \|\boldsymbol{x} - \boldsymbol{c}_i\|^2} \tag{5.9}$$

目前已证明 RBFNN 能够以任意精度逼近任意连续的非线性网络,被广泛用于函数逼近、语音识别、模式识别、图像处理、自动控制和故障诊断等领域。

2. 脉冲神经网络(SNN)

脉冲神经网络(见图 5.13)也被誉为下一代神经网络,旨在弥合神经科学和机器学习之间的差距,使用最拟合生物神经元机制的模型来进行计算。脉冲神经网络与目前流行的神经网络和机器学习方法有着根本上的不同,脉冲神经网络包含了时间尺度的信息。在脉冲神经网络中信息的传递是基于脉冲进行的。所以网络的输入要进行额外编码,例如,频率编码和时间编码等,将现在的数据(例如,图片的像素)转换成脉冲。同时这种基于脉冲的编码也蕴含了更多的信息。但是由于理论还不够完备,脉冲神经网络相比于前馈神经网络还没有得到大规模的应用。

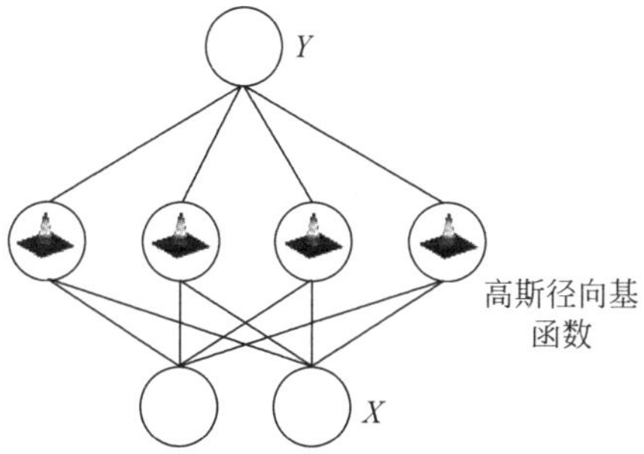

图 5.12 径向基神经网络

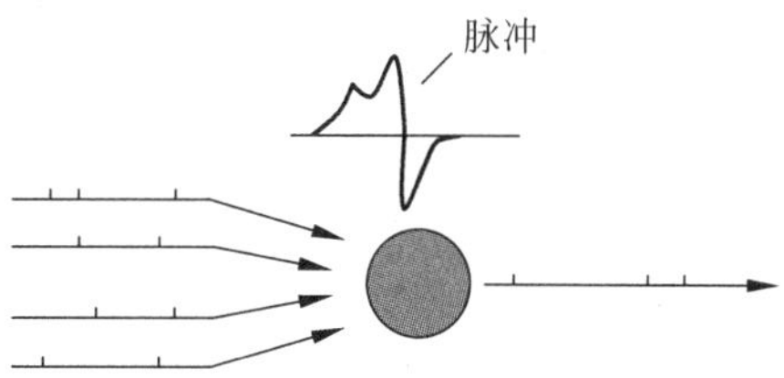

图 5.13 脉冲神经网络示意图

3. 递归神经网络

递归神经网络是一种存在环结构的网络,其中 Elman 是一种著名的递归神经网络。Elman 的结构如图 5.14 所示,它拥有与前馈神经网络很类似的结构,但不同的是其隐藏层的输出被反馈至输入部分,并与下一时刻的输入信号相结合,作为神经网络下一时刻的输入。Elman 网络可以看作是一个具有局部记忆单元和局部反馈连接的递归神经网络。Elman 神经网络在处理语音处理问题上曾经发挥了很大的作用。

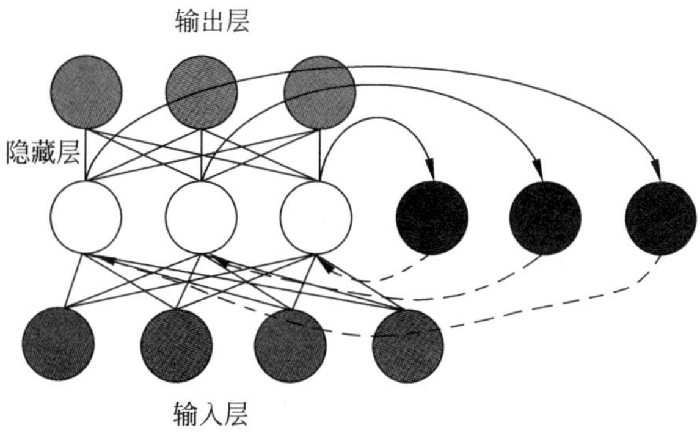

图 5.14 Elman 网络示意图

5.4 反向传播

前馈神经网络相比于感知机有着更强的学习能力,感知机的学习算法已经不再适用于多层神经网络。Werbos 在 1974 年首次提出了反向传播算法(BP),给神经网络提供了一个高效可用的学习算法,直到今日 BP 算法仍发挥着重要的作用。在训练前馈神经网络时常采用 BP 算法,因此前馈神经网络也常被称为 BP 网络。在 BP 网络中,信息前向流通,误差反向传播。下面详细介绍 BP 算法。

假设给定数据集 $T=\{(x_1,y_1),(x_2,y_2),\cdots,(x_n,y_n)\}$,神经网络的损失值为 L。BP 算法可以分为以下两部分:

(1) 正向传播(计算模型损失函数)。在这个过程中,根据输入的样本和神经网络的初始参数计算模型输出值 $\hat{y}$ 与真实值 y 之间的损失值 L。若 L 比预期的损失值大,则执行反向传播,更新模型参数;若 L 小于预期的损失值,则停止模型参数的更新。

(2) 反向传播(误差的反向传播)将误差逆向传播至隐藏层神经元,根据隐藏层神经元的误差对模型参数进行调整。

下面给出一个具体的案例:BP 算法是如何工作的。如图 5.15 所示的一个三层神经网络,设样本数为 n,输入层由 d 个神经元组成,隐藏层由 q 个神经元组成,输出层由 l 个神经元组成,模型的激活函数设为 sigmoid 函数。

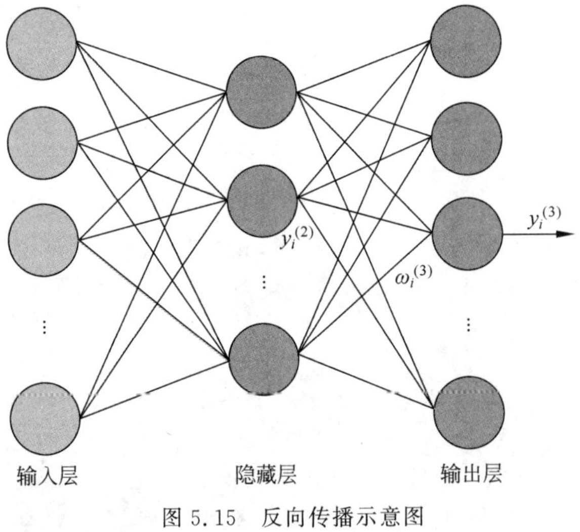

图 5.15 反向传播示意图

假设模型的损失值为

$$L=\sum L_i \tag{5.10}$$

$$L_i=\frac{1}{2}\sum_{j=1}^{l}(y_j-\hat{y}_j)^2 \tag{5.11}$$

BP 算法是通过在每一轮的迭代过程中对模型中的参数进行更新,更新规则与前述的感

知机的更新规则类似

$$\omega_i \leftarrow \omega_{i-1} + \Delta\omega \tag{5.12}$$

其中 i 表示了迭代的轮数。

BP 算法的学习策略基于梯度下降算法，根据参数负梯度的方向进行调整。这里只研究单一数据的 L_i，可以使用顺序优化的方法计算，或者使用批处理的方法在训练集上进行累加。本例仅给出权重参数 ω 的计算过程，其余参数计算过程类似，对给定的 L_i 有

$$\Delta\omega_i = -\alpha \frac{\partial L_i}{\partial \omega_{ih}}$$

$$\hat{y} = f(\beta(\omega, x))$$

$$\beta(\omega, x, \theta) = \omega x + \theta$$

根据链式求导法则

$$\Delta\omega_i = -\alpha \frac{\partial L_i}{\partial \omega_{ih}} = -\alpha \frac{\partial L_i}{\partial y^{(3)}} \frac{\partial y^{(3)}}{\partial \beta} \frac{\partial \beta}{\partial \omega_i^{(3)}}$$

其中，$y_i^{(j)}$ 表示第 j 层第 i 个神经元的输出；β 表示第三层神经元的输入。

$$\beta = \sum \omega_i^{(3)} y^{(2)}$$

$$\frac{\partial \beta}{\partial \omega_i} = y_i^{(3)}$$

对于 sigmoid 函数有以下性质

$$f(x) = \frac{1}{1+e^{-x}}$$

$$f'(x) = f(x)(a - f(x))$$

推导过程如下：

$$\begin{aligned} f'(x) &= -\frac{1}{(1+e^{-x})^2}(-e^{-x}) \\ &= \left(\frac{1}{1+e^{-x}}\right)\left(1 - \frac{1}{1+e^{-x}}\right) \\ &= f(x)(1 - f(x)) \end{aligned}$$

则

$$\frac{\partial \hat{y}}{\partial \beta} = f(\beta)(1 - f(\beta))$$

根据上式可得

$$\begin{aligned} \Delta\omega_i &= -\alpha x \frac{\partial L_i}{\partial \hat{y}} \frac{\partial \hat{y}}{\partial \beta} \\ &= \alpha x (y_j - \hat{y}) f'(\beta) \\ &= \alpha x \hat{y}(1-\hat{y})(y_j - \hat{y}) \end{aligned}$$

至此，便得到了参数 ω 在学习过程中的更新规则，其他参数的更新规则与此类似，在

神经网络的训练过程中，有一些超参数需要人为设定，如神经网络层数、模型维度、学习率等。其中学习率在神经网络的学习过程中是一个非常重要的参数，学习率过大可能导致损失值振荡无法收敛，学习率过小可能导致训练速度过慢，学习率对模型训练的影响如图 5.16 所示，在实际的神经网络训练中，对最优学习率的寻找往往要花费大量的时间，对于学习率或者其他超参数的调节，并没有统一的标准或者理论支持，更多的是通过实践经验来进行调节。此外模型的最大训练次数也是一个重要的超参数，通常在学习过程中把数据集遍历一遍称为一个 epoch。

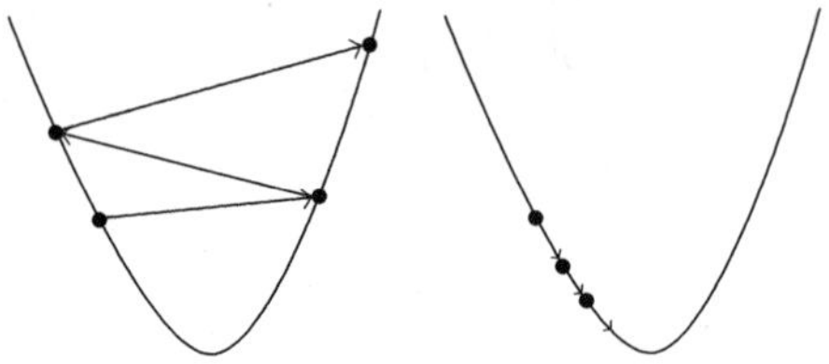

图 5.16　学习率对训练过程的影响

现在对反向传播的整个过程做以下总结。在反向传播算法中，数据先前向流动，根据神经网络初始化的参数，计算模型的输出和损失函数，然后根据损失函数和链式求导法则分别求出每层神经元对应的梯度值，再根据梯度值计算出各个参数的更新值。在模型的损失函数不小于设定阈值或者没有达到最大迭代次数之前不断重复上述“前向流动-反向传播”的过程，直到模型达到设定条件。

综上所述，反向传播算法的伪代码如下：

给定最大迭代次数 epoch_num，训练集 $T=\{(x_1,y_1),(x_2,y_2),\cdots,(x_n,y_n)\}$

```
Step1. 根据参数初始化策略，随机初始化神经网络参数
Step2. for(i = 0,1,2, … ,epoch_num):
Step3.     计算模型输出 ŷ_i = f(x_i,θ);
Step4.     计算模型损失函数 L;
Step5.     计算输出层神经元的梯度;
Step6.     计算各个隐藏层的梯度;
Step7.     根据链式法则和梯度下降算法计算各个参数的更新值，并更新参数;
Step8.     if(L<L_min)     break;
```

例 5.4　假设有如图 5.17 所示的神经网络，其输入向量 $\boldsymbol{X}=[2.1,0.53,1.48]$，输入层到隐藏层第 i 个神经元权重参数 $\boldsymbol{\omega}_1=[0.5,2.23,1.14]$，$\boldsymbol{\omega}_2=[2.1,0.43,1.23]$，$\boldsymbol{\omega}_3=[1.2,2.33,0.4]$，隐藏层到输出层的权重参数为 $\boldsymbol{\omega}=[0.23,1.22,3.11]$，假设隐藏层和输出层的激活函数均为 sigmoid 函数，真实 y 值为 1，损失函数为平方差损失函数，求在第一次训练后 $\boldsymbol{\omega}$ 的更新值。

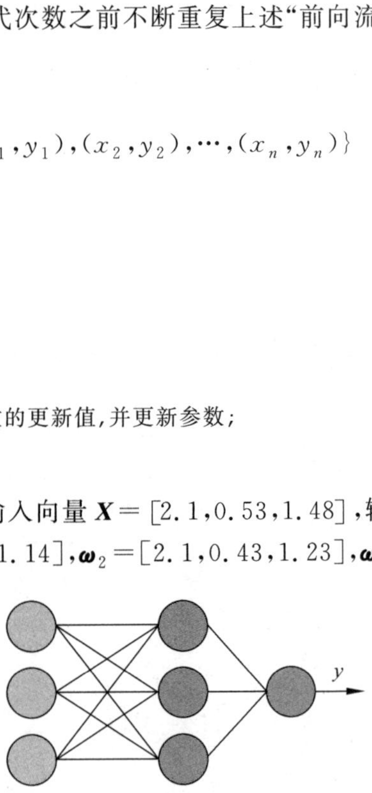

图 5.17　例 5.4 的神经网络

前向传播：

$$x_1^{(2)} = \text{sigmoid}(\boldsymbol{\omega}_1^{\mathrm{T}} \boldsymbol{X}^{(1)}) = \text{sigmoid}(2.1 \times 0.5 + 0.53 \times 2.23 + 1.48 \times 1.14) = 0.9805$$

$$x_2^{(2)} = \text{sigmoid}(\boldsymbol{\omega}_2^{\mathrm{T}} \boldsymbol{X}^{(1)}) = \text{sigmoid}(2.1 \times 2.1 + 0.53 \times 0.43 + 1.48 \times 1.23) = 0.9984$$

$$x_3^{(2)} = \text{sigmoid}(\boldsymbol{\omega}_3^{\mathrm{T}} \boldsymbol{X}^{(1)}) = \text{sigmoid}(2.1 \times 1.2 + 0.53 \times 2.33 + 1.48 \times 0.4) = 0.9872$$

$$\boldsymbol{X}^{(2)} = [x_1^{(2)}, x_2^{(2)}, x_3^{(2)}]$$

$$\hat{y} = \text{sigmoid}(\boldsymbol{\omega}^{\mathrm{T}} \boldsymbol{X}^{(2)}) = \text{sigmoid}(0.9805 \times 0.23 + 0.9984 \times 1.22 + 0.9872 \times 3.11) = 0.9892$$

$$L = (\hat{y} - y)^2 = 1.1664\mathrm{e}-04$$

$$\nabla\omega_1 = \frac{\partial L}{\partial \hat{y}} \frac{\partial \hat{y}}{\partial \boldsymbol{\omega}_1} = 0.0108 \times 0.2468 \times 0.9805 = 0.0026$$

$$\nabla\omega_2 = \frac{\partial L}{\partial \hat{y}} \frac{\partial \hat{y}}{\partial \boldsymbol{\omega}_2} = 0.0108 \times 0.1762 \times 0.9984 = 0.0019$$

$$\nabla\omega_3 = \frac{\partial L}{\partial \hat{y}} \frac{\partial \hat{y}}{\partial \boldsymbol{\omega}_3} = 0.0108 \times 0.0424 \times 0.9872 = 4.5206\mathrm{e}-04$$

反向传播算法的最终优化目标是数据集上所有样本损失函数的和，上面参数更新的依据是每个数据单独的损失函数 L，每计算一个数据的损失值更新一次参数，并通过各个数据损失函数的累加来达到整体数据集损失函数最小化的要求。还有一种累加反向传播算法，这种累加算法直接根据整体数据损失函数的和来更新参数。累加反向传播算法相比与前面介绍的反向传播算法参数更新频率要低，这种算法损失值的波动更小，但是同时更新时间会变得很慢，当数据集较大时对硬件内存也提出了更高的要求。这两种算法与 5.5 节介绍的梯度下降算法和随机梯度下降算法有着类似的区别。

5.5 梯度下降算法

在神经网络优化过程中，为了最小化损失函数，常用梯度下降算法寻找最优参数。通过第 2 章对梯度下降算法的介绍，可以知道一个函数 f 在某点的负梯度代表着函数下降最快的方向，换句话说，在负梯度上移动可以减小函数 f。这种方法称为梯度下降算法。参数更新方法如下：

$$\omega_i \leftarrow \omega_{i-1} - \alpha \boldsymbol{\nabla}_{\omega} f \tag{5.13}$$

其中，α 表示模型的学习率；$\boldsymbol{\nabla}_{\omega} f$ 表示函数 f 对参数 ω 的梯度。其实可以很自然地把梯度下降的过程比作蚂蚁下山的问题，为了最快到达山脚，蚂蚁总是会选择最陡峭的地方走，因为最陡峭的地方意味着更快的下降速率，这里的梯度就代表了山最陡峭的地方，即下降率最快的地方，而学习率则可以理解为每一步的步长，即沿着梯度下降的方向走的距离。梯度下降示意图如图 5.18 所示。

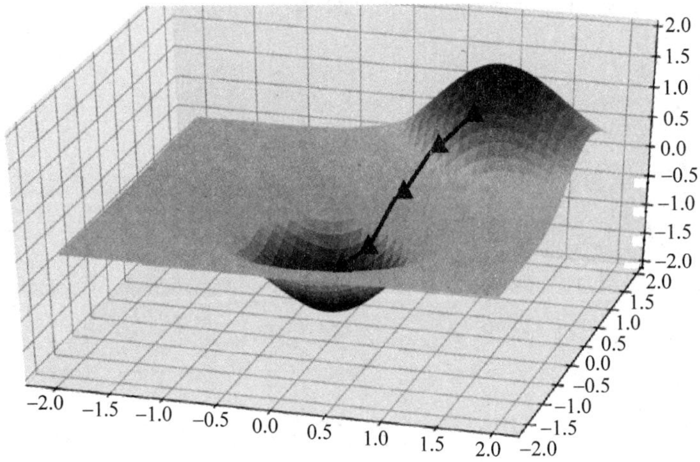

图 5.18　梯度下降示意图

梯度下降在实际使用中，产生了许多不同的方法，如标准梯度下降算法、随机梯度下降算法、mini-batch 算法等，但是无论何种梯度下降算法，最终的优化目标都是使整体数据集的损失函数之和最小，假设训练集样本数为 n，在训练过程中损失函数值为每个样本损失值之和

$$L=\sum L_i \tag{5.14}$$

本节主要介绍两种梯度下降算法，分别是标准梯度下降算法和 mini-batch 梯度下降算法，这两种算法的差异主要体现在参数的更新时机不同。

标准梯度下降算法：梯度下降算法根据所有数据的损失函数之和更新参数。注意，在基础的梯度下降算法中，利用的是全部样本的损失值之和。对于参数 ω，其梯度为

$$\boldsymbol{\nabla}_{\omega} L=\frac{1}{n}\sum_{i=1}^{n}\boldsymbol{\nabla}_{\omega} L \tag{5.15}$$

梯度下降算法对于寻找模型的最优解有着重要的意义，它的优点是计算效率高，产生一个稳定的误差梯度和稳定的收敛。它的缺点是，稳定的误差梯度有时可能导致收敛状态不是模型能达到的最佳状态。它还要求整个训练数据集存储在内存中并可供算法使用，但是随着样本数量的增加，计算每一步梯度的时间会大大增加，并且当数据量增加时对计算设备的内存要求增加，为了解决这些问题，梯度下降算法产生了各种变种形式。

mini-batch 梯度下降算法：mini-batch 梯度下降算法在神经网络领域起着非常重要的作用，它的提出为用于大规模数据集的更好更快的训练模型提供了解决方案。这种算法更像是上述算法的一种折中，在保证了训练效果的同时，又兼顾了训练的效率。如前所述，随机梯度下降的主要思想是将整体的数据集 n 拆分大小相等的数据集合 n'，注意，各个数据集合中的数据应满足独立同分布的原则，一般做法是进行随机划分。通过计算 n'上的梯度的和，来对模型的参数进行更新。此时模型参数的更新规则如下：

$$\Delta\omega=\alpha\sum_{i=1}^{n'}\frac{\partial L_i}{\partial\omega}$$

$$\omega_i \leftarrow \omega_{i-1} + \Delta\omega$$

mini-batch 下降是在大规模数据上训练大型线性模型的主要方法。对于固定大小的模型，每一步梯度下降更新的计算量不是取决于训练集的大小 n，而是取决于每一个 batch 的大小。在实践中，每个 batch 的大小不一定需要随着训练集的大小变化而变化，这样相比于标准梯度下降算法，每一次更新参数的计算量就大大减少。

与学习率一样，每个 batch 的大小也是一个非常重要的超参数，如果 batch 选择得过小，可能造成模型收敛过程中的波动，甚至模型无法收敛；若 batch 选择得过大，一方面对设备的内存提出了更高的要求，另一方面也可能导致模型无法达到最小值点。注意，batch 大小的选择与硬件设备有着一定关联，在 GPU 设备上进行逆行训练时，常常采用 2 的指数幂作为 batch 的大小，在比较大的模型上这个值通常会选取得小一点。

上面简单介绍了几种梯度下降算法，在实际的应用中还有其他几种算法，需要根据具体的应用场景进行选择。

习题

1. 请解释线性不可分数据集与线性可分数据集的区别；举例说出解决线性不可分问题的几种方法。

2. 请利用神经网络表示以下逻辑运算过程

$$y = (x_1 \& x_2) \mid\mid (x_3 \& x_4)$$

3. 梯度下降法得到的一定是最小值点吗？如果不是，请说明原因，并说明在什么情况下可以达到极小值。

4. 给出图 5.19 所示的神经网络，网络的激活函数为 relu 函数，请推导参数 $\omega_i^{(3)}$ 更新的过程。

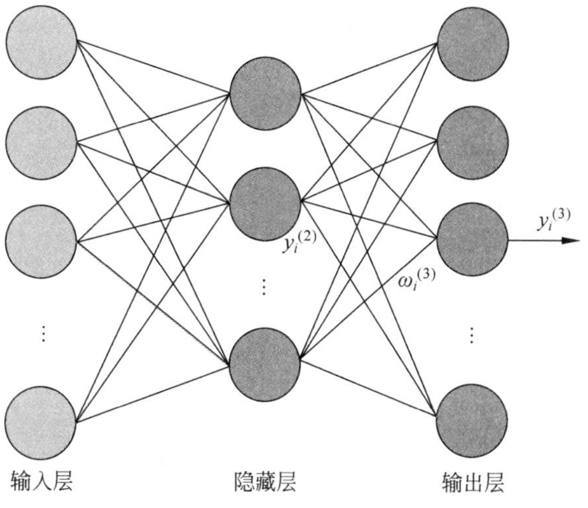

图 5.19 神经网络

5. 试描述神经网络中几种常见梯度下降方法的过程，并说明几种方法的不同。

6. 查询资料了解循环神经网络、卷积神经网络、径向基神经网络，并比较其结构上的差异。

7. 查询资料了解目前常用的损失函数计算方法，并写出 4 种。

参考文献

[1] Kohonen T. An introduction to neural computing[J]. *Neural Networks*，1988，1(1)：3-16.

[2] Mcculloch W S，Pitts W. A logical calculus of the ideas immanent in nervous activity[J]. *Bulletin of Mathematical Biology*，1990，52(4)：99-115.

[3] Rosenblatt F. The perceptron：a probabilistic model for information storage and organization in the brain. [J]. *Psychological Review*，1958，65(6)：386-408.

[4] Rosenblatt F. PRINCIPLES OF NEURODYNAMICS. PERCEPTRONS AND THE THEORY OF BRAIN MECHANISMS[J]. *American Journal of Psychology*，1963，76(4)：386-408.

[5] Marvin Minsky，Seymour Papert. *Perceptrons*. expanded edition，1-3.

[6] Werbos P. New Tools for Prediction and Analysis in the Behavioral Sciences[D]. *Cambridge*：*Harvard University*，1974：1-3

[7] Rumelhart D E，Hinton G E，Williams R J，et al. Learning representations by back-propagating errors[J]. *Nature*，1988，323(6088)：696-699.

[8] Hammer B. Neural Smithing—Supervised Learning in Feedforward Artificial Neural Networks[J]. *Pattern Analysis and Applications*，2001，4(1)：73-74.

[9] Hornik K，Stinchcombe M B，White H，et al. Multilayer feedforward networks are universal approximators[J]. *Neural Networks*，1989，2(5)：359-366.

[10] Gori M，Tesi A. On the problem of local minima in backpropagation[J]. *IEEE Transactions on Pattern Analysis and Machine Intelligence*，1992，14(1)：76-86.

[11] Haykin S. *Neural Networks*：*A Comprehensive Foundation*，73-78.

[12] Montavon G，Orr G，Mller K. *Neural Networks*：*Tricks of the Trade*，72-83.

[13] Lecun Y，Bottou L，Bengio Y，et al. *Gradient-based learning applied to document recognition*，46-56.

[14] Nair V，Hinton G E. Rectified Linear Units Improve Restricted Boltzmann Machines[C]. *International conference on machine learning*，2010：807-814.

[15] Goodfellow I，Bengio Y，Courville A. Deep Learning[M]. MIT Press，2016. 111-115.

[16] 周志华. 机器学习[M]. 北京：清华大学出版社，2016.

[17] Bishop C. *Pattern Recognition and Machine Learning*[M]. Springer，2006. 233-234.

第6章 卷积神经网络

6.1 卷积神经网络发展历史

1962 年，Hubel 以及 Wiesel 通过生物学研究表明，从猫科动物视网膜传递到大脑中的视觉信号是通过多层感受野(Receptive Field)激发完成的，并首先提出了感受野的概念。1980 年日本学者 Fukushima 提出了神经认知机(Neocognitron)，神经认知机是一个多层神经网络模型，每一层的响应由上一层的局部感受野激发得到，模式的识别不受尺度大小、位置和较小形状变化的影响。神经认知机可以理解为卷积神经网络的第一版，核心点在于将视觉系统模型化，并且不受视觉中的位置和大小等影响。

1998 年，计算机科学家 Yann LeCun 等提出 LeNet5 卷积神经网络，该网络采用反向传播算法对网络进行训练，Yann LeCun 在机器学习、计算机视觉等领域都有杰出贡献，被誉为卷积神经网络之父。LeNet5 网络卷积层将原始图像逐渐转换为一系列的特征图，并且将这些特征传递给全连接层，以根据图像的特征进行分类。感受野是卷积神经网络的核心，卷积神经网络的卷积核则是感受野概念的结构表现。卷积神经网络得到学术界的关注，也正是开始于 LeNet5 网络的提出，并成功应用于手写字体识别。同时，卷积神经网络在人脸识别、语音识别、物体分类等应用领域的研究也逐渐开展起来。

在 LeNet5 网络之后，卷积神经网络一直处于实验发展阶段。直到 2012 年，AlexNet 网络的提出奠定了卷积神经网络在深度学习应用中的地位，Krizhevsky(他是 Hintion 的学生，其论文研究的就是深度卷积神经网络)等提出的卷积神经网络 AlexNet 在 ImageNet 的训练集上取得了图像分类比赛的冠军，使得卷积神经网络成为计算机视觉中的重点研究对象，并且不断深入。在 AlexNet 之后，性能更先进的卷积神经网络不断推出，包括牛津大学的 VGG 网络、微软的 ResNet 网络、谷歌的 GoogLeNet 网络等，这些网络的提出使得卷积神经网络逐步走向商业化应用，几乎只要是存在图像的地方，就会有卷积神经网络的身影。

从目前的发展趋势而言，卷积神经网络依然会持续发展，并且会产生适合各类应用场景的卷积神经网络，例如，面向视频理解的 3D 卷积神经网络等。值得说明的是，卷积神经网络在图像和自然语言处理方面都有成功的应用。

6.2 卷积神经网络结构

卷积神经网络由输入层、隐藏层和输出层组成，但隐藏层的层数有较多的数量。卷积神经网络的输入一般为图像输入，图像包括宽度 W、高度 H 和通道数 C，其三维数据形式为 $W\times H\times 3$。如图像识别领域常用的 CIFAR-10 数据集，其图像的大小为 $32\times 32\times 3$，如果使用全连接层的神经网络处理该图像，输入层单个神经元的连接数量为 $32\times 32\times 3=3072$ 个连接数，如果使用 $1920\times 1080\times 3$ 像素的高清图像，整个神经网络中神经元的连接数会爆发性增长。卷积神经网络使用卷积层和池化层很好地化解了这种问题。卷积神经网络的层数和结构可以根据具体应用进行设计，这里介绍两种常用的卷积网络结构：逐层连接结构和残差结构。

逐层连接结构是指卷积神经网络中的卷积层、池化层和全连接层使用逐层连接的方式进行搭建。用于手写数字识别的 LeNet5 是逐层连接结构的典型代表，LeNet5 共有 7 层，经过近几年的发展，用于图像分类的神经网络可达上百层。LeNet5 由卷积层、池化层相互叠加而组成，在网络的最后几层是全连接层，如图 6.1 所示。本节以最常用的手写数字识别卷积神经网络为例，介绍逐层连接卷积神经网络的一般性组成结构。

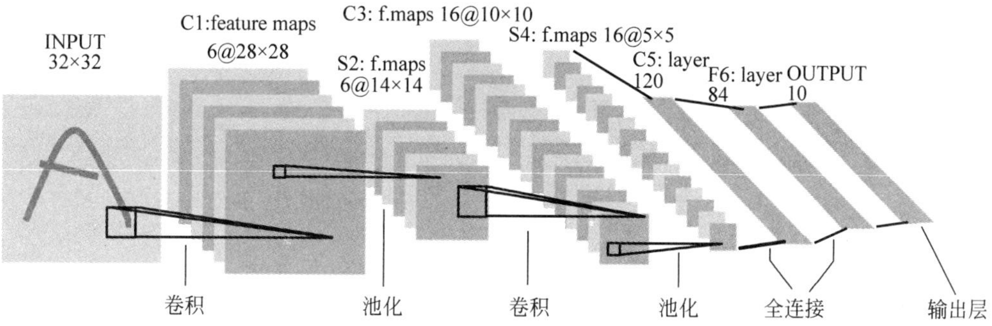

图 6.1　卷积神经网络 LeNet5 结构图

LeNet5 的输入 INPUT 是灰度图，图像尺寸为 32×32 像素；卷积层 C1 包含 6 个 5×5 卷积核对图像进行滤波处理，池化层 S2 使用 2×2 的平均池化滤波器进行滤波，卷积层 C3 包含 16 个 5×5 卷积核对图像进行滤波处理，池化层 S4 使用 2×2 的平均池化滤波器进行滤波，卷积层 C5 包含 120 个 5×5 卷积核对图像进行滤波处理，全连接层 F6 使用 84 个神经元，输出层 OUTPUT 使用 10 个神经元对手写字符 0～9 进行分类处理。

随着卷积网络的不断发展，卷积层的深度不断加深，宽度也逐渐变宽，导致梯度爆炸和梯度弥散的出现。

深层神经网络的权重在更新过程中累计了一个非常大的误差梯度，该梯度的出现会导致梯度下降算法大幅更新网络中的权重，在一些极端情况下，权重的值会变得越来越大，出现梯度爆炸现象，梯度爆炸的出现表明卷积神经网络的训练失败已经不可恢复。网络层数的增加会导致反向传播的梯度幅值减小，使用梯度下降算法对权重进行更新，权重的变化十分缓慢，以至于神经网络不能从训练数据集中得到有效的学习。

2015 年出现的残差网络结构，配合使用 relu 激活函数、批归一化（Batch Normalization）技术能够有效解决梯度爆炸和梯度弥散等问题，如图 6.2 所示。残差网络结构引入“跳跃连接”（Shortcut Connection），将前面层的输出数据跳跃多层之后输入后面的层。前面层输入的数据经过跳跃后与经过未跳跃的数据融合，作为输入数据，可以用如下公式计算：

$$H(x)=F(x)+x \tag{6.1}$$

残差网络结构推出后，就在当年的 ImageNet 大赛中获得了最佳成绩，近年来出现的新型卷积神经网络一般也使用了该结构，在回归和分类任务中不断获得更高的准确率。

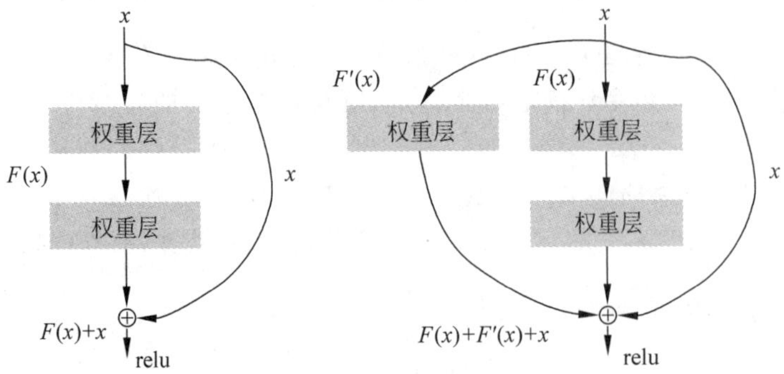

图 6.2 残差网络结构

6.2.1 卷积层

在卷积神经网络中，卷积运算是对两个矩阵进行的。如图 6.3 所示，左侧为输入矩阵 $\boldsymbol{M}$，中间为过滤器 F（也叫卷积核），F 以一定步长在 $\boldsymbol{M}$ 上进行移动，进行点积运算，得到右侧的输出矩阵 $\boldsymbol{O}$。这个就是卷积神经网络中卷积层最基础的运算。

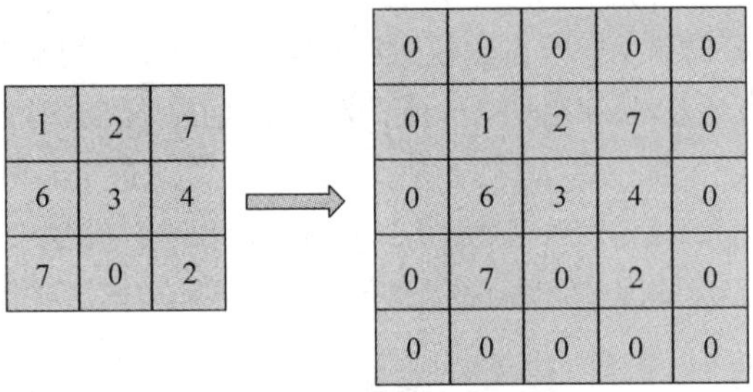

图 6.3 padding 填充

卷积神经网络的输入为图像，一张宽为 w、高为 h、深度为 d 的图片，表示为 $h\times w\times d$。这里，深度为图像存储每个像素所用的位数，比如彩色图像，其一个像素有 R、G、B 三个分量，其深度为 3。从数学的角度来看，$h\times w\times d$ 的图片即为 d 个 $h\times w$ 的矩阵。例如 $10\times10\times3$ 的图片，其对应 3 个 10×10 的矩阵。在大部分运用中，输入图片的大小 h 和 w，一般是相等的。

在卷积运算时，会给定一个大小为 $F\times F$ 的方阵，称为滤波器，滤波器又称为卷积核，该矩阵的大小称为感受野。滤波器的深度 d 与输入层的深度 d 维持一致，因此可以得到大小为 $F\times F\times d$ 的过滤器，从数学的角度出发，其为 d 个 $F\times F$ 的矩阵。在实际的操作中，不同的模型会确定不同数量的过滤器，其个数记为 K，每一个 K 包含 d 个 $F\times F$ 的矩阵，并且计算生成一个输出矩阵。一定大小的输入和一定大小的过滤器，再加上一些额外参数，会生成确定大小的输出矩阵。以下先介绍这些参数。

padding：在进行卷积运算时，输入矩阵的边缘会比矩阵内部的元素计算次数少，且输出矩阵的大小会在卷积运算中相比较于输入变小。因此，可在输入矩阵的四周补零，称为 padding，其大小为 P。比如当 $P=1$ 时，原 5×5 的矩阵如图 6.3 所示，蓝色框中为原矩阵，周围使用 0 作为 padding。

进行卷积运算时，过滤器在输入矩阵上移动，进行点积运算。移动的步长称为 stride，记为 S。当 $S=1$ 时，滤波器每次移动 1 个单元。有了以上两个参数 P 和 S，输入矩阵的宽 W_1，输入矩阵的高 H_1，滤波器大小为 F，输出矩阵的大小的计算公式为

$$\begin{cases} W_2=(W_1-F+2P)/S+1 \\ H_2=(H_1-F+2P)/S+1 \\ D_2=K \end{cases} \tag{6.2}$$

式中，W_2 和 H_2 不能整除时向下取整，K 是卷积核数量。图 6.4 为输入矩阵或特征图的深度 $D=1$ 时的卷积核处理结果。

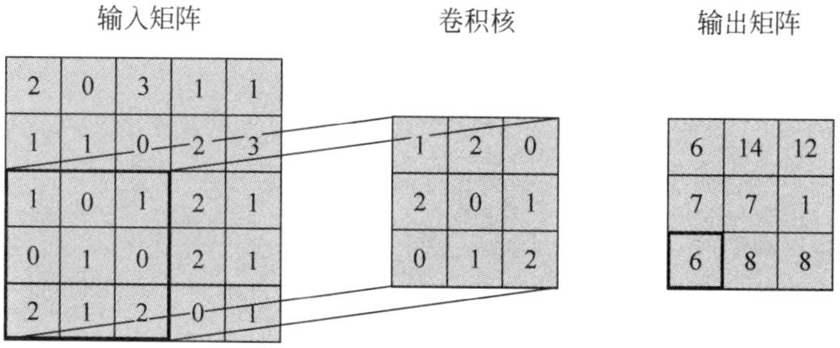

图 6.4 卷积核滤波操作，其中 $P=0,S=1$

如果输入图像是 10×10 矩阵，滤波器大小 $F=3$，padding 大小 $P=1$，步长大小 $S=1$，其输出矩阵大小为 $(10-3+2)/1+1=10$。步长 $S=1$，并且填充 $P=1$ 时，经过滤波器处理的矩阵，其输入的宽高与输出的宽高一致。

例 6.1 卷积层输入特征图宽为 30、高为 20 的矩阵，使用一个卷积核进行滤波处理，其中卷积核大小 $F=3$，步长大小 $S=2$，padding 大小 $P=1$，求输出矩阵的宽高。

解：按照式(6.2)，

(1) 输入特征图 $W_1=30$，$H_1=20$，卷积核 $F=3$，步长 $S=2$，padding 大小 $P=1$，卷积核数量 $K=1$。

(2) 计算 W_2

$$\begin{aligned} W_2 &= (30-3+2)/2+1 \\ &= 25.5 \end{aligned}$$

(3) 计算 H_2

$$\begin{aligned} H_2 &= (20-3+2)/2+1 \\ &= 19.5 \end{aligned}$$

(4) 对 W_2 和 H_2 进行向下取整，得到 $W_2=25$，$H_2=19$。

(5) 卷积核数量 $K=1$，输出为二维矩阵。

所以输出矩阵的宽为 25，高为 19。

例 6.2 求出如图 6.5 所示矩阵 $\boldsymbol{m}$ 经过卷积核滤波后的特征图 M，卷积核大小 $F=2$，

步长大小 $S=1$,padding 大小为 $P=0$。

解：按照式(6.2)，

(1) 输入特征图 $W_1=3$,$H_1=3$,卷积核 $F=2$,步长 $S=1$,padding 大小 $P=0$,卷积核数量 $K=1$。

输入矩阵

3	0	1
2	4	0
0	1	0

卷积核

1	0
0	2

图 6.5　输入矩阵与卷积核

(2) 计算 W_2

$$W_2=(3-2+0)/1+1$$
$$=2$$

(3) 计算 H_2

$$H_2=(3-2+0)/1+1$$
$$=2$$

(4) 对 $\boldsymbol{M}$ 中各元素进行计算

$$M_{11}=m_{11}f_{11}+m_{12}f_{12}+m_{21}f_{21}+m_{22}f_{22}$$
$$=11$$
$$M_{12}=m_{12}f_{11}+m_{13}f_{12}+m_{22}f_{21}+m_{23}f_{22}$$
$$=0$$
$$M_{21}=m_{21}f_{11}+m_{22}f_{12}+m_{31}f_{21}+m_{32}f_{22}$$
$$=4$$
$$M_{22}=m_{22}f_{11}+m_{23}f_{12}+m_{32}f_{21}+m_{33}f_{22}$$
$$=4$$

输出特征图 $\boldsymbol{M}$ 如图 6.6 所示。

输入特征图

3	0	1
2	4	0
0	1	0

卷积核

1	0
0	2

输出特征图

11	0
4	4

图 6.6　卷积核对特征图的处理

6.2.2　池化层

池化层一般使用在卷积层中间，用于压缩矩阵数据和网络参数量，以减小过拟合和降低计算量。卷积神经网络输入是图像，池化层的主要作用就是对图像或特征图的宽高进行缩减。池化层也叫下采样层，其操作与卷积层的操作相似，下采样的滤波器只取对应位置的最大值(最大池化)，如图 6.7 所示；或者平均值(平均池化)，如图 6.8 所示。池化层的参数不会被反向传播算法修改。

池化层的功能由两个参数决定：第一个参数是滤波器的宽和高(池化层滤波器的宽

和高采用相同的数值)，第二个参数是滤波器的步长。常用的池化层滤波器一般是 2×2、3×3 或者 5×5 的矩阵，滤波器大小用 F 表示。步长是滤波器每次移动的距离 S，一般表示每次向右或向下移动的距离。

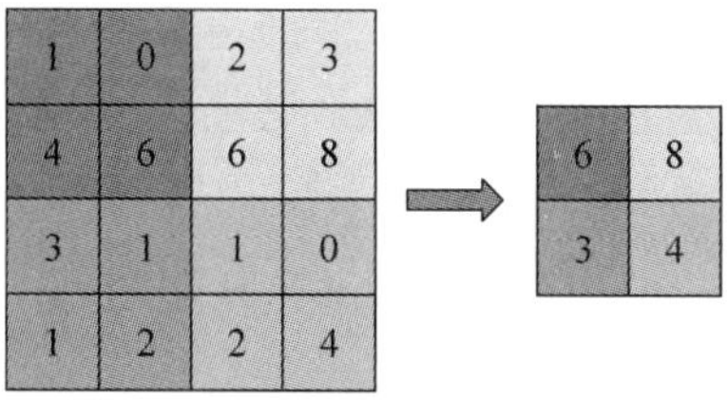

图 6.7　滤波器大小 $F=2$，步长 $S=2$ 的最大池化层

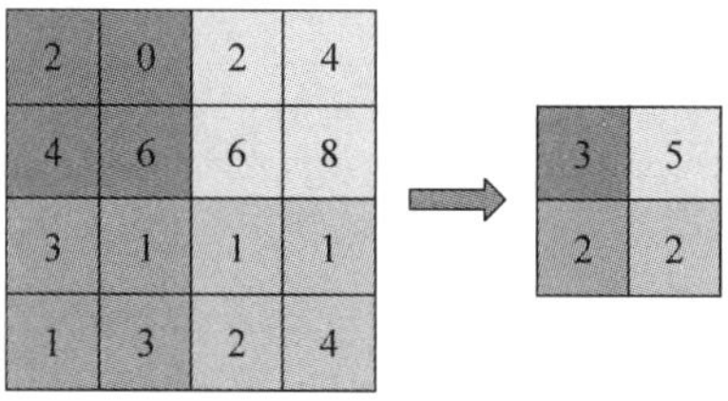

图 6.8　滤波器大小 $F=2$，步长 $S=2$ 的平均池化层

特征图经过池化层处理后其尺寸大小会发生改变，输入池化层的特征图宽度为 W_1，高度为 H_1，经过滤波器处理后的输出特征图其宽度为 W_2，高度为 H_2。计算公式如下：

$$\begin{cases} W_2 = (W_1 - F + 2 \times P)/S + 1 \\ H_2 = (H_1 - F + 2 \times P)/S + 1 \end{cases} \tag{6.3}$$

式中，P 表示填充，与卷积层中的 padding 效果一样，但池化层中一般不使用填充，所以 $P=0$。并且特征图的深度不受池化层的影响，输入特征图的深度为 D_1，经池化层处理后的特征图深度为 D_2，由 D_1 到 D_2 的计算公式为

$$D_2 = D_1 \tag{6.4}$$

全连接层和第 5 章介绍的浅层神经网络基本一致，输入全连接层的特征图的维度为 $W \times H \times D$，需要转换为一维的数组 $\text{Array}_{W \times H \times D}$，数据变换过程成为展平。展平后的数组作为输入数据输入全连接层，一般卷积神经网络的全连接层不超过 3 层。

例 6.3　求出如图 6.9 所示矩阵 $\boldsymbol{m}$ 使用滤波器大小 $F=2$，步长 $S=2$ 最大池化层滤波后的矩阵 $\boldsymbol{M}$。

解：按照式(6.3)，

(1) 输入矩阵宽度 $W_1=4$，高度 $H_1=4$，池化层滤波器 $F=2$，步长 $S=2$。

(2) 计算 W_2

$$\begin{aligned} W_2 &= (4-2+0)/2+1 \\ &= 2 \end{aligned}$$

(3) 计算 H_2

$$H_2 = (4 - 2 + 0)/2 + 1$$
$$= 2$$

(4) 计算矩阵 $\boldsymbol{M}$ 的元素 $M_{11}, M_{12}, M_{21}, M_{22}$

$$M_{11} = \max\{2,1,3,0\}$$
$$= 3$$
$$M_{12} = \max\{2,4,6,5\}$$
$$= 6$$
$$M_{21} = \max\{3,1,1,9\}$$
$$= 9$$
$$M_{22} = \max\{1,5,2,9\}$$
$$= 6$$

所以输出矩阵的宽为 2,高为 2,如图 6.10 所示。

2	1	2	4
3	0	6	5
3	1	1	5
1	9	2	9

图 6.9 矩阵 $\boldsymbol{m}$

3	6
9	9

图 6.10 输出矩阵

6.2.3 softmax 分类函数

softmax 函数主要用来完成多分类任务,又称为归一化指数函数。softmax 函数将多分类结果转换为概率的形式以便后续处理,将神经元输出的值映射到(0,1),并确保所有最终值的和为 1。softmax 分类函数示意图如图 6.11 所示。

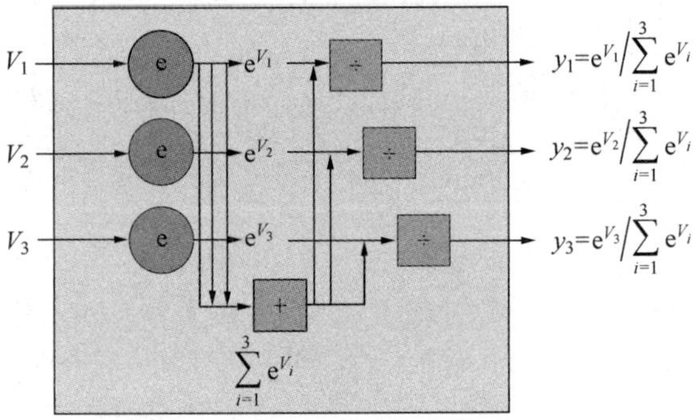

图 6.11 softmax 分类函数示意图

一个数组 V，数组中第 i 个元素使用 V_i 表示，V_i 对应的 softmax 值 y_i 为

$$y_i = \frac{e^i}{\sum_i e^i} \tag{6.5}$$

其中 $1 > y_i > 0$ 且 $\sum_i y_i = 1$。

例 6.4 如图 6.12 所示 softmax 函数有 3 个输入值，分别是 $V_1=1, V_2=3, V_3=2$，求 softmax 函数的输出值 y_1, y_2 和 y_3。

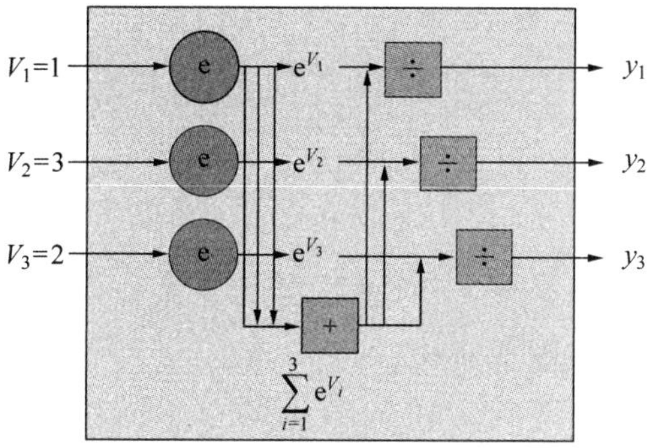

图 6.12 softmax 函数

解：按照式(6.5)，

(1) 分别对 $e^{V_1}, e^{V_2}, e^{V_3}$ 进行求解

$$e^{V_1} = e^1 = 2.718$$
$$e^{V_2} = e^3 = 20.086$$
$$e^{V_3} = e^2 = 7.389$$

(2) 对 $\sum_{i=1}^{3} e^{V_i}$ 进行求解

$$\begin{aligned}\sum_{i=1}^{3} e^{V_i} &= 2.718 + 20.086 + 7.389 \\ &= 30.193\end{aligned}$$

(3) 对 y_1, y_2 和 y_3 进行求解

$$y_1 = \frac{e^{V_1}}{\sum_{i=1}^{3} e^{V_i}} = 0.09$$

$$y_2 = \frac{e^{V_2}}{\sum_{i=1}^{3} e^{V_i}} = 0.665$$

$$y_3 = \frac{e^{V_3}}{\sum_{i=1}^{3} e^{V_i}} = 0.245$$

求出 $y_1=0.09$，$y_2=0.665$，$y_3=0.245$。

6.3 卷积神经网络常用的损失函数

损失函数又称为代价函数，是将随机变量的取值映射为非负实数，以表示该随机变量的损失或者风险的函数。在实际应用中，损失函数常用来对神经网络进行模型训练和性能评估。损失函数分为回归损失函数和分类损失函数，卷积神经网络中的回归损失函数用于拟合线性或非线性曲线，分类损失函数用于数据的分类。

平均绝对误差损失函数（Mean Absolute Error）也称为损失函数，用于计算神经网络输出值与真实值之间误差的平均绝对值大小，常用于处理回归问题，其公式如下：

$$\mathrm{MAE}=\frac{1}{N}\sum_{i=1}^{n}|y_i-\hat{y}_i| \tag{6.6}$$

其中，$\hat{y}_i$ 表示神经网络输出值；y_i 表示真实值。

均方差损失函数（Mean Squared Error）用于度量神经网络输出值与实际值差的平方期望值，均方差损失函数可以很好地度量数据的变化程度。其公式如下：

$$\mathrm{MSE}=\frac{1}{N}\sum_{i=1}^{n}(y_i-\hat{y}_i)^2 \tag{6.7}$$

其中，N 表示样本的总量，均方差损失函数是常用于回归问题的损失函数。

交叉熵损失函数用于评估当前神经网络输出的概率分布与真实概率分布的差异，交叉熵损失函数主要用于神经网络的分类，减少交叉熵损失函数的值能提高神经网络的准确率。以标准二分类问题为例，神经网络需要预测的结果只有两种情况，对于这两种情况的预测概率分别为 p 和 $1-p$，此时的交叉熵损失函数的表达式如下：

$$L=-p\log(p)-(1-p)\log(1-p) \tag{6.8}$$

对于多分类情况，交叉熵的公式为

$$H(p,q)=-\sum_{i=1}^{n}p(x^i)\log(q(x^i)) \tag{6.9}$$

其中，$p(x^i)$表示真实概率；$q(x^i)$表示神经网络预测的概率值。

本节中神经网络使用到的损失函数可以分为回归损失函数和分类损失函数两种类型。其中神经网络拟合非线性曲线时一般使用均方差损失函数，神经网络的输出值与真实值误差越小越好；神经网络对图像进行分类时使用交叉熵损失函数，神经网络对物体分类的概率越接近真实值越好。

6.4 卷积神经网络常用的训练算法

6.4.1 随机梯度下降算法

随机梯度下降算法是常用的神经网络学习算法。神经网络由大量的神经元组成，神经元的权值可调节，使用 $h_\theta(x)=\sum_{i=0}^{n}\theta_i x$ 表示神经网络，其中神经网络的权值是 $\theta=$

$(\theta_0, \theta_1, \cdots, \theta_n)$，$x$ 是神经网络的输入，$h_\theta(x)$是神经网络的输出值，y 是真实样本数据。使用训练数据对神经网络进行训练时，希望神经网络的输出值 $h_\theta(x)$与真实值 y 之间的差值越小越好。表示神经网络输出值与真实值之间距离的方式包括绝对值、均方差等，本节使用平方损失函数表示：

$$J_\theta = \frac{1}{2}\sum_{i=1}^{m}(h_\theta(x^i) - y^i)^2 \tag{6.10}$$

训练神经网络的目标是将损失函数的值降到最小，神经网络的输出与真实值尽可能接近。对每个权值求偏导数，得到损失函数的梯度，对权重使用梯度的反方向进行更新，循环相同的步骤，直到权值逼近全局最优解：

$$\theta_j = \theta_j - \alpha \frac{\partial}{\partial \theta_j} J(\theta) \tag{6.11}$$

式中 α 是学习速率，表示对神经网络权值调整的速度。

$$\begin{aligned}\frac{\partial}{\partial \theta_j} J(\theta) &= \frac{\partial}{\partial \theta_j} \frac{1}{2}(h_\theta(x) - y)^2 \\ &= 2 \cdot \frac{1}{2} \cdot (h_\theta(x) - y) \frac{\partial}{\partial \theta_j}(h_\theta(x) - y) \\ &= (h_\theta(x) - y) \cdot (x)\end{aligned} \tag{6.12}$$

所以梯度下降算法的公式为

$$\theta_j = \theta_j - \alpha(h_\theta(x) - y) \cdot (x) \tag{6.13}$$

神经网络在使用梯度下降算法过程中，循环使用上述公式直到权值收敛，虽然最终收敛的权值不能保证一定是全局最优解，但梯度下降算法是目前通用的方法。对于多个训练样本的神经网络进行训练，在使用梯度下降算法更新权值的过程中，每次循环都需要在整个数据集上对权值的梯度进行计算，该方法称为批量梯度下降算法，该方法的缺陷是导致训练速度慢，并且耗费大量的计算资源。批量梯度下降算法的公式如下：

$$\theta_j = \theta_j - \alpha \sum_{i=1}^{m}(h_\theta(x^i) - y^i) \cdot (x^i) \tag{6.14}$$

随机梯度下降算法是一种训练速度相对批量梯度下降算法较快的训练算法，随机梯度下降算法在训练神经网络时，随机选择一个数据计算梯度，而不是选择全部训练数据计算梯度，这样可以加快训练速度，循环使用如下公式，直至收敛：

$$\theta_j = \theta_j - \alpha(h_\theta(x^i) - y^i) \cdot (x^i) \tag{6.15}$$

凸函数有且只有一个极值点，该极值点为全局最优解，使用梯度下降算法可以收敛到该极值点。卷积神经网络为非线性函数结构，一般情况下是非凸函数，存在很多局部最优点，一旦进入局部最优点梯度下降算法就很难继续寻找全局最优点，并且卷积神经网络还存在大面积梯度很小并且接近 0 的点，使得梯度下降算法的优化效果并不理想。随机梯度下降算法与动量(momentum)相结合，能够对卷积神经网络进行有效地训练，其具体实现方法是在随机梯度下降算法中引入动量，以大概率突破局部最优点所带来的局限性。典型梯度下降算法对卷积神经网络权值过程如下：

$$\theta = \theta - \eta \nabla J(\theta) \tag{6.16}$$

引入动量后，动量的计算如下：

$$m=\gamma \cdot m+\eta \nabla J(\theta) \tag{6.17}$$

其中，m 表示动量；γ 是超参数，一般取值为接近 1 的数，如 0.9。权值的更新过程为

$$\theta=\theta-m \tag{6.18}$$

动量梯度下降算法有助于加速收敛，梯度方向与动量方向一致时，动量会增加；梯度方向与动量方向相反时，动量会减小。动量梯度下降算法还可以减小训练的振荡过程。

基于随机梯度下降与动量优化算法在卷积神经网络的训练中取得了不错的成绩，但还是存在较多问题无法解决。

近年来 RMSProp、Adam 等新的优化算法带来了更好的效果，能有效缓解随机梯度下降与动量优化算法所遇到的问题，并成为较为主流的卷积神经网络优化算法。在介绍 RMSProp 算法前，先介绍自适应梯度算法(Adaptive Gradient)，如图 6.13 所示。

自适应梯度算法

Require: 全局学习率ε
Require: 初始化参数θ
Require: 常数δ，一般取值为10^{-7}
初始化梯度累积变量$r=0$
While 未收敛 **do**
  从训练数据集中选取m个样本$\{x^1,x^2,\cdots,x^m\}$，对应的标签为y^i
  计算梯度：$g=\frac{1}{m}\nabla_\theta\sum_i \mathrm{Loss}\left(f\left(x^i,\theta\right)y^i\right)$
  计算累积平方梯度：$r=r+g\odot g$
  计算更新：$\Delta\theta=-\frac{\varepsilon}{\delta+\sqrt{r}}\odot g$
  应用更新：$\theta=\theta+\Delta\theta$
end While

图 6.13 自适应梯度算法

针对 SGD 和动量所存在的问题，自适应梯度算法能够针对各种不同参数调整合适的学习率，对于稀疏变化的参数以更大的步长进行更新，对于频繁变化的参数以更小的步长进行更新。

$$\boldsymbol{g}_t=\boldsymbol{\nabla}_\theta J(\theta_{t-1}) \tag{6.19}$$

式中，$\boldsymbol{g}_t$ 表示 t 时刻的梯度，$\boldsymbol{g}_t$ 是一个向量，包括所有参数所对应的偏导数；$\boldsymbol{g}_{t,i}$ 表示第 i 个参数在 t 时刻的梯度。

$$\theta_{t+1}=\theta_t-\alpha \cdot \boldsymbol{g}_t \Big/ \sqrt{\sum_{i=1}^{t}\boldsymbol{g}_t^2} \tag{6.20}$$

式中，$\boldsymbol{g}_t^2$ 表示 t 时刻的梯度平方。

自适应梯度算法与随机梯度下降算法的区别在于计算更新步长是增加了分母部分。分母部分累积了参数 $\boldsymbol{g}_{t,i}$ 的历史信息，当频繁更新梯度时，累积的分母部分越来越大，更新步长相对变小；稀疏的梯度导致累积的分母较小，更新的步长相对较大。自适应梯度算法能够在不同参数情况下自动适应不同的学习率，一般使用默认学习率为 0.01，即可达到比较好的收敛效果。

6.4.2 RMSProp 优化算法

RMSProp(Root Mean Square Prop)是 Geoffrey Hinton 于 2011 年提出的优化算法，如图 6.14 所示。RMSProp 是 AdaGrad 算法的改进，卷积神经网络都是非凸函数，使用 RMSProp 取得的结果会更好。RMSProp 与 AdaGrad 算法的不同之处在于对累积平方梯度的求法不一致，AdaGrad 算法采用直接累加平方梯度，而 RMSProp 使用一个衰减系数控制历史信息的获取：

$$r=\rho r+(1-\rho)g\odot g \tag{6.21}$$

式中，ρ 是衰减系数。

RMSProp算法

Require: 全局学习率ε
Require: 初始化参数θ
Require: 常数δ，一般取值为10^{-6}
初始化梯度累积变量$r=0$
While 未收敛 **do**
  从训练数据集中选取m个样本$\{x^1,x^2,\cdots,x^m\}$，对应的标签为y^i
  计算梯度：$g=\frac{1}{m}\nabla_\theta\sum_i \text{Loss}\left(f(x^i,\theta)y^i\right)$
  计算累积平方梯度：$r=\rho r+(1-\rho)g\odot g$
  计算更新：$\Delta\theta=-\frac{\varepsilon}{\delta+\sqrt{r}}\cdot g$
  应用更新：$\theta=\theta+\Delta\theta$
end While

图 6.14 RMSProp 算法

Nesterov 是对动量的改进。Nesterov 具备初始速度 v，并且在优化的过程中速度 v 会发生变化。在计算梯度时 Nesterov 先用当前的速度 v 更新一遍神经网络的权重，再用权重计算梯度。

$$\tilde{\theta}=\theta+\alpha v \tag{6.22}$$

式中，α 是动量参数，动量参数是常数；v 是初始速度，为变量。

$$g=\frac{1}{m}\nabla_{\tilde{\theta}}\sum_i \text{Loss}(f(x^i,\tilde{\theta}),y^i) \tag{6.23}$$

Nesterov 与原始的 RMSProp 算法结合得到改进型的 RMSProp 算法，具体算法如图 6.15 所示。

RMSProp 算法造成了学习率 ε 的改变，Nesterov 算法引入动量来优化梯度，所以改进型 RMSProp 算法结合了两方面的优点。

6.4.3 Adam 优化算法

Adam 算法是 2015 年出现的一种新型优化算法，在随机梯度下降算法的基础上进行了扩展，如图 6.16 所示。

Adam 算法的优点包括：超参数能直观地理解，实际使用过程中调参工作量较少；

改进型RMSProp算法

Require: 全局学习率ε，衰减率ρ，动量系数α
Require: 初始化参数θ，初始速度v
Require: 常数δ，一般取值为10^{-6}
初始化梯度累积变量$r = 0$
While 未收敛 **do**
  从训练数据集中选取m个样本$\{x^1, x^2, \cdots, x^m\}$，对应的标签为$y^i$
  计算临时更新：$\tilde{\theta} = \theta + \alpha v$
  计算梯度：$g = \frac{1}{m}\nabla_{\tilde{\theta}}\sum_i \text{Loss}\left(f(x^i, \tilde{\theta})y^i\right)$
  计算累积平方梯度：$r = \rho r + (1-\rho) g \odot g$
  计算速度更新：$v = \alpha v - \frac{\varepsilon}{\sqrt{r}} \odot g$
  应用更新：$\theta = \theta + v$
end While

图 6.15　改进型 RMSProp 算法

Adam算法

Require: 全局学习率ε，衰减率ρ，动量系数α
Require: 一阶矩估计的衰减率ρ_1，二阶矩估计的衰减率ρ_2
Require: 初始化参数θ，用于数值稳定的常数δ
Require: 常数δ，一般取值为10^{-8}
初始化一阶矩变量$s = 0$，二阶矩变量$r = 0$，初始化时间步长$t = 0$
While 未收敛 **do**
  从训练数据集中选取m个样本$\{x^1, x^2, \cdots, x^m\}$，对应的标签为$y^i$
  计算梯度：$g = \frac{1}{m}\nabla_{\tilde{\theta}}\sum_i \text{Loss}\left(f(x^i, \tilde{\theta})y^i\right)$
  $t = t + 1$
  更新一阶矩变量：$s = \rho_1 s + (1-\rho_1) g$
  更新二阶矩变量：$r = \rho_2 r + (1-\rho_2) g \odot g$
  修正一阶矩变量的偏差：$\hat{s} = \frac{s}{1-\rho_1^t}$
  修正二阶矩的偏差：$\hat{r} = \frac{r}{1-\rho_2^t}$
  计算更新：$\Delta\theta = -\varepsilon\frac{\hat{s}}{\sqrt{\hat{r}+\delta}}$
  应用更新：$\theta = \theta + \Delta\theta$
end While

图 6.16　Adam 算法

对解决稀疏梯度或包含很高噪声的问题具有很大的优势；适用于解决非稳态的目标；计算较高效且所需内存较小。随机梯度下降算法在优化的过程中保持单一的学习率，Adam 算法通过计算梯度的一阶矩均值和二阶矩均值而为不同的参数计算各自独立的自适应性学习率。Adam 算法在 RMSProp 算法的基础上引入了一阶矩估计的指数衰减率 ρ_1 和二阶矩估计 ρ_2 两个超参数，以便调节一阶矩均值和二阶矩均值的大小。

习题

1. 请写出残差网络结构的优点。

2. 卷积层输入特征图以 80×60 的矩阵表示，卷积核大小 $F=5$，步长大小 $S=1$，padding 大小 $P=1$，求输出矩阵的宽高。

3. 求出如图 6.17 所示矩阵经过卷积核滤波后的特征图，卷积核步长大小 $S=1$，padding 大小 $P=0$。

输入矩阵

3	0	2	1	0
2	0	0	3	2
3	0	4	2	5
0	2	0	3	2
3	2	3	1	0

卷积核

2	1	0
3	1	0
1	0	2

图 6.17　习题 3 图

4. 求出如图 6.18 所示矩阵使用滤波器大小 $F=2$，步长 $S=2$ 平均池化层滤波后的矩阵。

1	0	2	4
0	3	6	8
3	1	1	0
1	5	2	7

2	0	2	4
4	6	6	8
3	1	1	0
1	3	2	5

图 6.18　习题 4 图

5. 求出如图 6.19 所示矩阵使用滤波器大小 $F=2$，步长 $S=2$ 最大池化层滤波后的矩阵。

3	0	6	5
1	4	2	8
3	1	1	3
7	5	2	5

3	0	4	3
1	5	5	1
2	7	0	3
4	4	2	1

图 6.19　习题 5 图

6. 如图 6-20 所示 softmax 函数有 3 个输入值，分别是 $V_1=2, V_2=5, V_3=3$，求 softmax 函数的输出值 y_1，y_2 和 y_3。

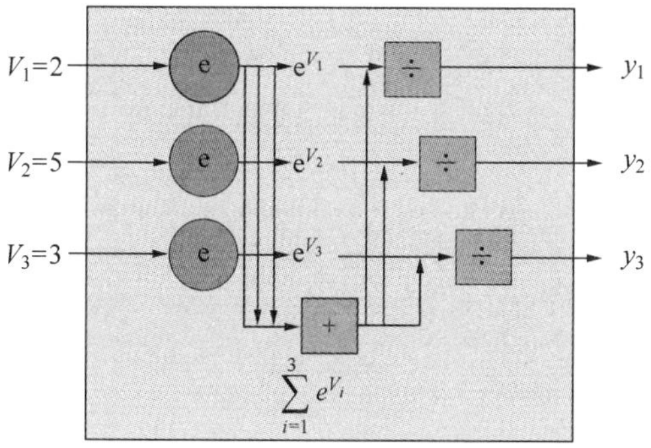

图 6.20　习题 6 图

参考文献

[1] 孙志军,薛磊,许阳明,等.深度学习研究综述[J].计算机应用研究,2012,29(8):2806-2810.

[2] 周飞燕,金林鹏,董军.卷积神经网络研究综述[J].计算机学报,2017,40(6):1229-1251.

[3] 卢宏涛,张秦川.深度卷积神经网络在计算机视觉中的应用研究综述[J].数据采集与处理,2016,31(1):1-17.

[4] Hubel D H,Wiesel T N. Receptive fields,binocular interaction and functional architecture in the cat's visual cortex[J]. *The Journal of Physiology*,1962,160(1):106-154.

[5] Krizhevsky A,Hinton G. Learning multiple layers of features from tiny images[J]. 2009.

[6] Lin M,Chen Q,Yan S. Network in network[J]. *arXiv preprint arXiv*:1312.4400,2013.

[7] LeCun Y,Bengio Y,Hinton G. Deep learning[J]. *Nature*,2015,521(7553): 436-444.

[8] Fukushima K,Miyake S. Neocognitron: A self-organizing neural network model for a mechanism of visual pattern recognition[M]. *Competition and cooperation in neural nets*. Springer,Berlin,Heidelberg,1982: 267-285.

[9] LeCun Y,Boser B,Denker J S,et al. Backpropagation applied to handwritten zip code recognition [J]. *Neural computation*,1989,1(4): 541-551.

[10] LeCun Y. Generalization and network design strategies[J]. *Connectionism in perspective*,1989,19: 143-155.

[11] Krizhevsky A,Sutskever I,Hinton G E. Imagenet classification with deep convolutional neural networks[C]. *Advances in neural information processing systems*,2012: 1097-1105.

[12] Zeiler M D,Fergus R. Visualizing and understanding convolutional networks[C]. *European conference on computer vision*. Springer,Cham,2014: 818-833.

[13] Christian S,Wei L,Yangqing J,et al. Going deeper with convolutions[C]. *Proceedings of the IEEE conference on computer vision and pattern recognition*. 2015: 1-9.

[14] Simonyan K,Zisserman A. Very deep convolutional networks for large-scale image recognition [J]. *arXiv preprint arXiv*:1409.1556,2014.

[15] He K,Zhang X,Ren S,et al. Deep residual learning for image recognition[C]. *Proceedings of the IEEE conference on computer vision and pattern recognition*. 2016: 770-778.

[16] Xie S,Girshick R,Dollár P,et al. Aggregated residual transformations for deep neural networks [C]. *Proceedings of the IEEE conference on computer vision and pattern recognition*. 2017: 1492-1500.

[17] Kiefer J,Wolfowitz J. Stochastic Estimation of the Maximum of a Regression Function[J]. *The Annals of Mathematical Statistics*,1952,23(3):462-466.

[18] 汪宝彬,汪玉霞.随机梯度下降法的一些性质[J].数学杂志,2011,31(6):1041-1044.

[19] Kingma D P,Adam B J. A method for stochastic optimization[J]. *arXiv preprint arXiv*:1412.6980,2014.

[20] Ruder S. An overview of gradient descent optimization algorithms[J]. *arXiv preprint arXiv*:1609.04747,2016.

[21] Qian N. On the momentum term in gradient descent learning algorithms[J]. *Neural Networks*,1999,12(1):145-151.

第7章 循环神经网络

在前面章节中我们了解了前馈神经网络和卷积神经网络(CNN),其中前馈神经网络的输出只与当前时刻的网络输入有关,并没有考虑输入数据之间的关联性。CNN虽然可以在一维时间序列上使用,且可以得到对时间序列敏感的序列表示,但是这种表示的敏感度只局限于单个空间窗口内,没有考虑到不同窗口之间的顺序,无法在真正意义上做出对序列数据的完整表示。同时,两种神经网络的输入输出数据格式是固定的,无法改变。然而在处理实际问题时,我们常会遇到许多序列型数据,典型的例如语音和文本,其长度不固定且在时序上具有关联性,即在某一时刻网络的输出不仅与当前时刻输入有关,还与之前时刻的输出相关。针对这一类型的问题,研究人员提出了许多不同类型的循环神经网络(RNN),例如 Elman networks(Elman,1990)、Jordan networks(Jordan,1990)、time delay neural networks(Lang et al,1990) 和 ehco state networks(Jaeger,2001),等等[1]。通常提到的RNN,即是指 Elman network 结构的循环神经网络。本书提到的RNN,没有特别说明时,均指 Elman network。

循环神经网络可以将任意长度的序列数据转换为定长向量,同时学习序列中时序上的关联信息。在过去的很长一段时间里,RNN已成功用于文本处理、语音识别、机器翻译等领域,尤其是带有门结构的LSTM和GRU,在捕获线性输入的统计规律方面非常有效,甚至可以称其为深度学习对统计自然语言处理工具集的最大贡献[2]。

本章首先介绍简单的RNN、双向RNN(biRNN),然后以用于解决自然语言生成问题的序列到序列模型(Seq2Seq)为例,进一步展示RNN在自然语言处理领域中的实际应用。在此基础上介绍带有门结构的RNN——长短期记忆网络(LSTM)和门控循环单元(GRU),最后介绍广泛使用的注意力机制(Attention-Based model),注意力机制的使用进一步提升了RNN在多种应用领域的表现。

7.1 循环神经网络原理

7.1.1 RNN的基本结构

循环神经网络与普通全连接神经网络相同,也由输入层、隐藏层和输出层构成,不同的是RNN内存在循环型连接。根据循环型连接的不同,RNN可以分为如图7.1所示的两类。

图7.1中左侧为递归形式连接图,右侧为时间步展开图。注意,在这些展开图中每一时间步对应的隐藏层单元是一组神经单元的集合而不是单个神经元,切忌产生输入单元数等于隐藏层单元数的误解。图7.1(a)也是最朴素的RNN结构,它可以利用隐藏状态 h,根据需求保留过去信息中有效的部分并传递到未来,具有一定时间内的记忆能力;图7.1(b)通过将特定输出值放入 $\boldsymbol{o}$ 中,以此作为传播到未来的唯一信息,即此时不同单元之间状态通过间接产生预测进行连接,这样会导致有效状态信息的进一步缺失。这也使得其不像图7.1(a)的RNN那么强大,但由于每一个时间步都可以与其他时间步分离训练,这将允许训练的并行操作,让训练更容易进行。下面主要以图7.1(a)形式的RNN

为例介绍。

将图 7.1(a)中的内容做进一步扩展后如图 7.2 所示，与图 7.1(a)相同，左边是 RNN 的递归形式的图形化表示，x 是神经网络的输入，ϕ 和 φ 分别是隐藏层和输出层的激活函数，$\boldsymbol{U}$ 是输入层到隐藏层的权重矩阵，$\boldsymbol{W}$ 是隐藏层到隐藏层的权重矩阵，$\boldsymbol{V}$ 是隐藏层到输出层的权重矩阵，$\boldsymbol{s}$ 是隐藏层的状态，$\boldsymbol{o}$ 是神经网络的输出，损失 L 用于衡量每个 $\boldsymbol{o}$ 与相应目标 $\boldsymbol{y}$ 之间的距离。它适用于任意长度的序列，但是实际中我们常处理的序列长度都是有限的，因此可以将递归形式按时间轴展开，如图 7.2(b)所示，从中可以知道，每一时刻隐藏层的状态向量 $\boldsymbol{s}_t$ 都会在 $t+1$ 时刻与该时刻的输入 $\boldsymbol{x}_{t+1}$ 一起作为神经网络的输入，因此每一时刻的网络都会保存着一些来自之前时刻历史信息，并结合当前时刻的网络内部状态一并传给下一时刻。

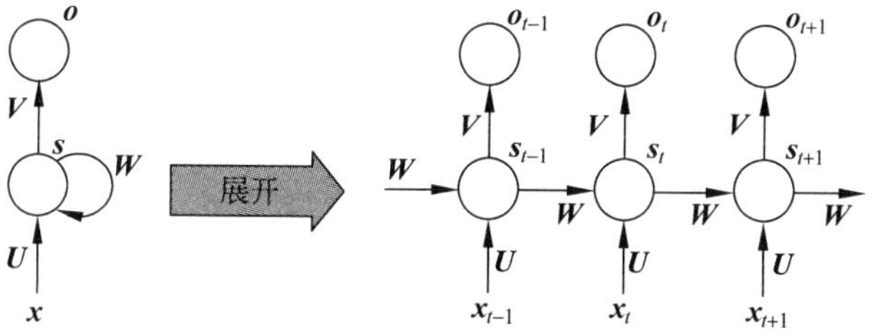

(a) 每一时间步都有输出，并且循环连接存在于隐藏单元之间

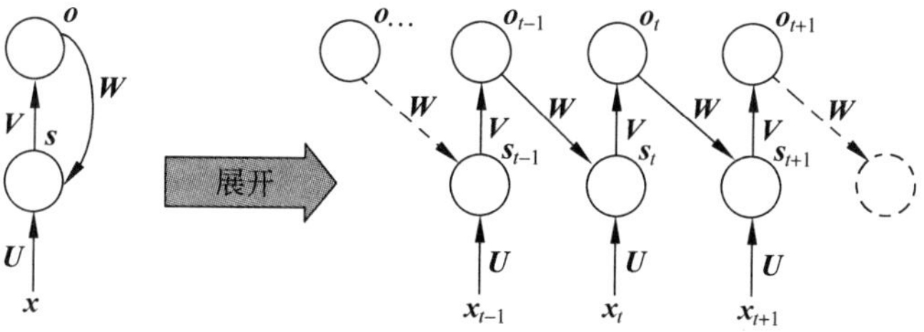

(b) 每一时间步都有输出，循环连接存在于当前时刻输出与下一时刻隐藏单元之间

图 7.1　不同连接类型的 RNN

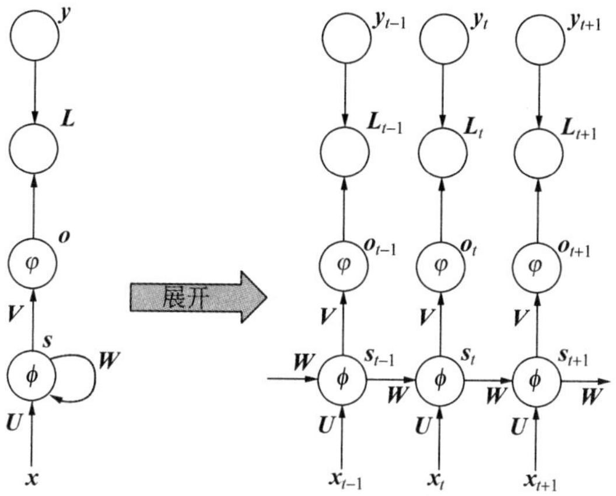

(a)　　(b)

图 7.2　RNN 图形化展开表示

从上述说明中可知，在理论上 RNN 可以保存任意长度的序列信息，即 RNN 可以利用很长时间以前的记忆信息，但是在实际应用中发现 RNN 的记忆能力是有限的，一般只能记住最近几个时刻的序列信息，这个问题将在后续内容中进行详细讨论。

从上述介绍中可以发现，输入一定长度的序列 RNN 会产生与之对应的等长输出。而实际中，根据输入与输出的对应关系还存在着以下几种 RNN 结构（见图 7.3），虽然它们的结构不同，但是其内核思想是一致的。

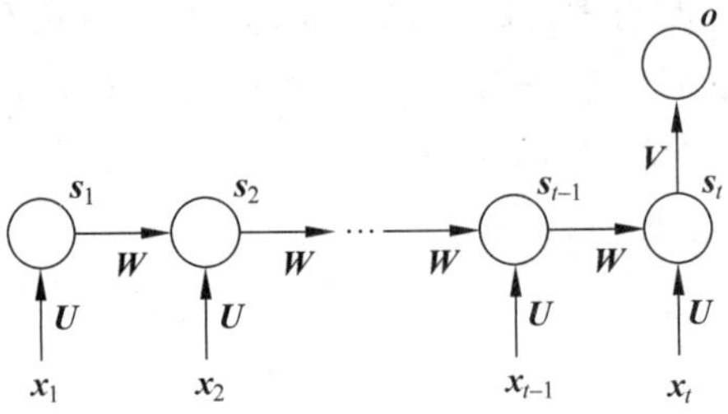

(a) 多输入单输出

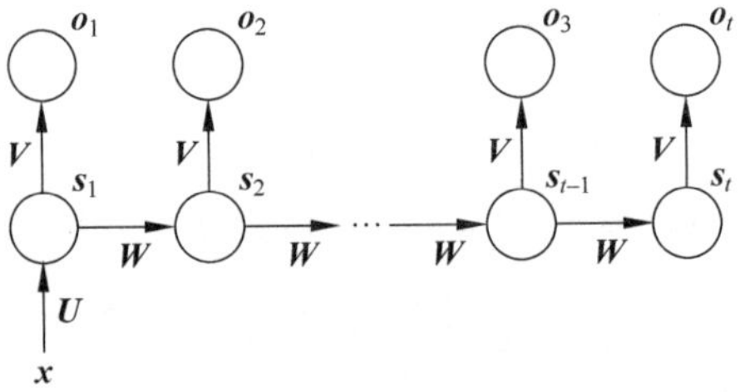

(b) 单输入多输出

图 7.3　RNN 结构

面对已知的 RNN 结构，可以根据实际应用场景所需来选择最为合适的一个。例如针对情感分析任务，只有在获取全部段落的单词后，才可以进行一次情感分类，即此时需要使用多输入单输出（Many to One）的 RNN，其中 $x_1, x_2, \cdots, x_t$ 表示句子的 t 个词，$\boldsymbol{o}$ 代表最终的输出情感标签。而单输入多输出（One to Many）的 RNN 则可以用于从图像生成文字任务，即此时输入 $\boldsymbol{x}$ 是图像的特征，输出序列 y 就是对应的一句话。

7.1.2　RNN 的前向传播

结合 RNN 的展开后的图形化表示可知，信号在时间上的前向流动路径上主要存在着计算输出和损失两个工作，它们分别对应 RNN 的前向和反向传播。现在将对 RNN 的前向传播进行研究，图 7.2 中隐藏层的输出为

$$\boldsymbol{u}_t = \boldsymbol{U}\boldsymbol{x}_t + \boldsymbol{W}\boldsymbol{s}_{t-1} + b \tag{7.1}$$

$$\boldsymbol{s}_t = \phi(\boldsymbol{u}_t) \tag{7.2}$$

式中，函数 $\phi(\cdot)$ 为隐藏层激活函数，在 TensorFlow 中默认使用的是双曲正切函数 tanh，参数 $\boldsymbol{U}$、$\boldsymbol{W}$ 分别是输入层到隐藏层和隐藏层到隐藏层的权重矩阵，参数 b 为偏置项，

$\boldsymbol{x}_t$ 为当前时刻输入，$\boldsymbol{s}_{t-1}$ 为前一时刻隐藏层状态。在刚开始训练时 RNN 以 $\boldsymbol{s}_0$ 为初始状态进行前向传播。

得到当前时刻隐藏层的状态向量 $\boldsymbol{s}_t$ 后，可以进一步计算出当前 t 时刻神经网络输出为

$$\boldsymbol{o}_t = \varphi(\boldsymbol{V}\boldsymbol{s}_t + c) \tag{7.3}$$

其中，$\varphi(\cdot)$为输出层激活函数，在分类任务中常使用 softmax 函数。参数 $\boldsymbol{V}$ 是隐藏层到输出层的参数矩阵，参数 c 是偏置项。

RNN 可以将一个给定长度的输入序列映射到相同长度的输出序列，当前损失即为每一时间步损失之和。由图 7.2 可以得到给定输入序列 $x=\{x_1,x_2,\cdots,x_t\}$，其损失函数为输出 y_t 的负对数似然：

$$\begin{aligned} L(\{x_1,x_2,\cdots,x_t\},\{y_1,y_2,\cdots,y_t\}) &= \sum_t L_t \\ &= -\sum_t \log p_{\text{model}}(y_t \mid \{x_1,x_2,\cdots,x_t\}) \end{aligned} \tag{7.4}$$

其中，$p_{\text{model}}(y_t \mid \{x_1,x_2,\cdots,x_t\})$需要读取模型输出向量序列$\{\boldsymbol{o}_t\}$中对应 y_t 的项。

例 7.1 结合图 7.2，现将 RNN 用于词性标注任务中，输入层、隐藏层以及输出层神经单元数分别为 2、3、2，隐藏层与输出层激活函数分别为 sigmoid、softmax，忽略偏置 b，c。初始状态向量 $\boldsymbol{s}_0=[0\quad 0\quad 0]^{\mathrm{T}}$，权重矩阵 $\boldsymbol{U}=\begin{bmatrix}0.2 & 0.6\\0.7 & 0.1\\0.3 & 0.5\end{bmatrix}$，$\boldsymbol{W}=\begin{bmatrix}0.1 & 0.2 & 0.3\\0.2 & 0.7 & 0.3\\0.9 & 0.8 & 0.2\end{bmatrix}$，$\boldsymbol{V}=\begin{bmatrix}0.2 & 0.3 & 0.4\\0.1 & 0.5 & 0.6\end{bmatrix}$，$t=1$ 时 RNN 输入为 $\boldsymbol{x}_1=[0\quad 1]$，输出对应的 label 向量为 $\boldsymbol{y}_1=[0\quad 1]$，试求出此时刻模型的输出 $\boldsymbol{o}_1$ 与对应的损失 L_1。

$$\boldsymbol{u}_1=\boldsymbol{U}\boldsymbol{x}_1+\boldsymbol{W}\boldsymbol{s}_0=\begin{bmatrix}0.2 & 0.6\\0.7 & 0.1\\0.3 & 0.5\end{bmatrix}\times\begin{bmatrix}0\\1\end{bmatrix}=\begin{bmatrix}0.6\\0.1\\0.5\end{bmatrix}$$

$$\boldsymbol{s}_1=\text{sigmoid}(\boldsymbol{u}_1)=\begin{bmatrix}0.646\\0.525\\0.622\end{bmatrix}$$

$$\boldsymbol{o}_1=\text{softmax}(\boldsymbol{V}\boldsymbol{s}_1)=\begin{bmatrix}0.459\\0.541\end{bmatrix}$$

此时使用交叉熵函数计算损失值：

$$L_1=-[0\times\log(0.459)+1\times\log(0.541)]=0.267$$

7.1.3 RNN 的反向传播

RNN 网络中参数更新常用的方法有随时间的反向传播（BPTT）和实时循环学习（RTRL）。它们都是基于梯度下降进行计算，但 BPTT 使用反向传播方式进行梯度更

新,RTRL 则使用前向传播进行梯度更新。实际中,由于 BPTT 算法在概念上更加简洁且在时间轴上计算时更加高效,因此成为 RNN 训练时最为常用的参数更新算法[1]。在 BPTT 算法中,误差不仅可以在空间上横向传播,还可以在时间轴上进一步传播,是对传统反向传播算法的一种拓展[14]。

下面结合 BPTT 算法介绍 RNN 的参数更新过程。RNN 时序展开图如图 7.4 所示。

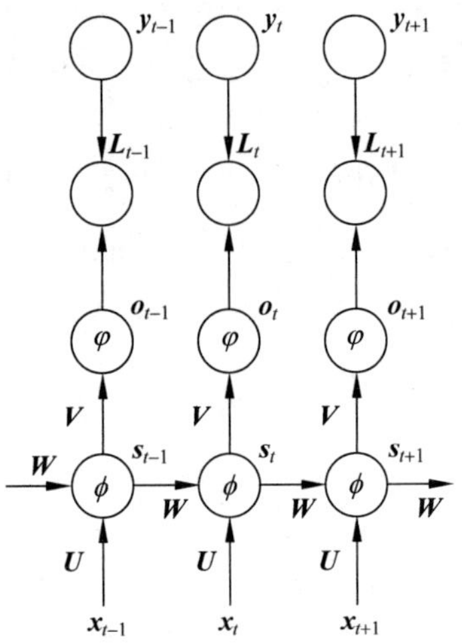

图 7.4 RNN 时序展开图

由图 7.4 可有 $\boldsymbol{o}_t=\varphi(\boldsymbol{V}\boldsymbol{s}_t)=\varphi(\boldsymbol{V}\phi(\boldsymbol{U}\boldsymbol{x}_t+\boldsymbol{W}\boldsymbol{s}_{t-1}))$,其中 $\boldsymbol{s}_0=\boldsymbol{0}=(0,0,\cdots,0)^{\mathrm{T}}$。设 $\boldsymbol{o}_t^*=\boldsymbol{V}\boldsymbol{s}_t$,$\boldsymbol{s}_t^*=\boldsymbol{U}\boldsymbol{x}_t+\boldsymbol{W}\boldsymbol{s}_{t-1}$。可得 $\boldsymbol{o}_t=\varphi(\boldsymbol{o}_t^*)$,$\boldsymbol{s}_t=\phi(\boldsymbol{s}_t^*)$。从而("*"表示 element wise 乘法,"×"表示矩阵乘法):

$$\frac{\partial \boldsymbol{L}_t}{\partial \boldsymbol{o}_t^*}=\frac{\partial \boldsymbol{L}_t}{\partial \boldsymbol{o}_t} * \frac{\partial \boldsymbol{o}_t}{\partial \boldsymbol{o}_t^*}=\frac{\partial \boldsymbol{L}_t}{\partial \boldsymbol{o}_t} * \varphi'(\boldsymbol{o}_t^*) \tag{7.5}$$

$$\frac{\partial \boldsymbol{L}_t}{\partial \boldsymbol{V}}=\frac{\partial \boldsymbol{L}_t}{\partial \boldsymbol{o}_t^*} * \frac{\partial \boldsymbol{o}_t^*}{\partial \boldsymbol{V}}=\left(\frac{\partial \boldsymbol{L}_t}{\partial \boldsymbol{o}_t} * \varphi'(\boldsymbol{o}_t^*)\right)\times \boldsymbol{s}_t^{\mathrm{T}} \tag{7.6}$$

可见梯度在空间结构上($\boldsymbol{o}_t \to \boldsymbol{s}_t \to \boldsymbol{x}_t$)传播时即为普通的反向传播算法。由 $\boldsymbol{L}=\sum_{t=1}^{T}\boldsymbol{L}_t$ 可知,$\boldsymbol{L}$ 对 $\boldsymbol{V}$ 的梯度为

$$\frac{\partial \boldsymbol{L}}{\partial \boldsymbol{V}}=\sum_{t=1}^{n}\left(\frac{\partial \boldsymbol{L}_t}{\partial \boldsymbol{o}_t} * \varphi'(\boldsymbol{o}_t^*)\right)\times \boldsymbol{s}_t^{\mathrm{T}} \tag{7.7}$$

事实上,RNN 进行反向梯度传播时除了在空间结构上进行,还要沿着时间通道传播($\boldsymbol{s}_t \to \boldsymbol{s}_{t-1} \to \cdots \to \boldsymbol{s}_1$),此时可以采用"循环"的方法计算各个梯度。

- 计算时间通道上的局部梯度

$$\frac{\partial \boldsymbol{L}_t}{\partial \boldsymbol{s}_t^*}=\frac{\partial \boldsymbol{s}_t}{\partial \boldsymbol{s}_t^*} * \left(\frac{\partial \boldsymbol{s}_t^{\mathrm{T}}\boldsymbol{V}^{\mathrm{T}}}{\partial \boldsymbol{s}_t}\times \frac{\partial \boldsymbol{L}_t}{\partial \boldsymbol{V}\boldsymbol{s}_t}\right)=\phi'(\boldsymbol{s}_t^*) * \left[\boldsymbol{V}^{\mathrm{T}}\times\left(\frac{\partial \boldsymbol{L}_t}{\partial \boldsymbol{o}_t} * \varphi'(\boldsymbol{o}_t^*)\right)\right] \tag{7.8}$$

$$\frac{\partial \boldsymbol{L}_t}{\partial \boldsymbol{s}_{k-1}^*}=\frac{\partial \boldsymbol{s}_k^*}{\partial \boldsymbol{s}_{k-1}^*}\times \frac{\partial \boldsymbol{L}_t}{\partial \boldsymbol{s}_k^*}=\phi'(\boldsymbol{s}_{k-1}^*) * \left(\boldsymbol{W}^{\mathrm{T}}\times \frac{\partial \boldsymbol{L}_t}{\partial \boldsymbol{s}_k^*}\right),\quad (k=1,2,\cdots,t) \tag{7.9}$$

- 利用局部梯度计算对 $\boldsymbol{U}$ 和 $\boldsymbol{W}$ 的梯度

$$\frac{\partial \boldsymbol{L}_t}{\partial \boldsymbol{U}}=\sum_{k=1}^{t}\frac{\partial \boldsymbol{L}_t}{\partial \boldsymbol{s}_k^*}\times \frac{\partial \boldsymbol{s}_k^*}{\partial \boldsymbol{U}}=\sum_{k=1}^{t}\frac{\partial \boldsymbol{L}_t}{\partial \boldsymbol{s}_k^*}\times \boldsymbol{x}_k^{\mathrm{T}} \tag{7.10}$$

$$\frac{\partial \boldsymbol{L}_t}{\partial \boldsymbol{W}}=\sum_{k=1}^{t}\frac{\partial \boldsymbol{L}_t}{\partial \boldsymbol{s}_k^*}\times \frac{\partial \boldsymbol{s}_k^*}{\partial \boldsymbol{W}}=\sum_{k=1}^{t}\frac{\partial \boldsymbol{L}_t}{\partial \boldsymbol{s}_k^*}\times \boldsymbol{s}_{k-1}^{\mathrm{T}} \tag{7.11}$$

同理,可以根据 $\boldsymbol{L}=\sum_{t=1}^{T}\boldsymbol{L}_t$ 得到 $\boldsymbol{L}$ 对 $\boldsymbol{U}$ 和 $\boldsymbol{W}$ 的梯度。在得到 $\boldsymbol{L}$ 关于各个参数的偏导数后,就可以进行参数更新:

$$\boldsymbol{V}:=\boldsymbol{V}-\lambda\frac{\partial \boldsymbol{L}}{\partial \boldsymbol{V}}$$

$$\boldsymbol{U}:=\boldsymbol{U}-\lambda\frac{\partial \boldsymbol{L}}{\partial \boldsymbol{U}} \tag{7.12}$$

$$\boldsymbol{W}:=\boldsymbol{W}-\lambda\frac{\partial \boldsymbol{L}}{\partial \boldsymbol{W}}$$

另一方面，从式(7.8)可以看出，每一个局部梯度$\frac{\partial \boldsymbol{L}_t}{\partial \boldsymbol{s}_k^*}$都会带着一个$\boldsymbol{W}$系数矩阵和一个激活函数对应的梯度，这意味着局部梯度受$\boldsymbol{W}$和激活函数的梯度的影响是指数级的，当使用常用的sigmoid激活函数，输入趋近函数两端时，激活函数的梯度会随着梯度传播而快速消失；当$\boldsymbol{W}$中元素过小时也会导致梯度的消失；当$\boldsymbol{W}$中元素过大时则会出现梯度爆炸；这一类问题统称为RNN的长期依赖问题，将在后续内容中进行介绍。

例7.2 现假设隐藏层激活函数ϕ为sigmoid函数，输出层激活函数φ为softmax函数，损失函数L_t为交叉熵函数，对此时的反向传播算法进行推导。

已知损失函数为交叉熵函数：

$$\boldsymbol{L}_t(\boldsymbol{o}_t,\boldsymbol{y}_t)=-[\boldsymbol{y}_t\log\boldsymbol{o}_t+(1-\boldsymbol{y}_t)\log(1-\boldsymbol{o}_t)]$$

可得到

$$\frac{\partial \boldsymbol{L}_t}{\partial \boldsymbol{o}_t}*\varphi'(\boldsymbol{o}_t^*)=\boldsymbol{o}_t-\boldsymbol{y}_t$$

$$\phi'(\boldsymbol{s}_t^*)=\phi'(\boldsymbol{s}_L^*)*(1-\phi'(\boldsymbol{s}_t^*))=\boldsymbol{s}_t*(1-\boldsymbol{s}_t)$$

从而

$$\frac{\partial \boldsymbol{L}}{\partial \boldsymbol{V}}=\sum_{t=1}^{n}(\boldsymbol{o}_t-\boldsymbol{y}_t)\times\boldsymbol{s}_t^{\mathrm{T}}$$

进一步计算局部梯度：

$$\frac{\partial \boldsymbol{L}_t}{\partial \boldsymbol{s}_t^*}=\boldsymbol{V}^{\mathrm{T}}\times\left(\frac{\partial \boldsymbol{L}_t}{\partial \boldsymbol{o}_t}*\varphi'(\boldsymbol{o}_t^*)\right)=[\boldsymbol{s}_t*(1-\boldsymbol{s}_t)]*[\boldsymbol{V}^{\mathrm{T}}\times(\boldsymbol{o}_t-\boldsymbol{y}_t)]$$

$$\frac{\partial \boldsymbol{L}_t}{\partial \boldsymbol{s}_{k-1}^*}=\boldsymbol{W}^{\mathrm{T}}\times\left(\frac{\partial \boldsymbol{L}_t}{\partial \boldsymbol{s}_t^*}*\varphi'(\boldsymbol{s}_{k-1}^*)\right)=[\boldsymbol{s}_{k-1}*(1-\boldsymbol{s}_{k-1})]*\left[\boldsymbol{W}^{\mathrm{T}}\times\frac{\partial \boldsymbol{L}_t}{\partial \boldsymbol{s}_t^*}\right],\quad(k=1,2,\cdots,t)$$

由此可以计算出如下相应梯度：

$$\frac{\partial \boldsymbol{L}_t}{\partial \boldsymbol{U}}=\sum_{k=1}^{t}\frac{\partial \boldsymbol{L}_t}{\partial \boldsymbol{s}_t^*}\times\boldsymbol{x}_k^{\mathrm{T}}$$

$$\frac{\partial \boldsymbol{L}_t}{\partial \boldsymbol{W}}=\sum_{k=1}^{t}\frac{\partial \boldsymbol{L}_t}{\partial \boldsymbol{s}_t^*}\times\boldsymbol{s}_{k-1}^{\mathrm{T}}$$

7.1.4 双向RNN

在前面介绍的简单RNN中，网络中状态只是随着时间向后进行传播，即网络中对时

刻 t 状态进行求解时只能用到 t 时刻以前序列 $\{\boldsymbol{x}_1,\boldsymbol{x}_2,\cdots,\boldsymbol{x}_{t-1}\}$ 以及当前输入 $\boldsymbol{x}_t$ 中蕴含的有效信息。然而在一些实际应用中，对于输出 $\hat{y}_t$ 的预测不仅依靠这种单向的时序关系，还需要从输入序列整体获取有效信息。例如，在进行词性标注任务时，对当前词词性进行判断时，需要结合前后若干个单词的词性才能进行准确的判断，双向 RNN(biRNN)就是为满足这种需求而被发明出来的(Schuster and Paliwal，1997)。之后在需要双向信息的任务中取得了成功的应用，如手写识别(Graves et al.，2008；Graves，Schmidhuber，2009)，语音识别(Graves，Schmidhuber，2005；Graves et al.，2013) 以及生物信息学(Baldi et al.，1999)[3]。

双向 RNN 结合时间上从序列起点开始移动的 RNN 和另一个时间上从序列末尾开始移动的 RNN[3]。图 7.5 即为 biRNN 的典型结构图，每一个输入位置都可以获取两个独立的状态变量 s_t^f 和 s_t^b。前向状态 s_t^f 基于 t 时刻以前的输入虚列，后向状态 s_t^b 基于 t 时刻之后的剩余序列。两状态由不同 RNN 产生，第一个 RNN 以序列 $\{\boldsymbol{x}_1,\boldsymbol{x}_2,\cdots,\boldsymbol{x}_t\}$ 作为输入，第二个 RNN 以序列 $\{\boldsymbol{x}_t,\boldsymbol{x}_{t+1}\cdots,\boldsymbol{x}_n\}$ 作为输入，最终使用前后状态向量拼接为状态 $\boldsymbol{s}_t$，t 时刻输出 $\boldsymbol{o}_t$ 为 $\boldsymbol{o}_t=\varphi[s_t^f;s_t^b]$，可知每一时刻网络的输出将有前后循环神经网络共同决定。向量 $\boldsymbol{o}_t$ 之后可用于接下来的预测，或作为更加复杂网络的输入。尽管两个 RNN 独立的运行，但是第 i 个位置的误差的梯度会同时传播到前向和后向两个 RNN[2]。

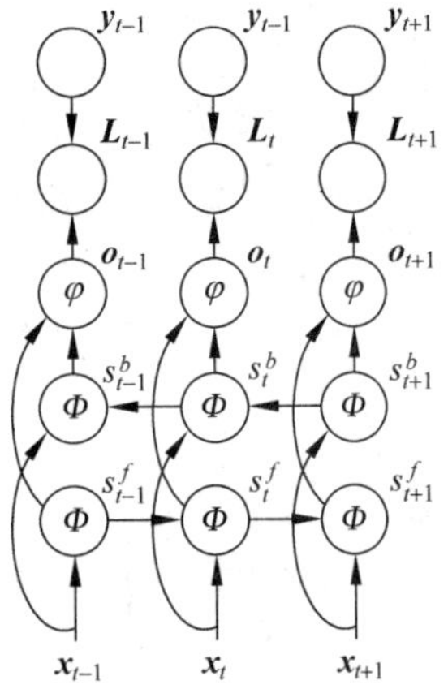

图 7.5　双向循环神经网络

7.1.5　基于编码-解码的序列到序列架构

通过前面的介绍，可以了解到 RNN 能够将输入序列映射为等长的输出序列，现在介绍一种基于 RNN 实现将输入序列映射到不等长的输出序列的架构，此 RNN 架构常称为编码-解码或序列到序列架构。其广泛应用于自然语言处理领域，如语音识别、机器翻译、聊天机器人等。此架构最初由 Cho(Cho et al.，2014a) 提出，经由 Sutskever(Sutskever et al.，2014)独立开发，并且首先使用此方法极大地改善了机器翻译的效果[3]。

Seq2Seq 架构主体由两个 RNN 构成：一个作为编码器；另一个作为解码器。编码器负责将输入序列 $X=\{x_1,x_2,\cdots,x_n\}$ 压缩为一定维度大小的向量，该向量即为输入序列的语义表示，此过程称为编码。解码器负责根据语义向量生成指定的序列 $Y=\{y_1,y_2,\cdots,y_m\}$，该过程称为解码。解码 RNN 存在 3 种利用语义向量的方式。

(1) 语义向量作为解码 RNN 的初始状态，只参与第一个时间步的运算，后续运算与之无关，如图 7.6(a)所示。

(2) 语义向量连接到每一个时间步中的隐藏单元，参与序列解码的每一步运算，如

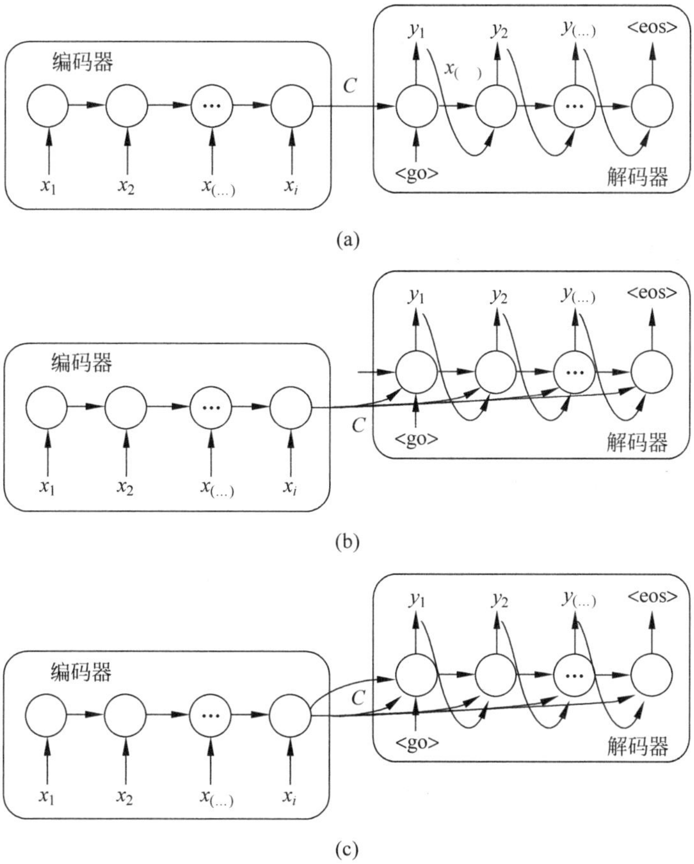

图 7.6 Seq2Seq 结构

图 7.6(b)所示。

(3) 语义向量首先作为解码 RNN 的初始状态赋值，再参与每一时间步的解码，如图 7.6(c)所示。

现在以使用图 7.6(c)中的连接方式的 Seq2Seq 模型为例，介绍模型如何训练。如图 7.6 所示，已有输入序列 $X=\{x_1,x_2,\cdots,x_n\}$，目标输出序列 $Y=\{y_1,y_2,\cdots,y_m\}$，解码起始标志< go >，解码终止标志< eos >。于是在 $x_1,x_2,\cdots,x_n$ 发生的情况下 $y_1,y_2,\cdots,y_m$ 发生的概率等于

$$
\begin{aligned}
& p(y_1,y_2,\cdots,y_m \mid x_1,x_2,\cdots,x_n) \\
= & \prod\nolimits_{t=1}^{m} p(y_t \mid x_1,x_2,\cdots,x_n,y_1,y_2,\cdots,y_{t-1}) \\
= & \prod\nolimits_{t=1}^{m} p(y_t \mid C,y_1,y_2,\cdots,y_{t-1})
\end{aligned} \tag{7.13}
$$

我们要做的就是在整个训练样本下，使所有样本的 $p(y_1,y_2,\cdots,y_m|x_1,x_2,\cdots,x_n)$概率之和最大化，对应的对数条件似然概率函数为 $\frac{1}{N}\sum_{n=1}^{N}\log(Y_n \mid X_n,\theta)$，其中 Y_n 和 X_n 为不同的输入和输出序列，θ 为待确定的模型参数。

虽然此架构可以实现序列到序列的条件生成，但 Bahdanau(Bahdanau et al.，2015)[4]在机器翻译中观察到，编码器输出的语义向量 $\boldsymbol{C}$ 的维度常因为太小而无法恰当地概括一个较长的序列，由此他们提出让语义向量 $\boldsymbol{C}$ 变成可变长度的序列，而不再是固定大小的向量。此外，还引入了将语义向量 $\boldsymbol{C}$ 的元素和输出序列元素相关联的注意力机制(attention mechanism)。后面将进行详细介绍。

7.2 长期依赖问题及优化

由前所述，我们知道 RNN 具有记忆的能力，可以很好地处理一般的序列问题，这些序列中不同位置间存在着或强或弱的依赖关系。针对不同的任务，需要捕获序列中不同单词间或长期或短期的依赖关系。如在序列词性标注任务中，对一个单词的词性进行准确的判断只需要知道前后有限个单词的词性即可，这种依赖关系在时间跨度上很小，RNN 有能力获取这种短期的依赖。但当遇到图 7.7(b)所示的情况，即预测结果需要依赖很长时间以前的信息时，长期依赖问题将限制 RNN 很难学习到这种信息。

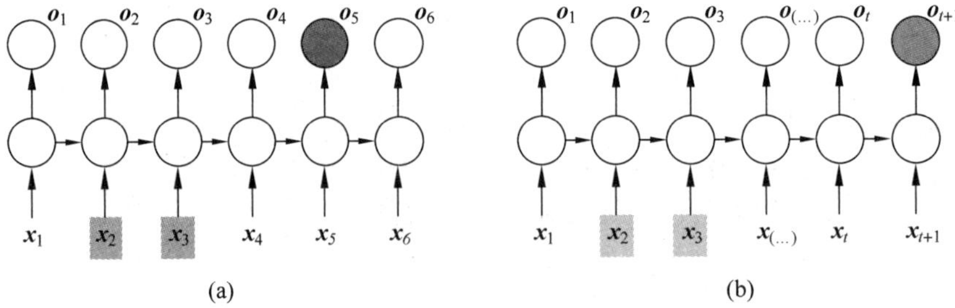

图 7.7　短期依赖和长期依赖

一般的长期依赖问题主要是指梯度消失和梯度爆炸，实际中只要是较为深层的神经网络都会面临这一问题，当使用 BP 算法进行参数更新时，激活函数 sigmoid 在其函数两端导数趋近 0，使得梯度也趋近 0，从而导致了梯度消失的情况。针对这种情况，常使用 relu 激活函数即可解决。而由于 RNN 需要在很长的时间序列上的每一时刻重复地应用相同的操作来构建深层的网络，且模型参数共享，这就使得长期依赖问题更加突出。因此，此处着重介绍由 RNN 不同时间步之间参数共享导致的梯度消失和梯度爆炸。下面通过一个简单的例子进行具体介绍[13]。

如图 7.8 所示，定义一个简化的 RNN，即假设 RNN 中所有激活函数都是线性的，除了每一时间步共享参数 $\boldsymbol{W}$ 外，其他权重矩阵都为 $\mathbf{1}$，省略偏置项，输入序列除了首位为 1，其他位都为 0，则根据已有知识，可得

$$\begin{aligned}\boldsymbol{s}_0 &= \mathbf{1}\\ \boldsymbol{s}_2 &= \boldsymbol{W}\\ \boldsymbol{s}_3 &= \boldsymbol{W}^2\\ &\vdots\\ \boldsymbol{s}_n &= \boldsymbol{W}^n\end{aligned} \tag{7.14}$$

可以看出，神经网络的输出是权重矩阵 $\boldsymbol{W}$ 的函数。假设 $\boldsymbol{W}$ 有特征值分解 $\boldsymbol{W}=\boldsymbol{V}\mathrm{diag}(\lambda)\boldsymbol{V}^{-1}$，进而有

$$\boldsymbol{W}^{\mathrm{T}}=(\boldsymbol{V}\mathrm{diag}(\boldsymbol{\lambda})\boldsymbol{V}^{-1})^{\mathrm{T}}=\boldsymbol{V}\mathrm{diag}(\boldsymbol{\lambda})^{\mathrm{T}}\boldsymbol{V}^{-1} \tag{7.15}$$

可知，当特征值 λ_i 不近似为 1 时，如在量级上大于 1 则会导致爆炸；如小于 1 则会导致消失。此时，梯度消失和爆炸问题指的是计算梯度时也会因为 $\mathrm{diag}(\boldsymbol{\lambda})^{\mathrm{T}}$ 大幅度变化。梯度消失将导致无法根据已有损失函数参数优化的方向，而梯度爆炸使得学习过程极度不稳定。

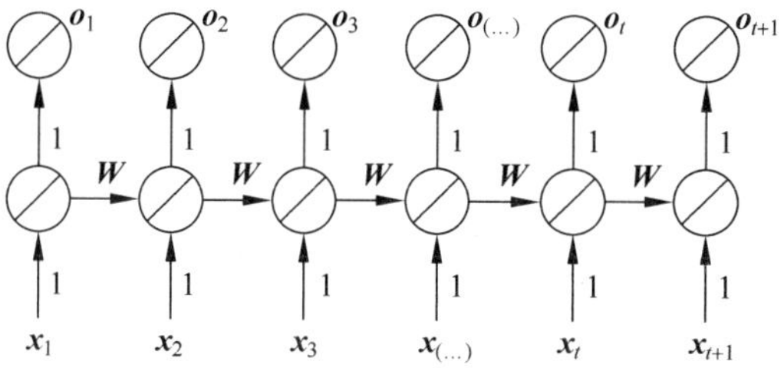

图 7.8 简化 RNN

针对梯度爆炸问题，常用梯度截断方法进行处理，首先设定一个阈值，当求得的梯度大于该阈值时，将该梯度乘以相应的缩放因子，使得各参数梯度始终在一定范围内。除此之外，还可以通过为相关参数添加正则项的方式，使梯度处于较小变化范围内，以避免出现梯度爆炸。

梯度消失问题相比于梯度爆炸要更难处理，目前最有效的方法是通过在学习模型上进行优化来解决。基于此，人们发明了基于门结构的 RNN，其中较为常见的有长短期记忆网络(LSTM)和门控循环单元(GRU)。

7.3 基于门结构的 RNN

7.3.1 门结构

一般 RNN 中，所有时间步隐藏层状态的更新都是根据网络输入和上一隐藏层状态进行的，即无论前一步信息重要与否，其对应的隐藏层向量都会用于当前步隐藏层状态的更新。换句话说，整个 RNN 的记忆状态在每一时间步都会被改写。此时，对记忆状态的更新是不受控制的。

如何使记忆状态的更新以一种可控的方式进行？假设现有记忆状态向量 $\boldsymbol{s}\in\mathbf{R}^n$，输入向量 $\boldsymbol{x}\in\mathbf{R}^n$，以及更新向量 $\boldsymbol{g}\in\mathbf{R}^n$，通过一个 sigmoid 函数，使向量 $\boldsymbol{s}$ 的数值被限定在(0,1)区间内，并且大部分值都处于边界位置即十分接近于 0 或 1。

$$\boldsymbol{s}^{*}=\sigma(\boldsymbol{g})\odot\boldsymbol{x}+(1-\sigma(\boldsymbol{g}))\odot\boldsymbol{s} \tag{7.16}$$

此时，$\sigma(\boldsymbol{g})\odot\boldsymbol{x}$ 即为一个门，通过向量之间的逐元素相乘读入了 $\boldsymbol{x}$ 中被 $\sigma(\boldsymbol{g})$ 中近似为 1

的值选中的那些入口，并把它们写入新的记忆 $\boldsymbol{s}^*$ 中，其他的没有读入的位置通过门 $(1-\sigma(\boldsymbol{g}))\odot\boldsymbol{s}$ 从记忆 $\boldsymbol{s}$ 中复制到新记忆 $\boldsymbol{s}^*$ 中。门结构如图 7.9 所示。

此时，门的取值可以由输入和前一时刻的状态共同决定，并可以通过反向梯度下降的方式进行训练。

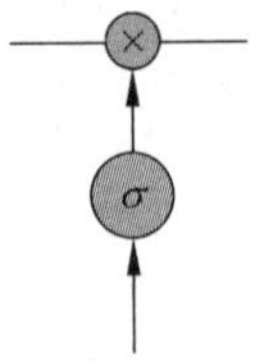

图 7.9　门结构

例 7.3　假设现有一状态向量 $\boldsymbol{s}=[5\quad 2\quad 4\quad 6\quad 1]^{\mathrm{T}}$，输入向量 $\boldsymbol{x}=[10\quad 13\quad 14\quad 11\quad 18]^{\mathrm{T}}$，更新权重向量 $\sigma(\boldsymbol{g})=[0\quad 1\quad 1\quad 0\quad 0]^{\mathrm{T}}$，计算经过图 7.9 门结构更新后的状态向量 $\boldsymbol{s}^*$。

使用式(7.16)易得

$$\boldsymbol{s}^*=\sigma(\boldsymbol{g})\odot\boldsymbol{x}+(1-\sigma(\boldsymbol{g}))\odot\boldsymbol{s}=\begin{bmatrix}0\\1\\1\\0\\0\end{bmatrix}\odot\begin{bmatrix}10\\13\\14\\11\\18\end{bmatrix}+\begin{bmatrix}1\\0\\0\\1\\1\end{bmatrix}\odot\begin{bmatrix}5\\2\\4\\6\\1\end{bmatrix}\rightarrow\begin{bmatrix}5\\13\\14\\6\\1\end{bmatrix}$$

可以看出，$\boldsymbol{x}$ 与 $\sigma(\boldsymbol{g})$ 中为 1 的对应位置上的数将用于更新状态，与 $\sigma(\boldsymbol{g})$ 中的其他位置对应的 $\boldsymbol{s}$ 中的值将被保存到新状态向量 $\boldsymbol{s}^*$ 中。

门结构是 LSTM 和 GRU 的基础构成，在每一时刻的记忆状态更新时，可以决定哪一部分记忆向量保留，哪一部分记忆向量被更新(忘记)。

7.3.2　LSTM

长短期记忆网络(Hochreiter & Schmidhuber，1997)一般也被写作 LSTM，它是一种特殊的 RNN，具有学习长时间依赖的能力。主要用于解决普通 RNN 面临的梯度消失问题。不需要做额外的修改，本身即具有保持长时间记忆的能力[5]。一个 LSTM 网络内部结构如图 7.10 所示，LSTM 结构中明确地将状态向量 $\boldsymbol{s}_t$ 分为两部分：一部分称为"记忆单元"($\boldsymbol{c}_t$)；另一部分称为运行记忆($\boldsymbol{h}_t$)。记忆单元用于保存跨时间的记忆以及梯度信息，同时受控于可微的门组件[2]。与一般 RNN 相比，LSTM 的内部构成更加复杂，主要增加了遗忘门、输入门和输出门这 3 个门控组件，下面逐步介绍 LSTM 内部的工作流程。

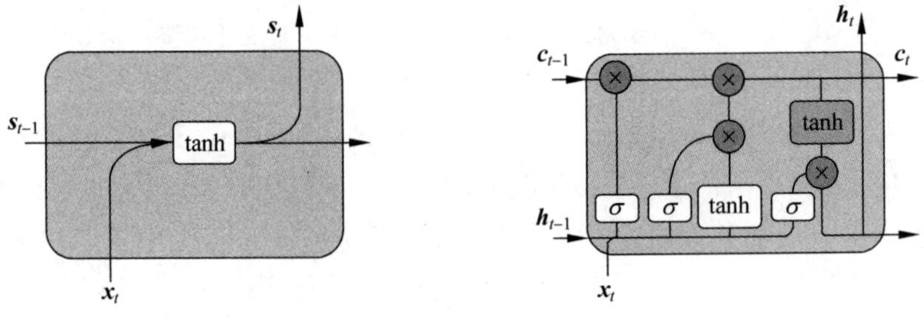

图 7.10　RNN 与 LSTM 内部结构对比

首先，对记忆状态中的哪些记忆应该被更新做出判断，这由遗忘门来实现，其原理如式(7.17)所示：

$$\boldsymbol{f}_t=\sigma(\boldsymbol{W}_f\cdot[\boldsymbol{h}_{t-1},\boldsymbol{x}_t]+\boldsymbol{b}_f) \tag{7.17}$$

使用 sigmoid 函数，以 $\boldsymbol{h}_{t-1}$ 和 $\boldsymbol{x}_t$ 为输入，为上一时刻记忆状态向量 $\boldsymbol{c}_{t-1}$ 中每一位生成 0～1 的数值，数值近似为 1 表示保留记忆向量中对应位置的记忆，近似为 0 则表示对应位置的记忆会被遗忘(更新)。

其次，将决定新输入内容中哪些部分会被保存到记忆向量中，这其中包括两个步骤：

(1) 由输入门决定需要更新的值。

(2) 由激活函数 tanh 创建更新候选项$\tilde{\boldsymbol{c}}_t$。

$$\boldsymbol{i}_t=\sigma(\boldsymbol{W}_i\cdot[\boldsymbol{h}_{t-1},\boldsymbol{x}_t]+\boldsymbol{b}_i) \tag{7.18}$$

$$\tilde{\boldsymbol{c}}_t=\tanh(\boldsymbol{W}_c\cdot[\boldsymbol{h}_{t-1},\boldsymbol{x}_t]+\boldsymbol{b}_c) \tag{7.19}$$

两者将同时用于下一步的对状态向量 $\boldsymbol{c}_t$ 的更新中。

现在对上一时刻记忆状态向量 $\boldsymbol{c}_{t-1}$ 进行更新，将 $\boldsymbol{c}_{t-1}$ 乘以 $\boldsymbol{f}_t$，遗忘掉已经被决定遗忘的部分，再加上用于更新的记忆向量候选值 $\boldsymbol{i}_t\odot\tilde{\boldsymbol{c}}_t$。

$$\boldsymbol{c}_t=\boldsymbol{f}_t\odot\boldsymbol{c}_{t-1}+\boldsymbol{i}_t\odot\tilde{\boldsymbol{c}}_t \tag{7.20}$$

最后，对输出值进行计算。第一步，由输出门来决定记忆状态中的哪些部分用于输出。第二步，将记忆状态向量 $\boldsymbol{c}_t$ 经过 tanh 作用，使数值处于－1～1。然后将两者相乘，得到最终决定的输出。

$$\boldsymbol{o}_t=\sigma(\boldsymbol{W}_o\cdot[\boldsymbol{h}_{t-1},\boldsymbol{x}_t]+b_o) \tag{7.21}$$

$$\boldsymbol{h}_t=o_t\cdot\tanh(\boldsymbol{c}_t) \tag{7.22}$$

通过添加这样的门机制在一定程度上避免了单一矩阵的重复相乘，从而缓解了梯度消失问题，且使得与记忆 $\boldsymbol{c}_t$ 相关的梯度即使跨越了较长时间也能得到很好的保存。

例 7.4 现已知 $\boldsymbol{h}_{t-1}=[0.2\quad 0.3\quad 0.4]^{\mathrm{T}}$，$\boldsymbol{c}_{t-1}=[0.1\quad 0.5\quad 0.7]^{\mathrm{T}}$，$\boldsymbol{x}_t=[0.3\quad 0.6\quad 0.9]^{\mathrm{T}}$，$\boldsymbol{W}_f$、$\boldsymbol{W}_i$、$\boldsymbol{W}_c$、$\boldsymbol{W}_o$ 分别为 $\begin{bmatrix}0.5&0.3&0.2\\0.7&0.3&0.4\\0.8&0.5&0.6\end{bmatrix}$、$\begin{bmatrix}0.1&0.2&0.3\\0.9&0.7&0.5\\0.4&0.6&0.8\end{bmatrix}$、$\begin{bmatrix}0.9&0.3&0.1\\0.3&0.7&0.5\\0.1&0.3&0.6\end{bmatrix}$、$\begin{bmatrix}0.5&0.6&0.7\\0.3&0.2&0.1\\0.6&0.7&0.8\end{bmatrix}$，为简化计算忽略各项的偏置，请计算 t 时刻向量 $\boldsymbol{h}_t$，$\boldsymbol{c}_t$(计算时统一保留小数点后两位)。

首先计算遗忘门，对记忆中应该被更新的部分进行判断：

$$\begin{aligned}\boldsymbol{f}_t&=\sigma(\boldsymbol{W}_f\cdot[\boldsymbol{h}_{t-1},\boldsymbol{x}_t]+\boldsymbol{b}_f)=\mathrm{sigmoid}(\boldsymbol{W}_f\cdot\boldsymbol{h}_{t-1}+\boldsymbol{W}_f\cdot\boldsymbol{x}_t)\\&=\mathrm{sigmoid}([0.78\quad 1.14\quad 1.63]^{\mathrm{T}})=[0.69\quad 0.76\quad 0.84]\end{aligned}$$

然后由输入门决定哪些输入部分用于更新：

$$\begin{aligned}\boldsymbol{i}_t&=\sigma(\boldsymbol{W}_i\cdot[\boldsymbol{h}_{t-1},\boldsymbol{x}_t]+\boldsymbol{b}_i)=\mathrm{sigmoid}(\boldsymbol{W}_i\cdot\boldsymbol{h}_{t-1}+\boldsymbol{W}_i\cdot\boldsymbol{x}_t)\\&=\mathrm{sigmoid}([0.62\quad 1.73\quad 1.78]^{\mathrm{T}})=[0.65\quad 0.85\quad 0.86]^{\mathrm{T}}\end{aligned}$$

此时创建更新候选项$\tilde{c}_t$：

$$\tilde{c}_t = \tanh(\boldsymbol{W}_c \cdot [\boldsymbol{h}_{t-1}, \boldsymbol{x}_t] + \boldsymbol{b}_c) = \tanh([0.85 \quad 1.43 \quad 1.10]^{\mathrm{T}}) = [0.69 \quad 0.89 \quad 0.80]^{\mathrm{T}}$$

现在对 $\boldsymbol{c}_{t-1}$ 进行更新：

$$\boldsymbol{c}_t = \boldsymbol{f}_t \odot \boldsymbol{c}_{t-1} + \boldsymbol{i}_t \odot \tilde{\boldsymbol{c}}_t = [0.07 \quad 0.38 \quad 0.59]^{\mathrm{T}} + [0.45 \quad 0.76 \quad 0.68]^{\mathrm{T}}$$
$$= [0.52 \quad 1.14 \quad 1.27]^{\mathrm{T}}$$

最后进行输出门计算，决定更新后的记忆状态向量中可以输出的部分：

$$\boldsymbol{o}_t = \sigma(\boldsymbol{W}_o \cdot [\boldsymbol{h}_{t-1}, \boldsymbol{x}_t] + \boldsymbol{b}_o) = \mathrm{sigmoid}(\boldsymbol{W}_o \cdot \boldsymbol{h}_{t-1} + \boldsymbol{W}_o \cdot \boldsymbol{x}_t)$$
$$= \mathrm{sigmoid}([1.70 \quad 0.46 \quad 1.97]^{\mathrm{T}}) = [0.85 \quad 0.61 \quad 0.88]^{\mathrm{T}}$$
$$\boldsymbol{h}_t = \boldsymbol{o}_t * \tanh(\boldsymbol{c}_t) = [0.85 \quad 0.61 \quad 0.88]^{\mathrm{T}} * [0.48 \quad 0.81 \quad 0.85]^{\mathrm{T}}$$
$$= [0.41 \quad 0.49 \quad 0.75]^{\mathrm{T}}$$

7.3.3 GRU

LSTM 是一个十分有效的 RNN 单元，在许多序列建模任务中都获得了最好的结果，但是从上述描述中可以发现其内部结构较为复杂，使得人们难以对其进行分析，且计算代价昂贵。门限循环单元(GRU)由 Cho 等于 2014 年提出，相比于 LSTM，其优势在于：在相同任务并达到相当效果的前提下，GRU 更容易进行训练，且在很大程度上提高了训练效率。下面将从 GRU 内部构成上解释 GRU 更容易训练的原因。

如图 7.11 所示，可以看出相比于 LSTM，GRU 内部只存在控制更新的门控 z 和控制重置的门控 r。更新门用于控制更新过程中前一状态$\tilde{s}_t$ 和更新状态$\tilde{s}_t$ 的比例系数，重置门用于控制忽略前一时刻状态信息的程度，数值越小则保留信息越少。

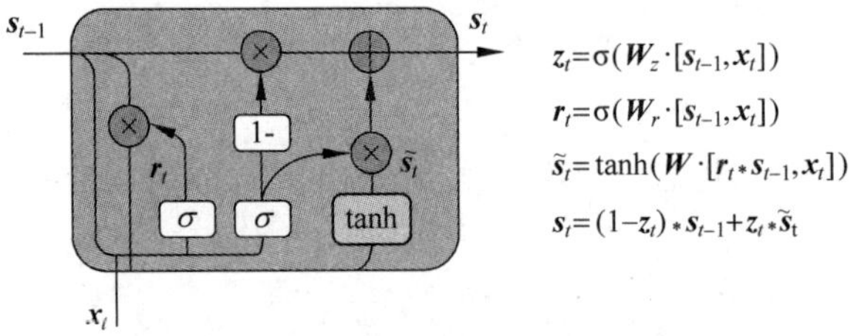

图 7.11 GRU 内部结构及公式化表示

首先，在得到门控信号 $\boldsymbol{r}_t$ 和 $\boldsymbol{z}_t$ 后，首先使用重置门控信号得到重置后的数据 $\boldsymbol{s}_{t-1}^{*} = \boldsymbol{r}_t \odot \boldsymbol{s}_{t-1}$，再与输入 $\boldsymbol{x}_t$ 进行拼接，最后经过 tanh 激活函数作用，将数据放缩到 $-1 \sim 1$，即得到重置后向量$\tilde{s}_t$。

然后，进行记忆更新阶段，其中主要包括遗忘和选择记忆两个步骤，但与 LSTM 不同的是，GRU 中只凭借更新门控 z 即可进行这两步，而在 LSTM 中需要使用遗忘门和输入门共同实现。最终得到网络输出为 $\boldsymbol{s}_t$，即是更新后的记忆向量。

7.4 注意力机制

7.4.1 NLP中注意力机制的起源

由于注意力机制在自然语言处理领域最早应用于机器翻译，所以我们将围绕机器翻译对注意力机制的起源进行介绍。在注意力机制被应用于机器翻译之前，最开始人们使用基于统计的方法，将源句分为多个块然后逐词翻译，最终翻译的结果是语言缺乏流畅性。之后人们将神经网络用于该任务，提出了序列到序列的架构，但是，基于一般 RNN 的神经机器翻译也存在一些缺点：

(1) RNN 是健忘的，无法长时间记忆；

(2) 解码时缺乏字对齐操作，使得焦点分散在整个序列中。

针对第一个缺点，人们使用 LSTM 或 GRU 可以在一定程度上缓解。针对第二个缺点，Bahdanau 等进行了一系列研究工作，并于 2014 年首次将注意力机制应用于机器翻译中，获得了当时最优的结果。如图 7.12 所示，对比一般 Seq2Seq 结构，注意力机制的应用主要体现在解码时每一步都会计算一个当前隐藏层状态 $\boldsymbol{s}_j^{\text{out}}$ 与输入序列每一单词编码所得的隐藏层状态 $\boldsymbol{s}_i^{\text{in}}$ 的注意力得分，从而得到一个与当前解码时间步对应的语义向量 $\boldsymbol{c}_j$。

$$e_{ji}=\text{attend}(\boldsymbol{s}_i^{\text{in}},\boldsymbol{s}_j^{\text{out}}) \tag{7.23}$$

$$\alpha_{ji}=\frac{e_{ji}}{\sum_i e_{ji}} \tag{7.24}$$

$$\boldsymbol{c}_j=\sum_i \alpha_{ji}\boldsymbol{s}_i^{\text{in}} \tag{7.25}$$

其中，$\text{attend}(\boldsymbol{s}_i^{\text{in}},\boldsymbol{s}_j^{\text{out}})$是对齐函数，用于衡量两个字之间的相似性，具有多种形式，7.4.2 节将做详细介绍。$\boldsymbol{c}_j$ 是对输入序列每一位编码向量进行加权平均后得到的，作为当前时间步所需的语义向量参与解码。然后 $\boldsymbol{c}_j$ 又与当前时间步状态 $\boldsymbol{s}_j^{\text{out}}$ 及上一时刻对应的目标字符 $\boldsymbol{y}_{j-1}$ 结合，以产生最后的预测输出。

$$y_j=f_y(\boldsymbol{s}_j^{\text{out}},y_{j-1},\boldsymbol{c}_j) \tag{7.26}$$

$$\boldsymbol{s}_{j+1}^{\text{out}}=\boldsymbol{f}_s(\boldsymbol{s}_j^{\text{out}},y_j) \tag{7.27}$$

式中，$\boldsymbol{f}_y$ 和 $\boldsymbol{f}_s$ 分别代表 RNN 中的输出层和隐藏层。整个过程重复进行，直至到达序列结尾。

通过添加注意力机制，一方面解决了 RNN 记忆力不足的问题，即在注意力打分时针对的是输入序列中的每一个字符，与序列本身的长度无关；另一方面，由于可以根据输入序列中每一个元素的注意力得分对其进行突出显示或权重降低，并且可以仅将注意力集中到序列中的重要部分，忽略无用或者无关紧要的部分，进而实现了软对齐。至此，基于注意力机制的模型开始广泛应用于 NLP 的各个领域并都获得了成功。

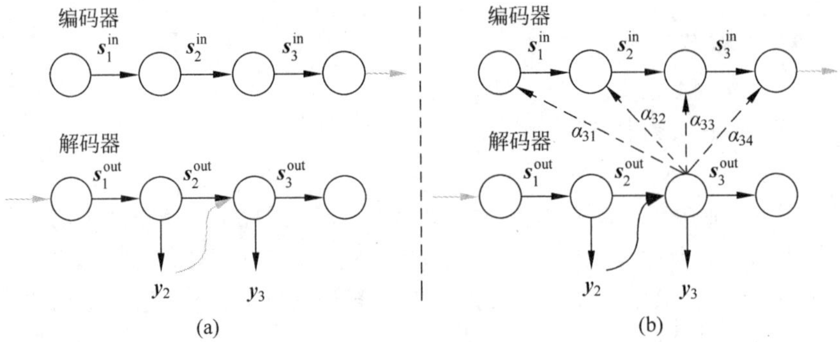

图 7.12 注意力机制

7.4.2 注意力机制的标准形式

7.4.1 节介绍了注意机制在机器翻译中的应用,本节将介绍注意力机制的标准化描述。定义输入序列对应的向量表示序列 $V=\{\boldsymbol{v}_i\}\in\mathbf{R}^{n\times d_{\boldsymbol{v}}}$,将 7.4.1 节中对应注意力机制的几个公式重写为

$$e_i=\text{attend}(\boldsymbol{u},\boldsymbol{v}_i) \tag{7.28}$$

$$\alpha_i=\frac{e_i}{\sum_i e_i} \tag{7.29}$$

$$c=\sum_i \alpha_i \boldsymbol{v}_i \tag{7.30}$$

其中,$\boldsymbol{u}\in\mathbf{R}^{d_u}$ 是一个特定于任务的模式向量,与向量序列 $\{\boldsymbol{v}_i\}$ 中的每一个元素使用注意力函数 attend$(\boldsymbol{u},\boldsymbol{v})$计算注意力得分 $e_i\in\mathbf{R}$,e_i 的数值大小可用于衡量不同字之间的关联程度。通常假设 $d_{\boldsymbol{u}}=d_{\boldsymbol{v}}=d$。关于注意力函数的选择,通常有以下几种:

$$\text{attend}(\boldsymbol{u},\boldsymbol{v})=\begin{cases}\boldsymbol{u}^{\mathrm{T}}\boldsymbol{v} & \text{点积模型}\\ \boldsymbol{u}^{\mathrm{T}}\boldsymbol{v}/\sqrt{n} & \text{放缩点积模型}\\ \boldsymbol{u}^{\mathrm{T}}\boldsymbol{W}\boldsymbol{v} & \text{双线性模型}\\ \boldsymbol{w}_2^{\mathrm{T}}\tanh(\boldsymbol{w}_1[\boldsymbol{u},\boldsymbol{v}]) & \text{加性模型}\\ \sigma(\boldsymbol{w}_2^{\mathrm{T}}\tanh(\boldsymbol{w}_1[\boldsymbol{u},\boldsymbol{v}]+b_1)+b_2) & \text{MLP}\end{cases} \tag{7.31}$$

它们都可以用于衡量一对元素之间的相似性。得到的注意力得分经过归一化后为 α_i,再与序列 $\{\boldsymbol{v}_i\}$ 进行加权平均后得到对应的语义向量 $\boldsymbol{c}\in\mathbf{R}^{d_u}$,随后 $\boldsymbol{c}$ 将作为额外的条件输入参与之后的下游任务中。可以发现,当$\boldsymbol{v}_i$ 与 $\boldsymbol{u}$ 具有较高匹配度时,$\boldsymbol{v}_i$ 将会得到一个很高的注意力得分,并在最后的语义向量 $\boldsymbol{c}$ 中起到主导作用,也就是说,在进行当前时刻预测输出 $\boldsymbol{y}_j$ 时,我们期望输入序列中与当前位目标字最相关的那些向量参与输出生成,即它们将获得较高的权重(注意力得分)。

例 7.5 结合图 7.12(b),现假设

$$s_1^{in} = [0.21 \quad 0.32 \quad 0.76]^T$$
$$s_2^{in} = [0.45 \quad 0.36 \quad 0.47]^T$$
$$s_3^{in} = [0.61 \quad 0.22 \quad 0.80]^T$$
$$s_4^{in} = [0.53 \quad 0.44 \quad 0.10]^T$$
$$s_4^{out} = [0.5 \quad 0.6 \quad 0.7]^T$$

计算此时的点积注意力向量。

解:

$$\boldsymbol{e} = \boldsymbol{s}_4^{out^T} \times [\boldsymbol{s}_1^{in} \quad \boldsymbol{s}_2^{in} \quad \boldsymbol{s}_3^{in} \quad \boldsymbol{s}_4^{in}] = [0.5 \quad 0.6 \quad 0.7]^T \times \begin{bmatrix} 0.21 & 0.45 & 0.61 & 0.53 \\ 0.32 & 0.36 & 0.22 & 0.44 \\ 0.76 & 0.47 & 0.80 & 0.10 \end{bmatrix}$$
$$= [0.829 \quad 0.77 \quad 0.997 \quad 0.599]$$
$$\boldsymbol{\alpha} = \text{softmax}(\boldsymbol{e}) = [0.255 \quad 0.240 \quad 0.302 \quad 0.203]$$
$$\boldsymbol{c} = \sum_{i=1}^{4} \alpha_i \boldsymbol{s}_i^{in} = [0.453 \quad 0.324 \quad 0.569]^T$$

7.4.3 注意力机制的变形

随着注意力在自然语言处理领域的广泛应用,在一定程度上解决了输入序列和目标序列由于时间跨度大导致无法建立长时间依赖关系的问题,并在许多一般性任务上都取得了最优的效果。但是,当我们面对一些更加复杂的任务时,使用一般注意力机制是不够的。因此,许多注意力机制的变体根据不同任务需求而被提出,表 7.1 中列出来几种典型变形[12]。下面逐一介绍这些变形后的注意力机制的具体原理。

表 7.1 注意力机制变形

注意力机制变形	用　途
Hierarchical Attention(分层注意力)	捕获目标序列不同层次之间的关系
Self-Attention(自注意力)	获取一句话中蕴含的深层语义信息
Memory-based Attention(基于记忆存储的注意力)	在复杂任务中发现隐藏依赖关系

1. Hierarchical Attention

面向文本分类任务,Yang 等[6]于 2016 年提出了 Hierarchical Attention,该模型主体思想是:一方面,结合文档本身由词到句再由句到文档的层次化结构,建立层次化的模型结构;另一方面,一个文档中不同的单词和句子本身具有差异性,且单词和句子的重要性高度依赖于语境,即相同的词或句子在不同语境时可能具有不同的重要性,结合此原因,每一层中都加入了注意力机制,一个在单词级别,一个在句子级别,使模型在构建文

档表示时着重学习或忽视某些词或句子。

Hierarchical Attention 网络结构如图 7.13 所示，主要包括 4 个部分：词编码器、词注意力层、句编码器、句注意力层。其中，词编码器和句编码器都是基于 GRU 的双向 RNN，用于分别生成单词级和句子级的上下文表示。然后再使用注意力机制获取单词级和句子级的编码：

$$h_{it} = \text{BiGRU}(x_{it}) \tag{7.32}$$

$$s_i = \sum_t \text{softmax}(\boldsymbol{u}_w^{\text{T}} h_{it}) \cdot h_{it} \tag{7.33}$$

$$h_i = \text{BiGRU}(s_i) \tag{7.34}$$

$$v = \sum_i \text{softmax}(\boldsymbol{u}_s^{\text{T}} h_i) \cdot h_i \tag{7.35}$$

其中，x_{it} 表示第 i 个句子中的第 t 个单词；softmax 相当于对注意力得分进行的归一化操作；h_{it} 和 h_i 代表对单词和句子的隐藏层向量表示；$\boldsymbol{u}_w$ 和 $\boldsymbol{u}_s$ 代表词级和句子级的上下文向量，训练时都进行随机初始化并与模型参数联合训练，分别用于衡量不同词和句子的重要程度。最终得到句子级的段落表示 $\boldsymbol{v}$ 后，将其作为逻辑回归层的输入进行分类预测。

$$p = \text{softmax}(W_c \boldsymbol{v} + b_c) \tag{7.36}$$

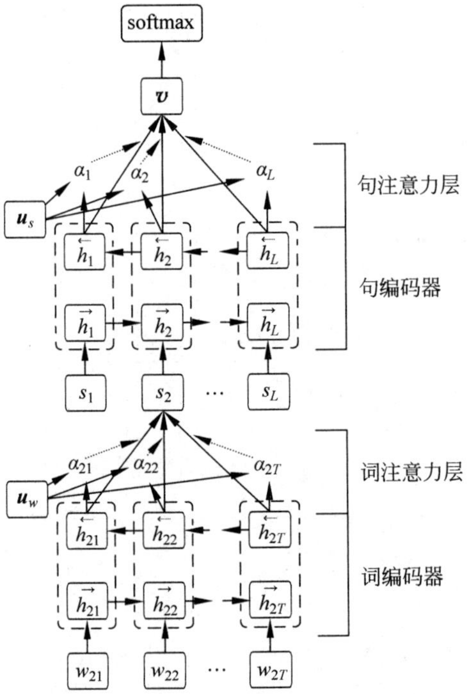

图 7.13　Hierarchical Attention 网络结构

由上述描述中可以得知用于文本分类的 Hierarchical Attention 采用的是自下而上的层次结构，除此之外还可以使用自上而下的结构进行局部和全局的重要信息提取，例如自上而下结构用于语法错误纠正任务中时[7]，首先使用单词级的注意力进行全局语法和流畅性纠错，再使用字符级的注意力进行局部的拼写错误纠正，实现了由全局到局部的语法纠正。

2. Self Attention

在基本形式注意力机制中，给定输入序列 $V=\{v_i\}$ 和模式向量 $\boldsymbol{u}$，使用 $\mathrm{attend}(\boldsymbol{u},v_i)$ 计算注意力得分，由于是通过来自输入序列外部的变量 $\boldsymbol{u}$ 和每个元素 v_i 匹配来计算注意力得分，这种注意力机制又称为外部注意力机制。相反地，自注意力机制中外部变量 $\boldsymbol{u}$ 被输入序列本身或部分序列所替代，因此自注意力机制又可以称为内部注意力机制，是关联单个序列不同位置的注意力机制，以便于计算序列的交互表示，已被证明在诸如阅读理解、文本摘要或图像描述生成领域十分有效。

自注意力机制可以解释为，序列 V 中的每一个单词 v_i 与 V 的内部模式向量 $\boldsymbol{v}'$ 匹配，匹配函数为 $\mathrm{attend}(\boldsymbol{v}',v_i)$，$\boldsymbol{v}'$ 很自然地选择为序列中其他单词 v_j，这样就可以计算成对注意力机制得分。为了完全获取序列中不同单词间的复杂关系，可以进行一步对序列中每一对单词计算注意力得分，即使序列中每一对单词间建立交互关系。

$$e_{ij}=\mathrm{attend}(v_i,v_j) \tag{7.37}$$

$$\alpha_{ij}=\mathrm{softmax}(e_{ij}) \tag{7.38}$$

另一方面，自注意力机制还可以以自适应方式学习复杂语境下的词向量表示。例如：

I arrived at the bank after crossing the street.

I arrived at the bank after crossing the river.

其中，单词"bank"在两句话中具有不同的意思，使用自注意力机制可以学习得到包含上下文语义信息的词嵌入向量，实现"bank"在不同语境下的解释。

此外，Vaswani [8]等人提出了完全基于自注意力机制的 Transformer 模型，并成功应用于机器翻译任务，取得了最优结果。Transformer 是一种完全抛弃 RNN 只使用注意力机制的新型 Seq2Seq 模型，内部的编码器和解码器都是由前馈层、多头注意力层顺序堆叠而成。要详细了解 Transformer 模型架构的可以参阅原论文 *Attention is all you need*。这里只对体现自注意力机制应用的多头注意力层进行介绍，多头注意力层结构如图 7.14 所示。

由图 7.14 可以看出，Multi-head Attention 由多个缩放点积注意力层构成，即进行一次多头注意力计算相当于并行的进行多次缩放点积注意力计算，计算得到的若干个独立注意力输出会被简单地进行拼接并线性转化为预期的维度。

$$\mathrm{MultiHead}(\boldsymbol{Q},\boldsymbol{K},\boldsymbol{V})=\mathrm{concat}(\mathrm{head}_1,\mathrm{head}_2,\cdots,\mathrm{head}_h)\boldsymbol{W}^O \tag{7.39}$$

$$\mathrm{head}_i=\mathrm{Attention}(\boldsymbol{Q}\boldsymbol{W}_i^{\boldsymbol{Q}},\boldsymbol{K}\boldsymbol{W}_i^{\boldsymbol{K}},\boldsymbol{V}\boldsymbol{W}_i^{\boldsymbol{V}}) \tag{7.40}$$

$$\mathrm{Attention}(\boldsymbol{Q},\boldsymbol{K},\boldsymbol{V})=\mathrm{softmax}\left(\frac{\boldsymbol{Q}\boldsymbol{K}^{\mathrm{T}}}{\sqrt{d_k}}\right)\boldsymbol{V} \tag{7.41}$$

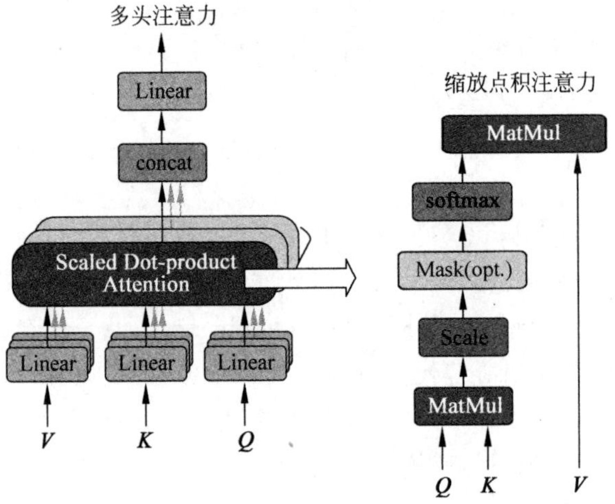

图 7.14　多头自注意力层

其中，W_i^Q、W_i^K、W^V 和 W^o 是需要学习的参数矩阵，编码器中使用这些参数矩阵将输入序列编码转化为查询向量 query，键值对向量(key，value)，即编码器中计算注意力时 $Q=K=V$[15]。可以看出编码器生成基于自注意力机制，可以从很长的上下文中获取深层的语义信息。

相比于编码器中的多头注意力机制，解码器中的加入了遮蔽的操作，将当前时刻以后的序列进行遮蔽，目的是在生成过程中模型只能依赖当前时刻以前的序列对当前时刻输出进行预测。

例 7.6　现假设使用 Transformer-Encoder 对输入序列进行编码，已知输入序列向量为 $[x_1^T, x_2^T, x_3^T]=\begin{bmatrix}0.24 & 0.36 & 0.32\\0.38 & 0.44 & 0.11\\0.46 & 0.96 & 0.47\end{bmatrix}$，且 W_i^Q、W_i^K、W_i^V 分别为 $\begin{bmatrix}0.44 & 0.76\\0.34 & 0.24\\0.26 & 0.16\end{bmatrix}$、$\begin{bmatrix}0.32 & 0.31\\0.46 & 0.18\\0.25 & 0.43\end{bmatrix}$、$\begin{bmatrix}0.54 & 0.22\\0.37 & 0.51\\0.46 & 0.77\end{bmatrix}$，计算此序列经过单个缩放点积注意力编码后的向量表示。

$$\text{Query}=[x_1^T, x_2^T, x_3^T]\times W_i^Q=\begin{bmatrix}0.24 & 0.36 & 0.32\\0.38 & 0.44 & 0.11\\0.46 & 0.96 & 0.47\end{bmatrix}\times\begin{bmatrix}0.44 & 0.76\\0.34 & 0.24\\0.26 & 0.16\end{bmatrix}=\begin{bmatrix}0.311 & 0.32\\0.345 & 0.412\\0.651 & 0.655\end{bmatrix}$$

同理可求得 **Key** 和 **Value** 分别为 $\begin{bmatrix}0.322 & 0.277\\0.352 & 0.244\\0.706 & 0.518\end{bmatrix}$ 和 $\begin{bmatrix}0.410 & 0.483\\0.419 & 0.412\\0.820 & 0.953\end{bmatrix}$。

缩放点积注意力得分向量：

$$\text{score}=\frac{\text{Query}\times\text{Key}^T}{\sqrt{3}}=\begin{bmatrix}0.109 & 0.108 & 0.223\\0.130 & 0.128 & 0.264\\0.226 & 0.225 & 0.461\end{bmatrix}$$

进行归一化后与 Value 相乘得到编码向量表示：

$$\text{softmax}(\textbf{score}) \times \textbf{Value} = \begin{bmatrix} 0.560 & 0.623 \\ 0.562 & 0.625 \\ 0.571 & 0.637 \end{bmatrix}$$

3. Memory-based Attention

为便于介绍 Memory-based Attention，现将标准形式注意力机制用 Self-Attention 中用到的($\boldsymbol{Q}$,$\boldsymbol{K}$,$\boldsymbol{V}$)的形式进行表述，设现有一列键值对$\{(k_i, v_i)\}$存储于查询向量 $\boldsymbol{q}$ 中。可将注意力机制重新定义为

$$e_i = \text{attend}(\boldsymbol{q}, k_i) \tag{7.42}$$

$$\alpha_i = \text{softmax}(e_i) \tag{7.43}$$

$$c = \sum_i \alpha_i v_i \tag{7.44}$$

可以将注意力计算解释为使用查询向量 $\boldsymbol{q}$ 在内存中的寻址过程，即基于注意力得分从内存中读取编码内容，这也是基于内存的注意力机制的基本形式。一般在许多文献中，记忆模块也等同于输入序列。同时值得一提的是，当键值对(k_i,v_i)中两者相等时，即为前面介绍的标准注意力，然而，基于记忆的注意力机制中由于添加了额外的函数而具有更好的可重用性和灵活性。

这样设计可以具体带来什么好处呢？例如当我们在处理问答型任务时，其中答案往往与问题间接相关，无法通过基本注意力机制解决。那么，该如何处理这种问题？Sukhbaatar 等人通过迭代记忆更新(Multi-hop)来将注意力逐步引导到答案的正确位置，即相当于模拟了简单地推理过程，最终实现了找到最佳答案的目标[9]。迭代过程如图 7.15 所示。

1. initialize q = question
2. $e_i = \text{attend}(q, \phi_k(k_i))$
3. $\alpha_i = \dfrac{\exp(e_i)}{\sum_i \exp(e_i)}$
4. $c = \sum_i \alpha_i \phi_v(v_i)$
5. $q = \text{update\_query}(q, c)$
6. goto step2

图 7.15 注意力迭代过程

由图 7.15 可知，每一步迭代后 query 中都会获得新的内容，然后再用更新后的 query 查询相关的内容。一种简单的更新方法是：$\boldsymbol{q}_{t+1} = \boldsymbol{q}_t + \boldsymbol{c}_t$，即将当前时刻查询向量与内容向量相加即可。更加复杂的方法包括构造跨查询和多个时间步长内容的循环网络[10]，或基于内容和位置信息导出结果[11]。

习题

1. 考虑多对一 RNN 结构适用于哪些自然语言任务，并画出多对一 RNN 的时间步展开图。

2. 你有一只宠物狗，它的心情在很大程度上取决于当前和过去几天的天气。你已经收集了过去一年中的天气数据$\{x_1, x_2, \cdots, x_{365}\}$，这些数据是一个序列，同时你还收集了狗心情的数据$\{y_1, y_2, \cdots, y_{365}\}$，你想建立一个模型实现从 x 到 y 的映射，此时应该使用单向 RNN 还是双向 RNN 来解决，为什么？

3. 假设目前正在训练如图 7.16 所示的 RNN 语言模型。

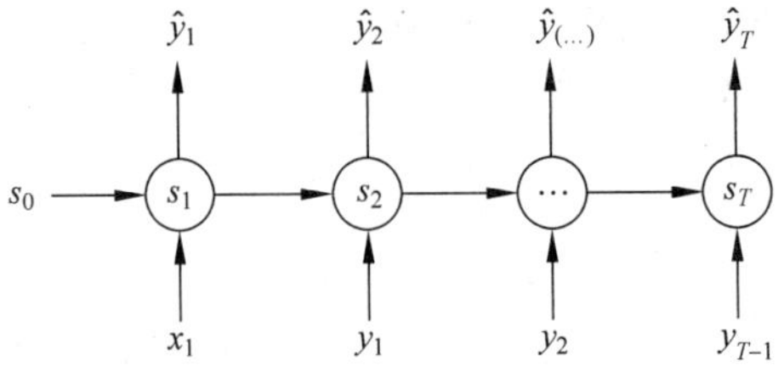

图 7.16　RNN 语言模型

请问在 t 时刻，RNN 在做什么？

4. 现在已经完成了对一个 RNN 语言模型的训练，并用它来对句子进行随机采样，如图 7.17 所示。

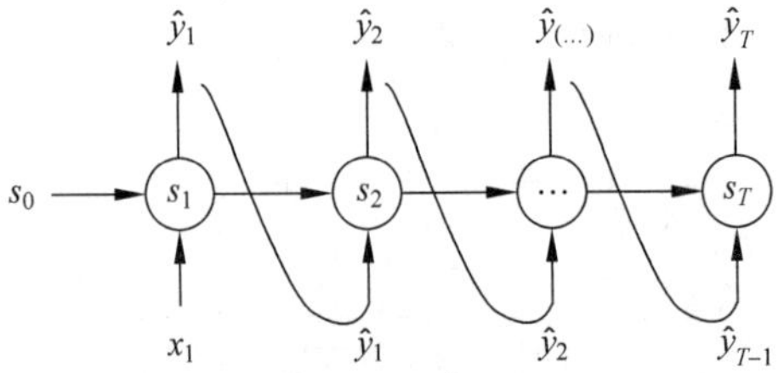

图 7.17　利用 RNN 语言模型进行采样

请问模型在每个时间步 t 都在做什么？

5. 假设你正在训练一个 RNN 网络，当你发现你的权重和激活值都是 NaN 时，请分析最有可能导致这种情况出现的原因。又该采用什么措施来解决？

6. 参照图 7.11 中 GRU 结构，现有两名同学针对进一步简化 GRU 提出了自己的看法，同学 1 提出移除门控 z_t 来简化 GRU，即设置 $z_t=1$。同学 2 提出移除门控 r_t 来简化 GRU，即设置 $r_t=1$。试分析哪一种简化后的模型更容易在梯度不消失问题的情况下训练，即使在很长的输入序列上也可以进行训练。

7. 与传统 RNN 相比使用了注意力机制的序列到序列框架的优势有哪些？注意力机制中目标序列的任意单词和源序列计算得到的注意力得分大小代表了什么？

8. 现有一个加入注意力机制的 Seq2Seq 模型隐藏单元数为 4，当前编码器对一个长度为 3 的输入序列编码后得到隐藏状态矩阵 $\boldsymbol{h}^{\mathrm{T}}=\begin{bmatrix}0.1 & 0.2 & 0.3 & 0.4\\ 0.2 & 0.4 & 0.6 & 0.8\\ 0.3 & 0.5 & 0.7 & 0.9\end{bmatrix}$，在第 t 步解码时的隐藏向量为 $\boldsymbol{s}=[0.1\quad 0.3\quad 0.5\quad 0.7]^{\mathrm{T}}$，求此时点积注意力机制下的上下文向量 $\boldsymbol{c}$。

9. 自注意力机制和一般注意力机制有什么区别？为什么它可以作为 Transformer 的主体而得到广泛应用？

参考文献

[1] Graves A. *Supervised Sequence Labelling with Recurrent Neural Networks*[M]. Springer，2012.

[2] 余培. 基于深度学习算法的评论情感分析研究[D]. 南京：南京信息工程大学，2019

[3] Yoshua B，Ian G，Aaron C. *Deep Learning*[M]. MIT Press，2016.

[4] Bahdanau D，Cho K，Benjio Y. Neural Machine Translation by Jointly Learning to Align and Translate[C]. ICLR. arXiv：1409.0473，2015.

[5] Colah's blog. Understanding LSTM Networks[EB/OL]. http://colah.github.io/posts/2015-08-Understanding-LSTMs/.

[6] Yang Z C，Yang D Y，Dyer C，et al. Hierarchical Attention Networks for Document Classification [C]. *ACL*，2016.

[7] Ji J，Wang Q，Toutanova K，et al. A nested attention neural hybrid model for grammatical error correction[C]. *arXiv preprint arXiv*：1707.02026，2017.

[8] Vaswani A，Shazeer N，Parmar N，et al. Attention is All You Need[C]. NIPS. arXiv：1706.03762，2017.

[9] Sukhbaatar S，Weston J，Fergus R，et al. End-to-end memory networks[C]. *In Advances in neural information processing systems*，2017：2440-2448.

[10] Kumar A，Irsoy O，Ondruska P，Iyyer，M.；Bradbury，J.；Gulrajani，I.；Zhong，V.；Paulus，R.；and Socher，R. 2016. Ask me anything：Dynamic memory networks for natural language processing. *In International Conference on Machine Learning*，1378-1387.

[11] Graves A，Wayne G，Danihelka I. Neural turing machines[C]. *arXiv preprint arXiv*：1410.5401，2014.

[12] Hu D C. An Introductory Survey on Attention Mechanisms in NLP Problems[C]. *arXiv*：1811.05544，2018.

[13] 磐创 AI. 常用 RNN 网络结构及依赖优化问题.

[14] Boden M. A guide to recurrent neural networks and backpropagation. Halmstad University.

[15] Alammar J. The illustrated transformer[EB/OL]. https://jalammar.github.io/illustrated-transformer.

第8章 分类与聚类

在人工智能领域中，计算机是不可或缺的基础，而数学作为计算机科学的理论基础，自然也是人工智能的重要基础。诺贝尔经济学奖获得者 Thomas J. Sargent 甚至曾经表示，人工智能其实就是统计学。这种说法虽然不够准确，但无论是在深度学习模型识别图片过程中，还是在自然语言处理过程中，概率统计学理论的基本定理都作为重要的研究工具起到了重要作用。不仅如此，一个人工智能模型能够最终训练成功，其必要条件就是通过数学工具证明其可以达到稳定状态。

本章主要描述了部分概率与统计知识在人工智能中的应用。概率作为表示不确定陈述的数学框架，为量化不确定性和公理提供了方法，能够用于推导新的不确定语句。在人工智能应用中，通常用以下两种方式来对概率论知识加以应用。第一，概率定律告诉我们人工智能系统应该如何推理，由此设计相应的算法来计算或近似使用概率理论导出的各种表达式。第二，可以用相关方法，从理论上分析所提出的人工智能系统行为。其中的分类与聚类思想方法在许多科学和工程学科中都有应用。本章内容即从此角度出发，帮助读者了解相关背景。

8.1 基于判别函数的分类方法

本节主要讨论在有监督情况下的(已知先验知识)确定性简单样本的分类问题，重点讲解几种常见的根据几何条件进行分类方法。虽然这类方法是针对确定性模式分类问题而提出对应方法，但是其中一些结果也可以应用于解决随机模式的分类问题。

8.1.1 广义判别函数法

1. 判别函数的定义

判别函数(Discriminant Function)是指直接对样本进行分类的准则函数，也称为判决函数或决策函数。例如，对于如图 8.1 所示的两类样本，试图找到一个函数 $G(x)=0$ 来将已知被测样本 ω_1 和 ω_2 分为两种不同的类型，且同一类别样本归于同一区域。对于一个二维的两类问题而言，所有的模式样本都分布在一个二维平面中，因此可以设未知样本 X 为 $X=\{x_1,x_2\}$，其中 x_1,x_2 为坐标变量。也就是说，如果存在一条直线能够将这些样本划分开来，使其分别属于两种不同的模式，并且对于未知的样本也能够起到较好的分类效果，那么这条直线就成为一个识别分类的依据。此处的直线方程可以表示为

$$G(x)=\omega_1 x_1+\omega_2 x_2+\omega_3=0 \tag{8.1}$$

其中，x_1,x_2 为坐标变量，$\omega_1,\omega_2,\omega_3$ 为方程参数。

可以看出，在图 8.1 中，如果将未知样本 X 代入 $G(x)$，则应该有下面的结果：

若 $G(x)>0$，说明 $X\in\omega_1$。

若 $G(x)<0$，说明 $X\in\omega_2$。

若 $G(x)=0$，则任意判为属于 ω_1、ω_2 或拒绝判决。

其中判别函数的正负侧是判别函数器在训练判别函数权值的学习过程中形成并进一步确定的。对于一个两类问题，训练判别函数的方法通常就是输入已知的训练样本 X，当 $X\in\omega_1$ 时，定义 $G(x)>0$；当 $X\in\omega_2$ 时，定义 $G(x)<0$。以此使得其结果表现为 ω_1 类和 ω_2 类分别在 $G(x)$的"+""−"两侧。$G(x)$作为一种分类的标准，不仅仅局限于一维、二维或三维，也可以推广至任意有限维的欧氏空间中。

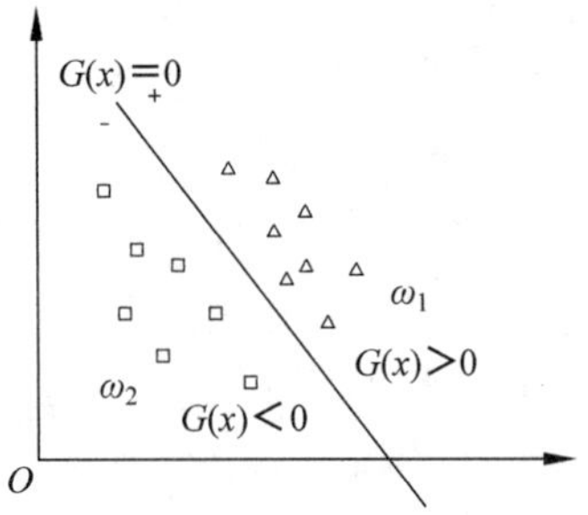

图 8.1　两类二维模式的分布图

然而，上述情况是非常理想的情况，在实际情况中，类别模式并不一定都是线性可分的，也存在非线性可分的情况，就需要用非线性判别函数来进行分类，此时的判别函数所代表的就是特征空间中的一些超平面的组合。

2. 非线性多项式的定义

非线性判别函数的形式之一就是非线性多项式。由非线性多项式函数构成的判别函数的一般形式如式(8.2)所示：

$$G(x)=\omega_1 f_1(X)+\omega_2 f_2(X)+\cdots+\omega_k f_k(X)+\omega_{k+1}=\sum_{i=1}^{k+1}\omega_i f_i(X) \tag{8.2}$$

其中$\{f_i(X),i=1,2,\cdots,k\}$为样本 X 的单值实函数，$f_{k+1}(X)=1$。且式(8.2)的形式及项数取决于样本类别之间非线性边界的复杂程度。

3. 广义线性判别函数

设 n 维训练样本集$\{\boldsymbol{X}\}$在样本空间 $\boldsymbol{X}$ 中并不是线性可分的，其非线性判别函数形式为式(8.2)。通过引入非线性变换，可以将此问题转变为一个线性可分的问题进行求解。此处则是将 $\boldsymbol{X}$ 变化到新的空间中，实现对应的线性变换。由此进一步定义广义的样本向量为

$$\boldsymbol{X}^*=[f_1(X),f_2(X),\cdots,f_k(X),1]^{\mathrm{T}} \tag{8.3}$$

则式(8.2)可进一步改写为

$$G(\boldsymbol{X})=\boldsymbol{W}^{\mathrm{T}}\boldsymbol{X}^*=G(\boldsymbol{X}^*) \tag{8.4}$$

其中$\boldsymbol{W}=[\omega_1,\omega_2,\cdots,\omega_k,\omega_{k+1}]$为增广权向量，增广权向量所在的 k 维空间成为$\boldsymbol{X}^*$空间($\boldsymbol{X}^*$空间的维数 k 大于$\boldsymbol{X}$ 空间的维数 n)。此时的 $G(\boldsymbol{X}^*)$即为 $\boldsymbol{X}^*$ 的线性函数，由此完成从非线性判别函数到线性判别函数的转换，故将 $G(\boldsymbol{X}^*)$称为广义线性判别函数。

例 8.1　如图 8.2 所示的一维特征空间 X^1 中，如何通过适当的非线性变换找到广义线性判别函数将样本分成两类？

解：通过设置两个分界点来使得分类正确，设这两个分界点分别为 $x=a$ 和 $x=b$，则相应的决策面所具有的形式如下：

$$G(x)=(x-a)(x-b)=x^2-(a+b)x+ab \tag{8.5}$$

判决规则为

$$\begin{cases}\text{若 } x<a \text{ 或 } x>b & \text{则 } x\in\omega_1 \\ \text{若 } a<x<b & \text{则 } x\in\omega_2\end{cases}$$

等价为

$$\begin{cases}G(x)>0 \\ G(x)<0\end{cases} \Rightarrow \begin{cases}x\in\omega_1 \\ x\in\omega_2\end{cases} \tag{8.6}$$

定义如下所需变换

$$y_1=x^2,\quad y_2=x$$

则对应决策函数线性形式如下：

$$G(Y)=c_1y_1+c_2y_2+c_3 \tag{8.7}$$

使得新的特征空间 Y^2 中的样本分布如图 8.3 所示。

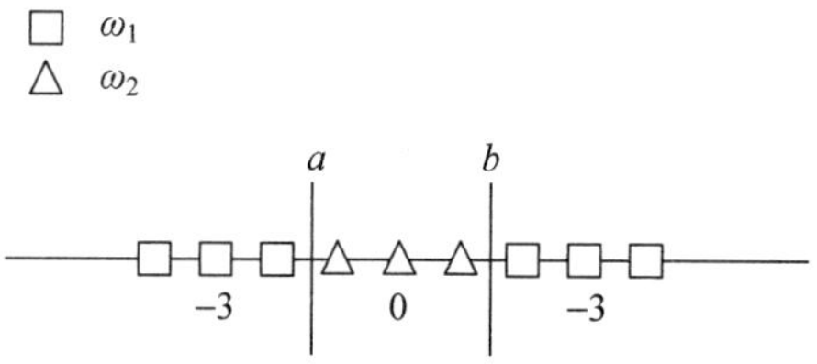

图 8.2　一维特征空间中的线性可分

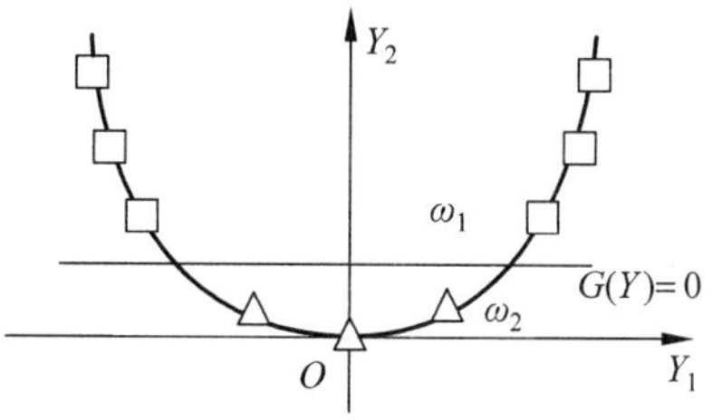

图 8.3　二维特征空间中的线性可分

综上所述，广义线性判别函数法在一定程度上能够解决非线性可分问题，但是当样本分布的先验知识不足时，尤其是当对应的特征空间是一个高维空间时，通常会选择使用次数较高的多项式对函数进行逼近，从而使得维数大大增加，导致“维数灾难”的产生（“维数灾难”：一个在低维空间中很好解决的问题，当把同样的问题放到高维空间中时，问题就变得难以求解）。因此非线性变化也可能会变得很复杂，此时，如何选择合适的非线性变换就成为一个待解决的问题。

8.1.2　分段线性判别函数法

分段线性逼近是避免非线性的可分问题中“维数灾难”产生的一种重要方法，即利用分段线性判别函数来代替非线性判别函数，从而完成分类。从整体上看，分段线性判别函数所构成的界面仍然是非线性界面，但从局部来看，分界面是一些超平面段，这使得非线性判别函数的适应能力比较强，能够逼近各种形状的超曲面。

如图 8.4 所示的线性不可分的两类模式，采用线性判别函数时的效果并不理想，而采用非线性判别函数和分段线性判别函数的方法对界面进行划分时，则能够取得较理想的划分效果。

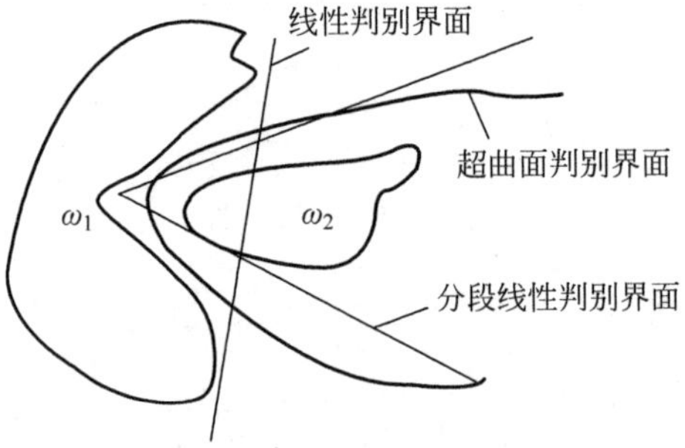

图 8.4 分段线性判别函数

观察图 8.4 可以看出,分段线性超平面和一般的超平面都能成功把两种类型分开,但两者相比,分段线性超平面更简单,错误率也较低。下面对几种常见的分段线性判别函数进行介绍。

1. 基于距离的分段线性判别函数

设共有 M 个类别,其中 ω_i 类中存在 l_i 个子类,即

$$\omega_i:\{\omega_i^1,\omega_i^2,\cdots,\omega_i^n\} \quad i=1,2,\cdots,M \tag{8.8}$$

对于第 n 个子类的中心为 $\boldsymbol{M}_i^n$,则对每一个子类定义一个判别函数为

$$G_i^n(\boldsymbol{X})=\|\boldsymbol{X}-\boldsymbol{M}_i^n\|^2 \quad n=1,2,\cdots,l_i;\ i=1,2,\cdots,M \tag{8.9}$$

定义每一类别的判别函数为

$$G_i(\boldsymbol{X})=\min\{G_i^n(\boldsymbol{X}),n=1,2,\cdots,l_i\} \quad i=1,2,\cdots,M \tag{8.10}$$

可进一步得出分类判决规则

$$\text{若 } G_i(\boldsymbol{X})=\min\{G_i^n(\boldsymbol{X})\} \quad i=1,2,\cdots,M,\text{则 } \boldsymbol{X}\in\omega_i \tag{8.11}$$

以距离为基准确定线性判别函数分界面如图 8.5 所示,这种分类器也称为线性距离分类器。

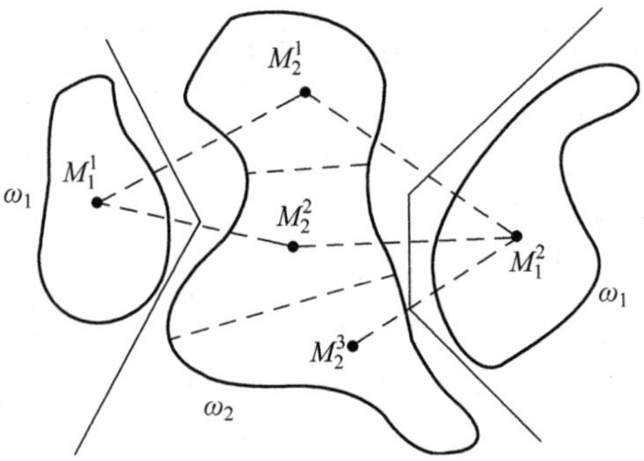

图 8.5 基于距离的分段线性判别函数

2. 一般分段线性判别函数

设共有 M 个类别，其中 ω_i 类中存在 l_i 个子类，第 n 个子类的判别函数定义为

$$G_i^n(\boldsymbol{X})=(\boldsymbol{W}_i^n)^{\mathrm{T}}\boldsymbol{X},\quad n=1,2,\cdots,l_i;i=1,2,\cdots,M \tag{8.12}$$

再对每一类定义一个判别函数，其中第 ω_i 类的判别函数为

$$G_i(\boldsymbol{X})=\max\{G_i^n(\boldsymbol{X}),n=1,2,\cdots,l_i\} \tag{8.13}$$

进一步得出决策规则为

$$若\ G_j(\boldsymbol{X})=\max\{G_i^n(\boldsymbol{X}),i=1,2,\cdots,M\},则\ X\in\omega_j \tag{8.14}$$

由两类问题的分段线性判别函数的决策面如图 8.6 所示。

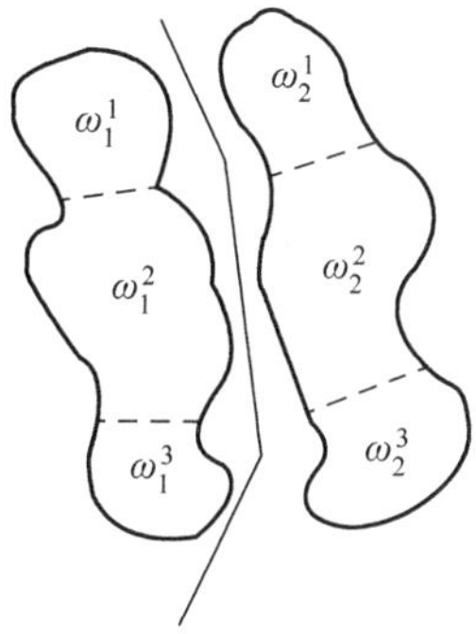

图 8.6 分段线性判别函数的决策面

8.2 基于已知样本类别的分类方法

在 8.1 节中，在各类别几何可分的情况下，介绍了可监督情况下的判别函数分类法。然而在实际应用中样本本身就可能存在不确定性，不仅如此，各样本间也可能存在着混杂重叠的情况。若此时仍然使用上文的判别函数分类法，其中的特征选择就成为一个难以解决的问题。故在本节介绍一种新的解决问题的角度，即在相关特征已经选择确定的情况下，根据所观测样本的统计特性来确定相应的判决规则。在进行判决规则的确定(分类器的设计)之前，需要估计相关的类条件概率密度，估计方法大致分为两类：一类为参数估计法，通常在类条件概率密度已知但相关参数未知的情况下使用；另一类为非参数估计法，通常在类条件概率密度和相关参数均未知的情况下使用。下面先介绍一些基础概念知识，再分别对两种方法进行简单介绍。

先验概率：一般来源于经验或者历史资料，若整个观测样本可分为 $\omega_1,\omega_2,\cdots,\omega_N$ 共 N 个类别，$P(\omega_1),P(\omega_2),\cdots,P(\omega_N)$表示相应的先验概率，则有

$$P(\omega_1)+P(\omega_2)+\cdots+P(\omega_N)=1 \tag{8.15}$$

条件概率密度：记为 $p(X|\omega)$，表示在已知该观测样本属于某一类别 ω_i 的条件下，观测样本是 X 的概率密度函数。以此对 ω_i 类样本所在的特征空间进行反映。

后验概率：记为 $P(\omega|X)$，定义为被观测样本确认是 X 的情况下，属于某一类别 ω_i 的概率。可以由贝叶斯公式求得，也可以直接当作分类判据。

全概率公式为

$$p(X)=\sum_i p(X\mid\omega_i)P(\omega_i) \tag{8.16}$$

贝叶斯公式为

$$p(X)=p(\omega_i \mid X)=\frac{p(X \mid \omega_i)P(\omega_i)}{\sum_i p(X \mid \omega_i)P(\omega_i)} \tag{8.17}$$

注意：在本章中概率用大写字母表示，概率密度用小写字母表示。

8.2.1 参数估计法

可用于参数估计(Parametric Estimation)的方法也可分为常见的两种：极大似然估计和贝叶斯估计，其中前者通常用于被估计参数确定但未知的情况，而后者则通常用于被估计参数本身具有某种分布的随机变量的情况。

1. 极大似然估计(Maximum Likelihood Estimation)

首先，设有监督的样本集包含的类别数为 M，将各个样本根据所属类别划分为 M 个子集，这 M 个子集可分别表示为 $\ell_1,\ell_2,\cdots,v_M$。其中 $\ell_i=\{X_{i,1},X_{i,2},\cdots,X_{i,n_i}\}$ 内的样本都属于 ω_i 类。其次，假设各样本均服从于 $p(X|\omega_i)$ 的分布，$p(X|\omega_i)$ 的形式确定而只是参数(设为 θ_i)未知时，只需要利用所观测样本确定参数集 θ_i，便可进一步估计 $p(X|\omega_i)$。此时，为了强调 θ_i 在此估计中的重要性，常用 $p(X|\theta_i)$ 或者 $p(X,\omega_i|\theta_i)$ 来代替 $p(X|\omega_i)$ 进行表示。极大似然估计示意图如图 8.7 所示。

为进一步简化问题，假设各类别间的样本是相互独立的，则各子集内属于 ω_i 类的样本 $\ell=\{X_1,X_2,\cdots,X_n\}$，$X_k \overset{\text{n.n.d}}{\sim} p(X|\theta)$，$k=1,2,\cdots,n$。得到联合概率密度

$$p(\ell \mid \theta)=p(X_1,X_2,\cdots,X_n \mid \theta)=\prod_{k=1}^{n} p(X_k \mid \theta) \tag{8.18}$$

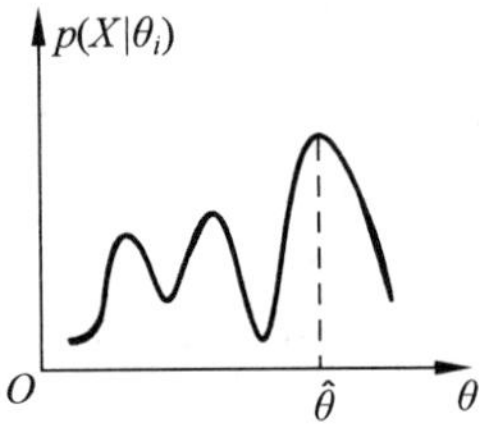

图 8.7 极大似然估计示意图

则极大似然估计的步骤如下：

(1) 根据给定样本子集 $l=\{X_1,X_2,\cdots,X_n\}$，选择不同的 θ 值利用式(8.18)进行计算，确定 $p(\ell|\theta)$ 的分布。

(2) 选择使 $p(\ell|\theta)$ 最大化的 θ 取值作为 θ 的极大似然估计。

具体得到参数集 θ 的方法如下：

取 $p(\ell|\theta)$ 得对数形式作为相应的似然函数

$$\ln p(\ell \mid \theta)=\ln\prod_{k=1}^{n} p(X_k \mid \theta)=\sum_{k=1}^{n}\ln p(\ell \mid \theta) \tag{8.19}$$

对式(8.19)求偏导并令其等于 0

$$\frac{\partial}{\partial\theta}\ln p(\ell \mid \theta)=\frac{\partial}{\partial\theta}\ln\prod_{k=1}^{n} p(X_k \mid \theta)=\frac{\partial}{\partial\theta}\sum_{k=1}^{n}\ln p(\ell \mid \theta)=0 \tag{8.20}$$

求解式(8.20)即可得到 θ 的极大似然估计。

注意：式(8.20)只是获得 θ 的极大似然估计的必要条件，并不是所有的解都能够使给定的似然函数最大化。

例 8.2 设 $X_1, X_2, \cdots, X_n$ 是 $N(\mu, \delta^2)$ 的样本，求 μ 和 δ^2 的极大似然估计。

解：

$$L(\mu, \sigma^2) = \frac{1}{(2\pi)^{\frac{\pi}{2}} (\sigma^2)^{\frac{\pi}{2}}} \exp\left\{ -\frac{\sum_{i=1}^{n} (X_i - \mu)}{2\sigma^2} \right\}$$

$$\ln L(\mu, \sigma^2) = -\frac{n}{2}\ln 2\pi - \frac{n}{2}\ln \sigma^2 - \frac{\sum_{i=1}^{n} (X_i - \mu)^2}{2\sigma^2}$$

$$\begin{cases} \dfrac{\partial \ln L(\mu, \sigma^2)}{\partial \mu} = \dfrac{1}{\sigma^2} \sum_{i=1}^{n} (X_i - \mu) = 0 \\ \dfrac{\partial \ln L(\mu, \sigma^2)}{\partial \sigma^2} = -\dfrac{n}{2\sigma^2} + \dfrac{1}{2\sigma^4} \sum_{i=1}^{n} (X_i - \mu)^2 = 0 \end{cases}$$

解似然方程组，可得

$$\hat{\mu} = \frac{1}{n} \sum_{i=1}^{n} X_i = \bar{X}$$

$$\hat{\delta}^2 = \frac{1}{n} \sum_{i=1}^{n} (X_i - \bar{X})^2 = S^2$$

2. 贝叶斯估计

在使用极大似然估计的过程中可能会出现所要估计的概率值为 0 的情况，进而影响到后验概率的计算结果，使分类产生偏差，而采用贝叶斯估计的方法可以避免这一问题。贝叶斯估计(Bayesian Estimation)在重视使用总体信息和样本信息的同时，还注重先验信息的收集、挖掘和加工，使其数量化，形成先验分布，使其参加到统计推断中，以提高统计推断的质量。即根据给定样本集 $\ell = \{X_1, X_2, \cdots, X_n\}$，确定未知参数 θ 的估计值使所得到的后验概率密度最大化。因此要得到估计量，就必须要先求出后验概率密度 $p(\theta|X)$，是用 $p(\theta|\ell)$ 作为 $p(\theta|X)$ 的估计。$p(\theta|\ell)$ 和 θ 的估计量 $\hat{\theta}$ 的计算步骤如下：

(1) 确定 θ 的先验概率 $p(\theta)$；

(2) 根据式(8.18)求出以 θ 为参数的联合概率密度 $p(\ell|\theta)$；

(3) 根据贝叶斯公式求得 θ 的后验概率密度

$$p(\theta \mid \ell) = \frac{\sum_{i} p(\theta \mid \ell) P(\theta)}{p(\ell)} = \frac{\sum_{i} p(\theta \mid \ell) P(\theta)}{\int_{\theta} p(\theta \mid \ell) P(\theta) \mathrm{d}\theta} \tag{8.21}$$

(4) 令 $p(\theta|\ell) = p(\theta|X)$；

(5) $\hat{\theta} = \int_{\theta} \theta p(\theta \mid \ell) \mathrm{d}\theta$。

贝叶斯估计在许多领域都有应用，特别是在博弈论和马尔可夫过程方面，但贝叶斯估计中先验分布的选择是一个非常重要且不容易解决的事情,常选择的先验分布类型有均匀分布(无信息验前分布)、指数分布、正态分布、Beta 分布等,选择的先验分布不同,所得的估计结果也会不同。

例 8.3 某人投掷飞镖,一共投掷 n 次飞镖,其中命中的次数为 r,应该如何估计此人投掷飞镖命中的概率 θ?

解:在经典统计中,利用极大似然估计获得的估计值为 $\hat{\theta}_c=\frac{r}{n}$。当 $n=r=1$ 时,$\hat{\theta}_c=1$;而当 $n=r=10$ 时,仍有 $\hat{\theta}_c=1$。即投掷 1 次飞镖时命中且投掷 10 次飞镖时 10 次全都命中,这与人们的生活经验不同。对于 $n=10,r=0$,则有 $\hat{\theta}_c=0$;当 $n=1,r=0$ 时,仍有 $\hat{\theta}_c=0$。此时的结果仍然不太合理。

若二项分布 $B(n,\theta)$ 中的参数 θ 的先验分布为均匀分布 $U(0,1)$,等价于 $B_e(1,1)$,则 θ 的后验分布为 Beta 分布 $B_e(1+r,1+n-r)$,则参数 θ 的贝叶斯估计(后验期望估计)为 $\hat{\theta}_{\mathrm{E}}=\frac{r+1}{n+2}$。

再次计算,当 $n=r=1$ 时,$\hat{\theta}_{\mathrm{E}}=\frac{2}{3}$;$n=r=10$ 时,$\hat{\theta}_{\mathrm{E}}=\frac{11}{12}$;当 $n=10,r=0$ 时,$\hat{\theta}_{\mathrm{E}}=\frac{1}{12}$。

通过对上述假设的两种估计方法结果进行比较可知,相比于极大似然估计,对参数 θ 进行贝叶斯估计更加合理。

例 8.4 X 服从两点分布,$P(X=k)=p^k(1-p)^{1-k},k=0,1$。$X_1,X_2,\cdots,X_n$ 为独立同分布的样本,且 p 的先验分布为 $C(0,1)$,求 p 得先验分布。

解:$(X_1,X_2,\cdots,X_n)$ 的联合分布律为

$$p^{\sum_{i=1}^{n}X_i}(1-p)^{n-\sum_{i=1}^{n}X_i}$$

故 $(X_1,X_2,\cdots,X_n,p)$ 的联合分布律为

$$p^{\sum_{i=1}^{n}X_i}(1-p)^{n-\sum_{i=1}^{n}X_i}\cdot 1$$

$(X_1,X_2,\cdots,X_n)$ 的联合边缘分布律为

$$\int_0^1 p^{\sum_{i=1}^{n}X_i}(1-p)^{n-\sum_{i=1}^{n}X_i}\cdot 1\mathrm{d}p=B\left(\sum_{i=1}^{n}X_i+1,n-\sum_{i=1}^{n}X_i+1\right)$$

其中

$$B(p,q)=\int_0^1 x^{p-1}(1-x)^{q-1}\mathrm{d}x$$

成为 Beta 函数,满足

$$\Gamma(p)=\int_0^{+\infty}x^{p-1}\mathrm{e}^{-x}\mathrm{d}x=(p-1)! \quad (p\text{ 为整数})$$

故有

$$B\left(\sum_{i=1}^{n} X_i + 1, n - \sum_{i=1}^{n} X_i + 1\right) = \frac{\left(\sum_{i=1}^{n} X_i\right)!\ \left(n - \sum_{i=1}^{n} X_i\right)!}{(n+1)!}$$

则 p 的后验密度为

$$\frac{p^{\sum_{i=1}^{n} X_i}(1-p)^{n-\sum_{i=1}^{n} X_i}(n+1)!}{\left(\sum_{i=1}^{n} X_i\right)!\left(n-\sum_{i=1}^{n} X_i\right)!}$$

从而 p 的贝叶斯估计为

$$\hat{p} = \int_0^1 \frac{(n+1)!}{\left(\sum_{i=1}^{n} X_i\right)!\left(n-\sum_{i=1}^{n} X_i\right)!} p^{\sum_{i=1}^{n} X_i}(1-p)^{n-\sum_{i=1}^{n} X_i}$$

$$= \frac{(n+1)!}{\left(\sum_{i=1}^{n} X_i\right)!\left(n-\sum_{i=1}^{n} X_i\right)!} \cdot \frac{\left(\sum_{i=1}^{n} X_i + 1\right)!\left(n-\sum_{i=1}^{n} X_i\right)!}{(n+2)!} = \frac{\sum_{i=1}^{n} X_i + 1}{n+2}$$

8.2.2 非参数估计

前文介绍了在概率密度函数形式已知的情况下，通过估计其参数来进行密度函数的估计方法。但在复杂的实际情况中，很可能遇到不是典型分布形式或者不能写成某些参数的函数的情况。当总体分布的分布函数未知时，进行贝叶斯分类器的设计，即对其分布函数或分布密度进行的估计就是非参数估计(Nonparametric Estimation)。换言之，根据观测样本对概率密度函数进行直接的估计，从总体 X 中抽取样本 $X_1, X_2, \cdots, X_n$，由样本对总体的未知分布函数 $F(x)$或分布密度 $p(x)$进行估计，这类方法就称为非参数估计法。本节主要讨论 Parzen 窗法(估计似然函数 $p(x|\omega_i)$)和 k_N 近邻估计法(绕过似然函数的估计直接进行后验估计 $p(\omega_i|x)$)，在此之前先对非参数估计的基本方法进行介绍。

非参数估计的基本思想：某一区域所包含的数据越多，那么它的密度函数就越大。例如总体 R 中两个事件R_1，R_2发生的概率相等，但两者所包含的范围却不同，则对应包含范围越小的事件($R_1 < R_2$)，其概率密度函数的高度就应该更高。密度函数分布对比如图 8.8 所示。

随机变量 X 落入区域R 的概率为

$$P[X \in R] = \int_R p(X)\mathrm{d}X \tag{8.22}$$

假设 $p(X)$基本平缓，如图 8.9 所示，区域R 小到可以将 $p(X)$在 R 内的值近似为一个常数，即 $p(X)$在 R 处的函数值。

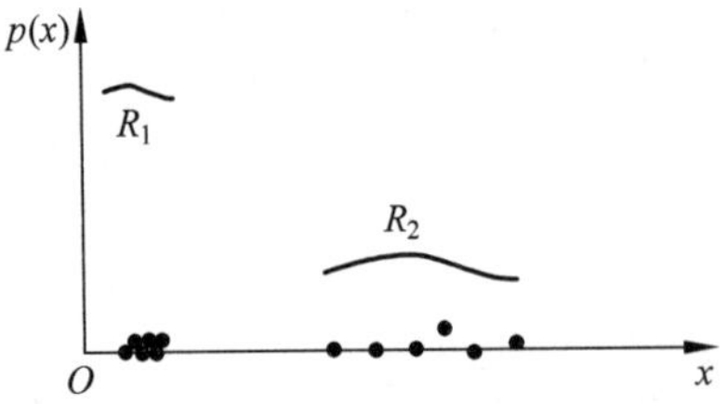

图 8.8 密度函数分布对比

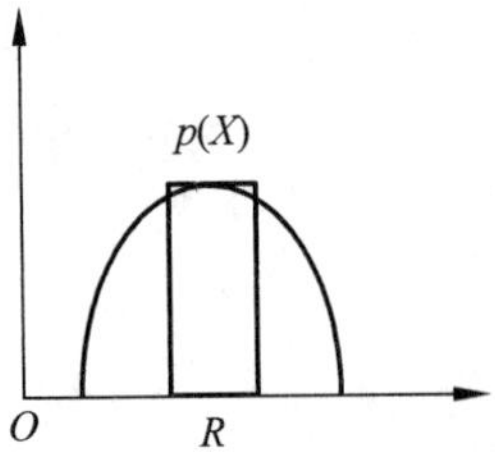

图 8.9 $p(X)$分布图

则有

$$\int_R p(Y)\mathrm{d}Y \approx p(X)\cdot V$$

进一步可得

$$\frac{R\text{ 中的样本数量}}{\text{样本总体数量}} \approx P[X \in R] = \int_R p(Y)\mathrm{d}Y \approx p(X)\cdot V$$

其中，V 是区域 R 的体积；X 是区域 R 中的点，则点 X 在 R 处的概率密度函数可近似为

$$p(X) \approx \frac{R\text{ 中的样本数量}}{\text{样本总体数量}} * \frac{1}{V}$$

由此得到 X 点概率密度估计：

$$\hat{p}(X) = \frac{k/N}{V} \tag{8.23}$$

其中，N 为样本数；V 为包含 X 的区域 R 的体积；k 为落入 R 中的样本数。但采用式(8.23)进行估计时也存在两方面的问题：

(1) 固定 V，当 N 不断增加时，比值 k/N 以概率 1 收敛，估计的准确率不断提高，但实际情况中的样本数量总是有限的，此时得到的是某一体积 V 的平均估计。

(2) 固定样本数 N，当 V 不断减小时，估计的准确度会不断增加，但当 V 过小时，会逐渐减小包含样本数量甚至不包含任何样本，则估计会发散而无意义。

因此得找到一个取值使得 V 不会太小而不包含样本，也不会过大，从而使得 V 近似连续。

1. Parzen 窗法

1) 基本概念

固定体积 V 的大小，利用观测样本对 k 进行适当的选择使得 $\hat{p}(X)$收敛于 $p(X)$。

Parzen 窗法的基本公式为

$$\hat{p}(X) = \frac{1}{N}\sum_{i=1}^{N}\frac{1}{V_N}\varphi\left(\frac{X-X_i}{h_N}\right) \tag{8.24}$$

其中，V_N 为 d 维超立方体的体积，$\varphi(u)=\begin{cases}1, & |u_j| \leqslant \frac{1}{2};j=1,2,\cdots,d \\ 0, & \text{其他}\end{cases}$，落入该范围内

的样本数为 $k=\frac{1}{n}\varphi\left(\frac{X-X_i}{h_N}\right)$。

2）常用的窗函数

（1）方窗函数（见图 8.10）。

$$\varphi(u)=\begin{cases}1, & |u|\leqslant\frac{1}{2}\\ 0, & \text{其他}\end{cases} \tag{8.25}$$

（2）正态窗函数（见图 8.11）。

$$\varphi(u)=\frac{1}{\sqrt{2\pi}}\exp\left(-\frac{1}{2}u^2\right) \tag{8.26}$$

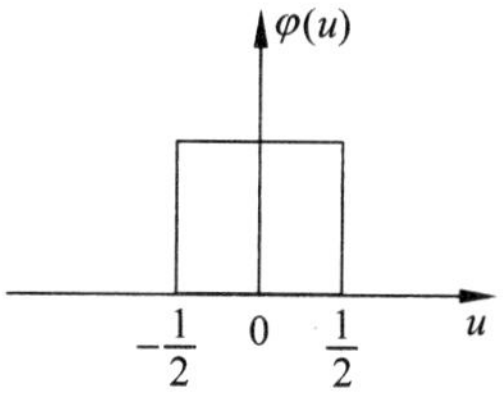

图 8.10　方窗函数图

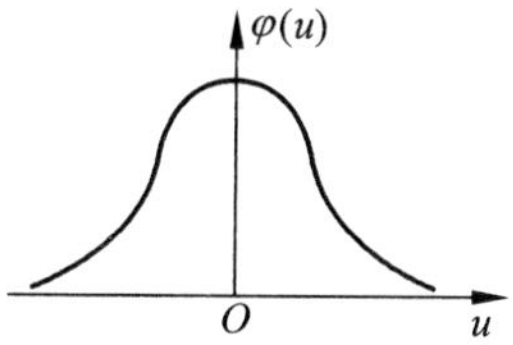

图 8.11　正态窗函数图

（3）指数窗函数（见图 8.12）。

$$\varphi(u)=\exp\{-|u|\} \tag{8.27}$$

（4）三角窗函数（见图 8.13）。

$$\varphi(u)=\begin{cases}1-|u|, & |u|\leqslant 1\\ 0, & |u|>1\end{cases} \tag{8.28}$$

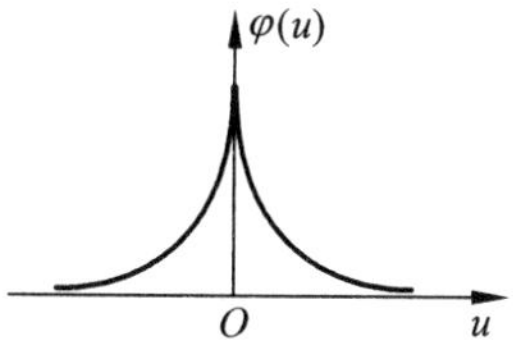

图 8.12　指数窗函数图

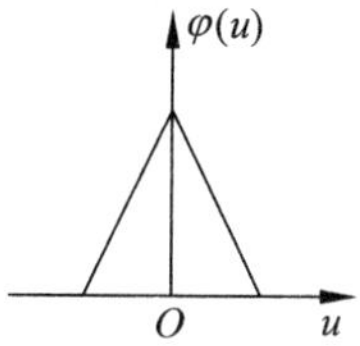

图 8.13　三角窗函数图

若窗函数 $\hat{p}(X)$为一个合理的密度函数，则必须满足以下两个条件：

① $\varphi(u)\geqslant 0$。

② $\int\varphi(u)\mathrm{d}u=1$。

3）估计量 $\hat{p}(X)$的统计性质

若均值 $\bar{p}(X)$和方差 δ_N^2 满足

$$\lim_{N\to\infty}\hat{p}(X)=p(X) \tag{8.29}$$

$$\lim_{N\to\infty}\delta_N^2=0 \tag{8.30}$$

则称 $\hat{p}(X)$是 $p(X)$渐进无偏估计。

若 $\hat{p}(X)$是渐进无偏和平方误差一致,则必须要满足以下条件:

① 总体密度函数 $p(X)$在 X 点连续。

② 窗函数满足

$$\varphi(u) \geqslant 0 \tag{8.31}$$

$$\int \varphi(u)\mathrm{d}u = 1 \tag{8.32}$$

$$\sup_{u} \varphi(u) < \infty \tag{8.33}$$

$$\lim_{N \to \infty} V_N = 0 \tag{8.34}$$

$$\lim_{N \to \infty} N V_N = \infty \tag{8.35}$$

Parzen 窗法的特点:在样本数量足够多的条件下,总能保证 $\hat{p}(X)$收敛于 $p(X)$,但是实际情况中通常难以满足如此数量巨大的样本,且所需的大量计算时间和存储空间也是缺点之一。

2. k_N-近邻估计法

基本思想:k_N 值固定(是 N 的某个函数,且保证 $k_N \geqslant 1$),选择合适的 V_N 使得对应的区域 R 内刚好包含 k_N 个距离最近的样本,即 V 是关于样本密度的函数。具体方法为在 X 点,逐渐扩大范围选择一个最小的区域使其刚好包含 k_N 个样本。由图 8.14 易知:在 X 点周围样本密度较大时,对应 V_N 相对较小;在 X 点周围样本密度较小时,对应的 V_N 相对较大。

若满足以下条件:

(1) $\lim\limits_{N \to \infty} V_N = 0$,确保分辨率较高;

(2) $\lim\limits_{N \to \infty} k_N = \infty$,使体积内的平均效应较好;

(3) $\lim\limits_{N \to \infty} k_N / N = 0$,使 $N \to \infty$时,k_N 的增长不会过快。

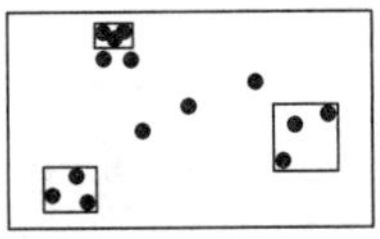

图 8.14 k_N-近邻估计法示例

则估计结果 $\hat{p}(X)$以概率 1 收敛于 $p(X)$。其中 $p(X)$的估计公式仍为

$$\hat{p}_N(X) = \frac{k_N / N}{V_N} \tag{8.36}$$

由上述讨论可知,k_N-近邻估计法适用于线性不可分的情况,具有设计方法简单、分类性能优良的优点,但无论是 Parzen 窗法还是近邻估计法,若想尽可能地接近实际的 $p(X)$,都需要无穷多个样本,以及大量计算和存储空间,但是在实际情况中样本数量总是有限的,这也是在使用一般非参数估计法时所面临的共同问题。因此我们只能通过选择不同的初始参数来得到不同的估计结果,最后想办法进行评估。例如,可以选择不同的舒适参数,得到相应的 $\hat{p}_N(X)$,利用所得结果进行分类规则的确定,再根据实际分类效果对所估计的 $\hat{p}_N(X)$进行评价。

8.3 基于未知样本类别的聚类方法

8.1节和8.2节主要讨论了在已知样本类别的情况下，利用几何和概率的方法进行统计和分类，直接对已知的训练样本集或者已知的类条件概率密度函数加以利用，以实现对未知样本的分类。然而在实际情况中，尤其是在训练样本的类别未知情况下，很可能难以确定样本的先验知识。解决这一类别属性未知的训练样本分类问题(无监督的分类问题)的方法称为聚类分析。本章在介绍此类问题相关解决方法之前，先介绍一些先验知识。

1. 聚类分析的概念

聚类分析即根据各类别之间的相似性对样本进行分类，对一组未知类别的样本集合，将相似的划分为一类，不相似的划分为另一类。

"相似性"：利用样本的几何特性，若以特征空间中两观测样本(看作两点)的距离函数作为模型相似性的测量，以"距离"作为分类的依据，则距离越小越相似。在此过程中，特征向量的选取就成为非常重要的一个环节。例如，要识别并区分不同种类、不同品牌的雪碧和白醋，若以味道为特征，则很容易区分；但若以颜色为特征，则很难区分。

"距离"：用来衡量相似性的大小。下面介绍几种常见的距离。

1) 欧氏(Euclid)距离

设 $\boldsymbol{X}_i,\boldsymbol{X}_j$ 为两个 n 维观测样本，$\boldsymbol{X}_i=[x_{i1},x_{i2},\cdots,x_{in}]^{\mathrm{T}}$，$\boldsymbol{X}_j=[x_{j1},x_{j2},\cdots,x_{jn}]^{\mathrm{T}}$，则欧氏距离定义为

$$\begin{aligned}D(\boldsymbol{X}_i,\boldsymbol{X}_j)&=\|X_i-X_j\|=\sqrt{(\boldsymbol{X}_i-\boldsymbol{X}_j)^{\mathrm{T}}(\boldsymbol{X}_i-\boldsymbol{X}_j)}\\&=\sqrt{(x_{i1}-x_{j1})^2+(x_{i2}-x_{j2})^2+\cdots+(x_{in}-x_{jn})^2}\end{aligned}\tag{8.37}$$

2) 马氏(Mahalanobis)距离

通常以平方的形式出现。设 $\boldsymbol{X}$ 为样本向量，$\boldsymbol{M}$ 为某类样本的均值，$\boldsymbol{C}$ 为该类样本总体的协方差矩阵，则马氏距离定义为

$$D^2=(\boldsymbol{X}-\boldsymbol{M})^{\mathrm{T}}\boldsymbol{C}^{-1}(\boldsymbol{X}-\boldsymbol{M})\tag{8.38}$$

3) 明氏(Minkowski)距离

设 $\boldsymbol{X}_i,\boldsymbol{X}_j$ 为两个 n 维观测样本，$\boldsymbol{X}_i,\boldsymbol{X}_j$ 间的明氏距离定义为

$$D_m(\boldsymbol{X}_i,\boldsymbol{X}_j)=\left[\sum_{k=1}^{n}|x_{ik}-x_{jk}|^m\right]^{\frac{1}{m}}\tag{8.39}$$

其中，x_{ik},x_{jk} 分别表示 $\boldsymbol{X}_i,\boldsymbol{X}_j$ 的第 k 个分量。

4) 汉明(Hamming)距离

若样本为二值模式，即向量各分量的取值仅取1或−1，则可用汉明距离衡量相似性。设 $\boldsymbol{X}_i,\boldsymbol{X}_j$ 为两个 n 维二值观测样本，$\boldsymbol{X}_i,\boldsymbol{X}_j$ 间的汉明距离定义为

$$D_h(\boldsymbol{X}_i,\boldsymbol{X}_j)=\frac{1}{2}\left(n-\sum_{k=1}^{n}x_{ik}\cdot x_{jk}\right)\tag{8.40}$$

2. 聚类准则

聚类准则是指根据相似性测度确定样本之间是否相似的标准，即两样本向量之间的距离小于某一程度时，就认定两样本间是相似的，可归于同一类。常用的聚类准则有阈值准则和函数准则。

1）阈值准则

根据规定距离阈值(实际情况中通常根据经验直接确定)进行分类。

2）函数准则

用聚类分析函数来表示类别之间的相似性。通过定义一个准则函数，寻找该函数极值来解决聚类分析问题。下面介绍几种不同情况下定义的不同准则函数来达到最优划分。

(1) 类别数 M 一定时，常用误差平方之和作为指标来使得误差平方和最小，定义聚类准则函数为

$$J=\sum_{j=1}^{M}\sum_{\boldsymbol{X}\in S_j}\|\boldsymbol{X}-\boldsymbol{C}_j\|^2 \tag{8.41}$$

其中，M 为类别总数；$\boldsymbol{C}_j$ 为样本 S_j 的均值向量。

(2) 若已知各类别的先验概率，为更好地描述观测样本的类内分布情况，定义聚类准则函数为

$$J=\sum_{j=1}^{M}P_jD_j \tag{8.42}$$

其中，M 为类别总数；D_j 为样本 S_j 的平均平方距离和。类内距离越小，分类效果越好。

(3) 从类间距离分布着手进行分类结果的评估，定义准则函数为

$$J=\sum_{j=1}^{M}(\boldsymbol{C}_j-\boldsymbol{C})^{\mathrm{T}}(\boldsymbol{C}_j-\boldsymbol{C}) \tag{8.43}$$

其中，M 为类别总数；$\boldsymbol{C}_j$ 为样本 S_j 的均值向量；$\boldsymbol{C}$ 为全体样本 S 的均值向量。类间距离越大，分类效果越好。

8.3.1 基于距离阈值的聚类算法

1. 近邻聚类法(Nearest Neighbor Clustering)

若存在 N 个待分类样本$\{\boldsymbol{X}_1,\boldsymbol{X}_2,\cdots,\boldsymbol{X}_N\}$，以距离阈值 D 为准则，将样本分类到以其中某些样本为聚类中心的类别中。

具体算法步骤如下：

(1) 任取一样本作为第一个类别的聚类中心，如 $\boldsymbol{Z}_1=\boldsymbol{X}_1$。

(2) 计算样本 $\boldsymbol{X}_2$ 与 $\boldsymbol{Z}_1$ 的欧氏距离 $D_{21}=\|\boldsymbol{X}_2-\boldsymbol{Z}_1\|$。

- 若 $D_{21}>D$，则定义一个新的聚类中心为 $\boldsymbol{Z}_2=\boldsymbol{X}_2$；

• 若 $D_{21} \leqslant D$，则认为 $\boldsymbol{X}_2$ 属于以 $\boldsymbol{Z}_1$ 为聚类中心的一类。

(3) 若出现对于 $\boldsymbol{Z}_1$，$\boldsymbol{Z}_2$ 和 $\boldsymbol{X}_3$，有 $D_{31}=\|\boldsymbol{X}_3-\boldsymbol{Z}_1\|$，$D_{32}=\|\boldsymbol{X}_3-\boldsymbol{Z}_2\|$，且出现 $D_{31}>D$ 和 $D_{32}>D$ 的情况，则定义一个新的聚类中心为 $\boldsymbol{Z}_3=\boldsymbol{X}_3$。

(4) 以此类推，直至将所有样本分类完成。

算法特点：易于理解，简单快捷。但当第一个聚类中心的位置选取，距离阈值 D 以及选取样本进行计算的顺序等发生改变时，分类结果也会发生较明显的改变。

2. 最大最小聚类法(Maximum Minimum Clustering)

根据距离阈值 D 确定聚类中心。再按照最近邻原则将样本划分至各类别中。

具体算法如下：

(1) 任取一样本作为第一个类别的聚类中心，如 $\boldsymbol{Z}_1=\boldsymbol{X}_1$。

(2) 定义距离欧氏距离 $D_{21}=\|\boldsymbol{X}_2-\boldsymbol{Z}_1\|$ 最大的样本 $\boldsymbol{X}_2$ 作为新的聚类中心 $\boldsymbol{Z}_2$。

(3) 依次计算每个样本与 $\boldsymbol{Z}_1$ 和 $\boldsymbol{Z}_2$ 的欧氏距离并进行比较，选择其中的最小值得到共 N 个最小距离。

(4) 选出最大的最小值，并定义阈值 $D=\rho\|\boldsymbol{X}_2-\boldsymbol{Z}_1\|$，若该最大值大于 D，则将对应样本定义为新的聚类中心，否则，聚类中心不变。

(5) 重复上面两个步骤直至没有新的聚类中心出现为止。

(6) 结束聚类中心的确定后，将样本 $\boldsymbol{X}_i(i=1,2,\cdots,N)$ 按照最近距离划分至对应聚类中心所对应的类别中。

例 8.5 设有 10 个二维模式样本，如图 8.15 所示。若 $\rho=\dfrac{1}{2}$，试用最大、最小距离算法对其进行聚类分析。

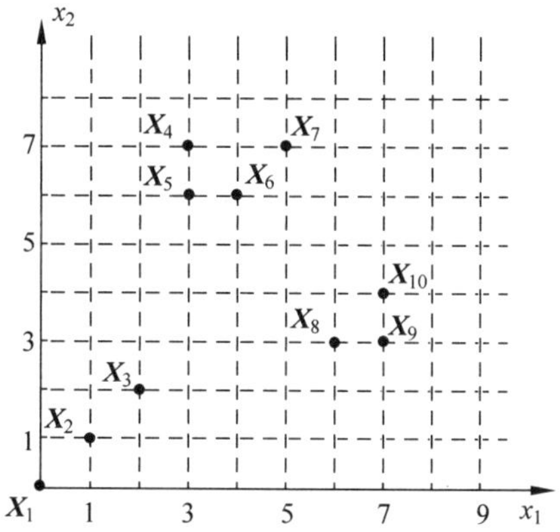

图 8.15 二维模式样本图

解：(1) 取 $\boldsymbol{Z}_1=\boldsymbol{X}_1[0,0]^{\mathrm{T}}$。

(2) 选离 $\boldsymbol{Z}_1$ 最远的样本作为第二聚类中心 $\boldsymbol{Z}_2$。

$$D_{21}=\sqrt{(1-0)^2+(1-0)^2}=\sqrt{2},\quad D_{31}=\sqrt{8},\quad D_{41}=\sqrt{58},\quad D_{51}=\sqrt{45},$$

$$D_{61}=\sqrt{52},\quad D_{71}=\sqrt{74},\quad D_{81}=\sqrt{45},\quad D_{91}=\sqrt{58}$$

因为最大值为 D_{71}，所以

$$\boldsymbol{Z}_2=\boldsymbol{X}_7=[5,7]^{\mathrm{T}}$$

$$D=\rho\parallel\boldsymbol{X}_2-\boldsymbol{Z}_1\parallel=\frac{1}{2}\sqrt{74}$$

(3) 计算各样本与 $\boldsymbol{Z}_1$、$\boldsymbol{Z}_2$ 之间的距离，选出其中的最小值。

$$D_{12}=\sqrt{74},D_{22}=\sqrt{52},D_{32}=\sqrt{34},\cdots,\ D_{10,2}=\sqrt{13}$$

$$\min(D_{i1},D_{i2})=\{0,\sqrt{2},\sqrt{8},\sqrt{4},\sqrt{5},\sqrt{2},0,\sqrt{17},\sqrt{20},\sqrt{13}\}$$

(4) $\max\{\min(D_{i1},D_{i2})\}=\sqrt{20}=D_{92}>D=\frac{1}{2}\sqrt{74}$

所以 $\boldsymbol{Z}_3=\boldsymbol{X}_9=[7,3]^{\mathrm{T}}$。

继续判断是否有新的聚类中心出现：

$$\begin{cases}D_{11}=0\\D_{12}=\sqrt{74}\\D_{13}=\sqrt{58}\end{cases},\begin{cases}D_{11}=\sqrt{2}\\D_{12}=\sqrt{52}\\D_{13}=\sqrt{40}\end{cases},\cdots,\begin{cases}D_{10.1}=\sqrt{65}\\D_{10.2}=\sqrt{13}\\D_{10.3}=\sqrt{1}\end{cases},$$

$$\min(D_{i1},D_{i2},D_{i3})=\{0,\sqrt{2},\sqrt{8},\sqrt{4},\sqrt{5},\sqrt{2},0,1,0,1\}$$

$$\max\{\min(D_{i1},D_{i2},D_{i3})\}=\sqrt{8}=D_{31}<D=\frac{1}{2}\sqrt{74}$$

(5) 结束聚类中心的寻找。

(6) 按照最近距离将样本分到 3 个聚类中心对应的类别中：

$$\omega_1:\boldsymbol{X}_1,\boldsymbol{X}_2,\boldsymbol{X}_3;\quad \omega_2:\boldsymbol{X}_4,\boldsymbol{X}_5,\boldsymbol{X}_6,\boldsymbol{X}_7;\quad \omega_1:\boldsymbol{X}_8,\boldsymbol{X}_9,\boldsymbol{X}_{10}$$

8.3.2 层次聚类法

层次聚类(Hierarchical Clustering)法也称为系统或分级聚类法，该方法在阈值距离的基础上，先将 N 个样本视作 N 类，然后根据距离准则依次合并，直到达到要求。是一种在实际中广泛应用的分类方法。

其具体算法如下：

(1) N 个观测样本各自为一类，记为 $G_1(0),G_2(0),\cdots,G_N(0)$。计算各类间距离，获得距离矩阵 $\boldsymbol{D}_{N\times N}(0)$。

(2) 选择 $\boldsymbol{D}(n)$ 中的最小元素，将对应的两类合并为一类，得到新的分类 $G_1(n+1)$，$G_2(n+1),\cdots$

(3) 计算新类别之间的距离获得新的距离矩阵 $\boldsymbol{D}(n+1)$。

(4) 跳转至第(2)步，重复计算并合并。

当 $\boldsymbol{D}(n)$ 中的最小分量超过给定阈值 D 时，停止算法。

例 8.6 给定下列 6 个五维样本：

X_1：$(0\ 3\ 1\ 2\ 0)^T$ X_2：$(1\ 3\ 0\ 1\ 0)^T$ X_3：$(3\ 3\ 0\ 0\ 1)^T$

X_4：$(1\ 1\ 0\ 2\ 0)^T$ X_5：$(3\ 2\ 1\ 2\ 1)^T$ X_6：$(4\ 1\ 1\ 1\ 0)^T$

试按照最小距离准则进行系统聚类分析。

解：(1) 将各个样本看作一类，有

$$G_1(0)=\{\boldsymbol{X}_1\},\quad G_2(0)=\{\boldsymbol{X}_2\},\quad G_3(0)=\{\boldsymbol{X}_3\}$$

$$G_4(0)=\{\boldsymbol{X}_4\},\quad G_5(0)=\{\boldsymbol{X}_5\},\quad G_6(0)=\{\boldsymbol{X}_6\}$$

计算各类间欧氏距离：

$$\begin{aligned}D_{12}&=\|\boldsymbol{X}_1-\boldsymbol{X}_2\|\\&=[(x_{11}-x_{12})^2+(x_{11}-x_{22})^2+(x_{11}-x_{32})^2\\&\quad+(x_{11}-x_{42})^2+(x_{11}-x_{52})^2+(x_{11}-x_{62})^2]^{\frac{1}{2}}\\&=\sqrt{3}\end{aligned}$$

$$D_{13}=[3^2+0+1+2^2+1]^{\frac{1}{2}}=\sqrt{15}$$

同理求得

$$D_{14}(0),D_{15}(0),D_{16}(0);$$
$$D_{23}(0),D_{24}(0),D_{25}(0),D_{26}(0);$$
$$D_{34}(0),D_{35}(0),D_{36}(0);$$
$$\vdots$$

得到距离矩阵 **D**(0)如表 8.1 所示。

表 8.1 距离矩阵 D(0)

D(0)	$G_1(0)$	$G_2(0)$	$G_3(0)$	$G_4(0)$	$G_5(0)$	$G_6(0)$
$G_1(0)$	0					
$G_2(0)$	$\sqrt{3}$ *	0				
$G_3(0)$	$\sqrt{15}$	$\sqrt{6}$	0			
$G_4(0)$	$\sqrt{6}$	$\sqrt{5}$	$\sqrt{13}$	0		
$G_5(0)$	$\sqrt{11}$	$\sqrt{8}$	$\sqrt{6}$	$\sqrt{7}$	0	
$G_6(0)$	$\sqrt{21}$	$\sqrt{14}$	$\sqrt{8}$	$\sqrt{11}$	$\sqrt{4}$	0

(2) 将最小距离$\sqrt{3}$对应的类 $G_1(0)$和 $G_2(0)$合并，得到新分类如下：

$$G_{12}(1)=\{G_1(0),G_2(0)\}$$

$$G_3(1)=\{G_3(1)\},G_4(1)=\{G_4(1)\},$$

$$G_5(1)=\{G_5(1)\},G_6(1)=\{G_6(1)\}$$

得到距离矩阵 **D**(1)如表 8.2 所示。

表 8.2 距离矩阵 $\boldsymbol{D}(1)$

$\boldsymbol{D}(1)$	$G_{12}(1)$	$G_3(1)$	$G_4(1)$	$G_5(1)$	$G_6(1)$
$G_{12}(1)$	0				
$G_3(1)$	$\sqrt{6}$	0			
$G_4(1)$	$\sqrt{5}$	$\sqrt{13}$	0		
$G_5(1)$	$\sqrt{8}$	$\sqrt{6}$	$\sqrt{7}$	0	
$G_6(1)$	$\sqrt{14}$	$\sqrt{8}$	$\sqrt{11}$	$\sqrt{4}$ *	0

(3) 将最小距离$\sqrt{4}$对应的类合并,得到新的距离矩阵 $\boldsymbol{D}(2)$如表 8.3 所示。

表 8.3 距离矩阵 $\boldsymbol{D}(2)$

$\boldsymbol{D}(2)$	$G_{12}(2)$	$G_3(2)$	$G_4(2)$	$G_{56}(2)$
$G_{12}(2)$	0			
$G_3(2)$	$\sqrt{6}$	0		
$G_4(2)$	$\sqrt{5}$ *	$\sqrt{13}$	0	
$G_{56}(2)$	$\sqrt{8}$	$\sqrt{6}$	$\sqrt{7}$	0

(4) 将 $\boldsymbol{D}(2)$中最小值$\sqrt{5}$对应的类合并,得到新的距离矩阵 $\boldsymbol{D}(3)$如表 8.4 所示。

表 8.4 距离矩阵 $\boldsymbol{D}(3)$

$\boldsymbol{D}(3)$	$G_{124}(3)$	$G_3(3)$	$G_{56}(3)$
$G_{124}(3)$	0		
$G_3(3)$	$\sqrt{6}$	0	
$G_{56}(3)$	$\sqrt{8}$	$\sqrt{6}$	0

$\boldsymbol{D}(3)$中的最小元素为$\sqrt{6}>D$,聚类完成,结果如下:

$$G_1=\{\boldsymbol{X}_1,\boldsymbol{X}_2,\boldsymbol{X}_4\},\quad G_2=\{\boldsymbol{X}_3\},\quad G_3=\{\boldsymbol{X}_5,\boldsymbol{X}_6\}$$

由上面的讨论不难看出,层次聚类法算法简单方便,易于理解,但当样本点的数量很大时,层次聚类法需要较大的空间来存储距离矩阵,并且每次迭代都需要更新并存储新的距离矩阵,因此时间和空间复杂度都比较高。并且在实际应用中我们发现,层次聚类法对几种类别的区分效果非常好,但噪声和离群值对层次聚类的影响非常大,因此在训练样本数据之前最好先处理掉这些异常值。

8.3.3 动态聚类算法

动态聚类算法也常应用于实际分类工作中。与前文介绍的聚类算法不同的是,在动态聚类算法中,类别的数量要么由分类者事先规定保持不变,要么就是在规定的范围内变化,而聚类中心的位置会由于聚类结果的不同而发生动态变化,进行反复修改,直到获得规定的类别数。下面介绍一种基于误差平方和准则的动态聚类算法——C-均值动态聚类算法。

1. C-均值动态聚类算法

C-均值动态聚类算法也叫作 k-均值动态聚类算法。以式(8.41)所示的误差平法准则为聚类准则,求使聚类准则函数 J 最小化的聚类结果。设 S_j 中有 M 个样本类别,N_j 为第 j 个聚类区域 S_j 中所包含的额样本数量,则式(8.41)可进一步改写为

$$J=\sum_{j=1}^{M}\sum_{i=1}^{N_j}\|\boldsymbol{X}_i-\boldsymbol{Z}_j\|^2,\quad \boldsymbol{X}_i\in S_j \tag{8.44}$$

要选择适当的聚类中心 $\boldsymbol{Z}_j$ 使得准则函数最小化,则有

$$\frac{\partial J_j}{\partial \boldsymbol{Z}_j}=0$$

即

$$\frac{\partial}{\partial \boldsymbol{Z}_j}\sum_{i=1}^{N_j}\|\boldsymbol{X}_i-\boldsymbol{Z}_j\|^2=\frac{\partial}{\partial \boldsymbol{Z}_j}\sum_{i=1}^{N_j}(\boldsymbol{X}_i-\boldsymbol{Z}_j)^{\mathrm{T}}(\boldsymbol{X}_i-\boldsymbol{Z}_j)=0 \tag{8.45}$$

解此方程可得

$$\boldsymbol{Z}_j=\frac{1}{N_j}\sum_{i=1}^{N_j}\boldsymbol{X}_i,\quad \boldsymbol{X}_i\in S_j \tag{8.46}$$

从上式可以看出,S_j 类的聚类中心应该选为该类样本的均值。

下面给出该算法的具体步骤:

(1) 任选 C 个初始聚类中心:$z_1(0),z_2(0),\cdots,z_c(0)$,一般可选择全体样本的前 C 个,令 $k=0$,代表运算过程中的迭代次序。

(2) 将待分类的样本集 $\{\boldsymbol{X}_i\}$ 中的样本依次以最小距离原则为准,划分到对应的一类中。即若

$$\min\{\|\boldsymbol{X}_i-\boldsymbol{Z}_i(k)\|=\|\boldsymbol{X}_i-\boldsymbol{Z}_j(k)\|=D_j(k)(i=1,2,\cdots,C)$$

则有

$$\boldsymbol{X}_i\in S_j(k)$$

(3) 由此产生新的聚类中心 $\boldsymbol{Z}_j(k+1)$

$$\boldsymbol{Z}_j(k+1)=\frac{1}{N_j}\sum_{i=1}^{N_j}\boldsymbol{X}_i,\quad j=1,2,\cdots,C$$

(4) 若 $\boldsymbol{Z}_j(k+1)\neq\boldsymbol{Z}_j(k)$,$j=1,2,\cdots,C$,则返回步骤(2),重新对样本进行分类,并再次进行迭代计算;若 $\boldsymbol{Z}_j(k+1)=\boldsymbol{Z}_j(k)$,$j=1,2,\cdots,C$,则停止迭代,计算完毕。

例 8.7 设有如图 8.16 所示的 7 个二维模式样本,试用 C-均值动态聚类算法对样本集 X 进行聚类,取 $C=2$。

$$\begin{aligned}X&=\{\boldsymbol{x}_1,\boldsymbol{x}_2,\boldsymbol{x}_3,\boldsymbol{x}_4,\boldsymbol{x}_5,\boldsymbol{x}_6,\boldsymbol{x}_7\}\\&=\{(0,0)^{\mathrm{T}},(0,1)^{\mathrm{T}},(4,4)^{\mathrm{T}},(4,5)^{\mathrm{T}},(5,4)^{\mathrm{T}},(5,5)^{\mathrm{T}},(1,0)^{\mathrm{T}}\}\end{aligned}$$

解:

(1) 选择初始聚类中心 $\boldsymbol{z}_1(0)=\boldsymbol{x}_1=(0,0)^{\mathrm{T}}$,$\boldsymbol{z}_2(0)=\boldsymbol{x}_2=(0,1)^{\mathrm{T}}$

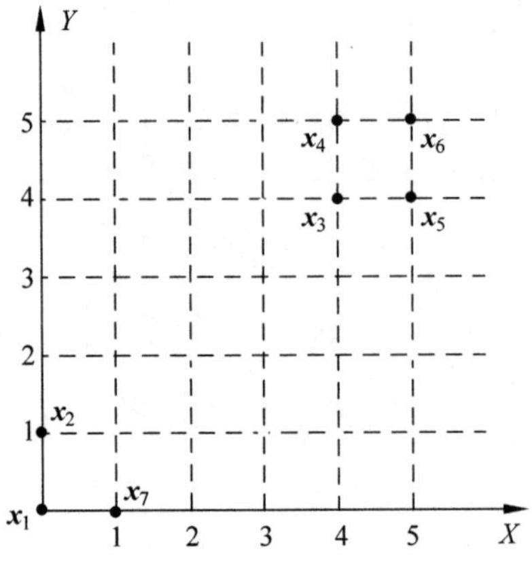

图 8.16　样本分布图式

(2) 按照最近原则进行聚类：$\| x_7 - z_1(0) \| = 1 < \| x_7 - z_2(0) \| = \sqrt{2}$，其余样本都是离 $z_2(0)$ 更近，则得到第一次聚类结果：$\omega_1 = \{x_1, x_7\}$，$\omega_2 = \{x_2, x_3, x_4, x_5, x_6\}$

(3) 计算新的聚类中心：

$$z_1(1) = \frac{1}{2}(x_1 + x_7) = \frac{1}{2}\begin{pmatrix}0+1\\0+0\end{pmatrix} = \begin{pmatrix}1/2\\0\end{pmatrix}$$

$$z_2(1) = \frac{1}{5}(x_2, x_3, x_4, x_5, x_6) = \begin{pmatrix}18/5\\19/5\end{pmatrix}$$

(4) 由于聚类中心发生变化，即 $z_1(1) \neq z_1(0)$，$z_2(1) \neq z_2(0)$，故返回步骤(2)，再次进行计算：

$$\| x_1 - z_1(1) \|^2 = (0 - 1/2)^2 + 0 = 0.25 < \| x_1 - z_2(1) \|^2$$
$$= (0 - 18/5)^2 + (0 - 19/5)^2 = 14.44 \Rightarrow x_1 \in \omega_1$$

$$\| x_2 - z_1(1) \|^2 = (0 - 1/2)^2 + 1 = 0.8 < \| x_2 - z_2(1) \|^2$$
$$= (0 - 18/5)^2 + (1 - 19/5)^2 = 20.8 \Rightarrow x_2 \in \omega_1$$

$$\| x_3 - z_1(1) \|^2 = (4 - 1/2)^2 + (4 - 0)^2 = 28.25 > \| x_3 - z_2(1) \|^2$$
$$= (4 - 18/5)^2 + (4 - 19/5)^2 = 0.2 \Rightarrow x_3 \in \omega_2$$

$$\| x_4 - z_1(1) \|^2 = (4 - 1/2)^2 + (5 - 0)^2 = 37.25 > \| x_4 - z_2(1) \|^2$$
$$= (4 - 18/5)^2 + (5 - 19/5)^2 = 1.6 \Rightarrow x_4 \in \omega_2$$

$$\| x_5 - z_1(1) \|^2 = (5 - 1/2)^2 + (4 - 0)^2 = 36.25 > \| x_5 - z_2(1) \|^2$$
$$= (5 - 18/5)^2 + (4 - 19/5)^2 = 2 \Rightarrow x_5 \in \omega_2$$

$$\| x_6 - z_1(1) \|^2 = (5 - 1/2)^2 + (5 - 0)^2 = 45.25 > \| x_6 - z_2(1) \|^2$$
$$= (5 - 18/5)^2 + (5 - 19/5)^2 = 3.4$$
$$\Rightarrow x_6 \in \omega_2$$

$$\| \boldsymbol{x}_7 - \boldsymbol{z}_1(1) \|^2 = (1-1/2)^2 + 0 = 0.25 < \| \boldsymbol{x}_7 - \boldsymbol{z}_2(1) \|^2$$
$$= (1-18/5)^2 + (0-19/5)^2 = 21.2 \Rightarrow \boldsymbol{x}_7 \in \omega_1$$

得到新的聚类为 $\omega_1 = \{\boldsymbol{x}_1, \boldsymbol{x}_2, \boldsymbol{x}_7\}, \omega_2 = \{\boldsymbol{x}_3, \boldsymbol{x}_4, \boldsymbol{x}_5, \boldsymbol{x}_6\}$

$$\boldsymbol{z}_1(2) = \frac{1}{3}(\boldsymbol{x}_1 + \boldsymbol{x}_2 + \boldsymbol{x}_7) = \begin{pmatrix} 1/3 \\ 1/3 \end{pmatrix}$$

$$\boldsymbol{z}_2(2) = \frac{1}{4}(\boldsymbol{x}_3 + \boldsymbol{x}_4 + \boldsymbol{x}_5 + \boldsymbol{x}_6) = \begin{pmatrix} 9/2 \\ 9/2 \end{pmatrix}$$

同理可得,第三次聚类结果为 $\omega_1 = \{\boldsymbol{x}_1, \boldsymbol{x}_2, \boldsymbol{x}_7\}, \omega_2 = \{\boldsymbol{x}_3, \boldsymbol{x}_4, \boldsymbol{x}_5, \boldsymbol{x}_6\}$

各个样本的归属类别不变,则聚类中心也保持不变,故结束迭代算法。

该方法结构简单,通俗易懂,因此在实际中很常用,但其结果很大程度上取决于 C 值的给定以及初始聚类中心的选取,因此获得的结果只是局部最优结果。

2. ISODATA 动态聚类算法

ISODATA(Iterative Self-Organization Data Analysis Techniques Algrithm)算法,也称为迭代自组织的数据分析方法。该方法与 C-均值法同样通过迭代算法不断修正聚类中心的位置,但类别数 C 并不是固定不变的,而是可以进行反复修改直至达到理想效果,即算法之中包含各个类别的合并与分裂。在每次的迭代过程中,都要重新计算类别调整过的类内和类间的参数,并设置阈值进行比较,由此确定执行分裂还是合并算法,这也是"自组织"过程,来使得最终达到分类要求后,各个类别到类心的距离平方和达到最小。具体的算法步骤如下:

(1) 预设。

① 设定聚类分析控制参数。

c:预期的类别数目。

N_c:初始聚类中心数。

θ_N:每一类中允许的最小样本数目。

θ_S:类内各分量分布距离标准差上限(大于此数就进行分裂)。

θ_C:两聚类中心的最小距离下限(小于此数就进行合并)。

L:每次迭代时可以合并类别的最大数目。

I:允许迭代次数的最大值。

② 读入 N 个模式样本$\{X_1, X_2, \cdots, X_N\}$。

③ 选定 N_c 个初始聚类中心 $Z_j, j=1,2,\cdots,N_c$。

(2) 按最小距离原则将每一个样本都分至相应的类中,即若

$$\| \boldsymbol{X} - \boldsymbol{Z}_j \| = \min \| \boldsymbol{X} - \boldsymbol{Z}_i \|, \quad i = 1,2,\cdots,N$$

则有

$$\boldsymbol{X} \in S_j$$

(3) 根据 θ_N 判断是否进行合并,若 S_j 中的样本数 $N_j < \theta_N$,则取消该类的聚类中心,并且 $N_c = N_c - 1$。

(4) 计算分类后的参数。

各聚类中心：

$$Z_j=\frac{1}{N_j}\sum_{i=1}^{N_j}\boldsymbol{X}_i,\quad j=1,2,\cdots,N_c$$

类内平均距离：

$$\overline{D}_j=\frac{1}{N_j}\sum_{i=1}^{N_j}\|\boldsymbol{X}_i-\boldsymbol{Z}_j\|,\quad j=1,2,\cdots,N_c$$

总体平均距离：

$$\overline{D}=\frac{1}{N}\sum_{j=1}^{N_c}\sum_{i=1}^{N_j}\|\boldsymbol{X}_i-\boldsymbol{Z}_j\|=\frac{1}{N}\sum_{j=1}^{N_c}N_j\overline{D}_j$$

(5) 根据 N_c 以及迭代次数 I_k 判断是否停止、合并或分裂。

① 若迭代次数 $I_k=I$，则令 $\theta_C=0$，跳转至步骤(9)；否则转下一步。

② 若 $\theta_C\leqslant\frac{c}{2}$，则转至步骤(6)(进行分裂)；否则转下一步。

③ 若 $\theta_C\geqslant 2c$，则不进行分裂，转至步骤(9)(进行合并)；否则转下一步。

④ 若$\frac{c}{2}<\theta_C<2c$，若 I_k 为奇数，则转至步骤(6)；若 I_k 为偶数，则转至步骤(9)。

(6) 计算各类内距离标准差向量。

$$\boldsymbol{\sigma}_j=(\sigma_{j1},\sigma_{j2},\cdots,\sigma_{jn})^{\mathrm{T}}\quad j=1,2,\cdots,N_c$$

其中各分量为

$$\sigma_{ji}=\sqrt{\frac{1}{N_j}\sum_{i=1}^{N_j}(X_{ji}-Z_{ji})^2}$$

其中，$j=1,2,\cdots,N_c$，$i=1,2,\cdots,n$，即 $\boldsymbol{X}_i$ 为 n 维模式向量。X_{ji} 是样本 $\boldsymbol{X}_j$ 的第 i 个分量，Z_{ji} 是 S_j 类的聚类中心 $\boldsymbol{Z}_j$ 的第 i 个分量，σ_{ji} 是 $\boldsymbol{X}_j$ 的第 i 个分量的标准差。

(7) 求出每一聚类类内距离标准差向量的最大分量 $\sigma_{j\max}$。

$$\sigma_{j\max}=\max_i[\sigma_{ji}],\quad j=1,2,\cdots,N_c$$

(8) 若在集合$\{\sigma_{j\max}\}$中，存在 $\sigma_{j\max}>\theta_S$，同时又满足下列条件之一：

① $\overline{D}_j>\overline{D}$ 且 $N_j>2(\theta_N+1)$；

② $N_c\leqslant\frac{c}{2}$；

则取消原聚类 S_j，并将原聚类中心 $\boldsymbol{Z}_j$ 分裂为两个新的聚类中心 $\boldsymbol{Z}_j^+$ 和 $\boldsymbol{Z}_j^-$，且令 $N_c=N_c+1$。$\boldsymbol{Z}_j^+$ 和 $\boldsymbol{Z}_j^-$ 分别由 $\boldsymbol{Z}_j$ 中 $\sigma_{j\max}$ 的对应分量加上和减去 $k\sigma_{j\max}$ 得到，其中 k 为分裂系数，$0<k\leqslant 1$，在进行选择时应使 $\boldsymbol{Z}_j^+$ 和 $\boldsymbol{Z}_j^-$ 仍在 S_j 类的区域中，并且距离其他类别较远。

(9) 完成分裂运算后，计算各类中心间的距离。

$$D_{ij}=\|\boldsymbol{Z}_i-\boldsymbol{Z}_j\|,\quad i=1,2,\cdots,N_c-1;j=1+1,2,\cdots,N_c$$

(10) 根据 θ_C 来判断是否进行合并，将小于 θ_C 的 D_{ij} 按照递增次序进行排列，$D_{i_1j_1}<D_{i_2j_2}<\cdots<D_{i_Lj_L}$，然后从最小的 D_{ij} 开始，将相应的两类进行合并。若将原来聚类中心分别为 $\boldsymbol{Z}_i$ 和 $\boldsymbol{Z}_j$ 的两类进行合并，则可求得新的聚类中心为

$$\boldsymbol{Z}_l=\frac{1}{N_{i_l}+N_{l_l}}(N_{i_l}\boldsymbol{Z}_i+N_{l_l}\boldsymbol{Z}_j),\quad i=1,2,\cdots,L$$

每合并一次，$N_c=N_c-1$（每一次迭代过程中，某一类最多只能进行一次合并）。

(11) 若迭代次数 $I_k=I$ 或过程收敛，则结束算法，否则 $I_k=I_k+1$，若需要进行参数调整，则跳至步骤(1)；若不需要调整参数，则跳至步骤(2)。

例 8.8 试用 ISODATA 算法对以下样本进行分类

$$\boldsymbol{X}_1=(0,0)^{\mathrm{T}},\quad \boldsymbol{X}_2=(1,1)^{\mathrm{T}},\quad \boldsymbol{X}_3=(2,2)^{\mathrm{T}},\quad \boldsymbol{X}_4=(4,3)^{\mathrm{T}}$$

$$\boldsymbol{X}_5=(5,3)^{\mathrm{T}},\quad \boldsymbol{X}_6=(4,4)^{\mathrm{T}},\quad \boldsymbol{X}_7=(5,4)^{\mathrm{T}},\quad \boldsymbol{X}_8=(6,5)^{\mathrm{T}}$$

(1) 预设参数和初始值：

$c=2, N_c=1, \theta_N=2,\ \theta_S=1, \theta_C=4,\ L=1, I=4, \boldsymbol{Z}_1=(0,0)^{\mathrm{T}}, I_k=1$

在无先验知识的情况下可先任意选取，后可根据需要通过算法逐渐修正调整。

(2) 因为只有一个聚类中心，则

$$S_1=\{\boldsymbol{X}_1,\boldsymbol{X}_2,\cdots,\boldsymbol{X}_8\}\quad N_1=8$$

(3) $N_1>\theta_N$，不进行合并。

(4) 分别计算：

聚类中心

$$\boldsymbol{Z}_1=\frac{1}{N_j}\sum_{i=1}^{N_j}=(3.38,2.75)^{\mathrm{T}}$$

类内平均距离

$$\overline{D}_1=\frac{1}{N_j}\sum_{i=1}^{N_j}\|\boldsymbol{X}_i-\boldsymbol{Z}_1\|=2.26$$

总的平均距离

$$\overline{D}=\overline{D}_1=2.26$$

(5) 不是最后一次迭代，且 $N_c=\frac{c}{2}$，转至步骤(6)。

(6) 求 S_1 的标准差向量。

$$\boldsymbol{\sigma}_1=\begin{pmatrix}1.99\\1.56\end{pmatrix}$$

(7) 求得 $\sigma_{1\max}=1.99$。

(8) $\sigma_{1\max}=1.99>\theta_S$，且 $N_c=\frac{c}{2}$，则对 S_1 进行分裂，取 $k=0.5, 0.5\sigma_{1\max}\approx1.0$，则

$$\boldsymbol{Z}_1\triangleq\boldsymbol{Z}_1^{+}=\begin{pmatrix}3.38+1\\2.75\end{pmatrix}=\begin{pmatrix}4.38\\2.75\end{pmatrix}$$

$$\boldsymbol{Z}_2\triangleq\boldsymbol{Z}_1^{-}=\begin{pmatrix}3.38-1\\2.75\end{pmatrix}=\begin{pmatrix}2.38\\2.75\end{pmatrix}$$

且 $N_c=N_c+1=2$，跳转至步骤(2)。

(2) 按最小距离原则划分得到新的聚类。

$$S_1=\{\boldsymbol{X}_4,\boldsymbol{X}_5,\boldsymbol{X}_6,\boldsymbol{X}_7,\boldsymbol{X}_8\},\quad N_1=5$$
$$S_2=\{\boldsymbol{X}_1,\boldsymbol{X}_2,\boldsymbol{X}_3\},N_2=3$$

(3) $N_2>\theta_N$，不进行合并。

(4) 计算新的聚类中心：

$$\boldsymbol{Z}_1=\begin{pmatrix}4.8\\3.8\end{pmatrix}\quad \boldsymbol{Z}_2=\begin{pmatrix}1.06\\1\end{pmatrix}$$

类内平均距离：

$$\overline{D}_1=0.8\quad \overline{D}_2=0.94$$

总的平均距离：

$$\overline{D}=0.85$$

(5) 这是偶数次迭代，故转至步骤(9)。

(9) 计算类间距离得 $D_{12}=4.72$。

(10) 经过比较与判断有 $D_{12}>\theta_N$，不能合并。

(11) 由于不是最后一次迭代，$I_k=I_k+1=3$，再判断时不需要改变参数(已经求得所需类别数目，类间距离比类内距离更大，各类样本占总体样本数的百分比也比较大，因此无须改变参数)。

再重复步骤(2)～步骤(4)，计算结果与前一次相同。

(5) 没有任何一种情况得到满足，故进入分裂程序。

(6) 计算 $S_1=\{\boldsymbol{X}_4,\boldsymbol{X}_5,\boldsymbol{X}_6,\boldsymbol{X}_7,\boldsymbol{X}_8\}$和 $S_2=\{\boldsymbol{X}_1,\boldsymbol{X}_2,\boldsymbol{X}_3\}$的标准差向量。

$$\boldsymbol{\sigma}_1=\begin{pmatrix}0.75\\0.75\end{pmatrix}\quad \boldsymbol{\sigma}_2=\begin{pmatrix}0.82\\0.82\end{pmatrix}$$

(7) $\sigma_{1\max}=0.75,\sigma_{2\max}=0.82$。

(8) $\sigma_{j\max}<\theta_S$，不满足分裂条件，转下一步。

(9) 与前一次的迭代结果相同，$D_{12}=4.72$。

(10) 不进行合并。

(11) $I_k<I$，无变化，跳转至步骤(2)。

步骤(2)～步骤(4)的运算结果与上一次迭代运算相同。

(5) 这是最后一次迭代 $I_k=I$，令 $\theta_C=0$，跳转至步骤(9)。

(9) $D_{12}=4.72$，与上一次迭代运算结果相同。

(10) 无合并发生。

(11) 因为是最后一次迭代，故结束计算。

实际上，在进行第三次迭代运算时，发现运算结果不发生改变，就可以结束运算了。

习题

1. 如图 8.17 所示的一维特征空间非线性可分问题，试求出合适的非线性将其转变为线性可分问题进行求解，并确定分界面。

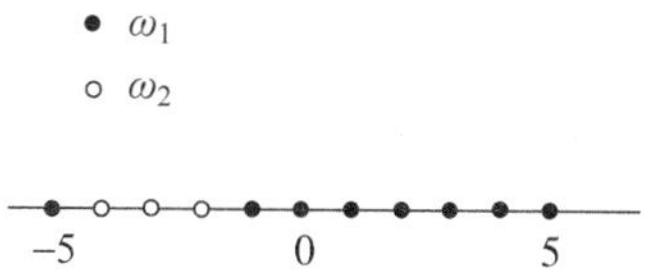

图 8.17　非线性可分的一维特征空间

2. 设总体概率密度是

$$f(x;\theta)=\begin{cases}(\theta+1)x^{\theta}, & 0<x<1\\ 0, & \text{其他}\end{cases}$$

其中，$x_1,x_2,x_3,\cdots,x_n$ 为一组样本值，求参数 θ 的极大似然估计。

3. 现有一个样本集共包含 7 个样本 $D=\{2,3,4,8,10,11,12\}$，其分布如图 8.18 所示。若设置 Parzen 窗宽度为 $h=3$，试估计在 $x=1$ 处的概率密度。

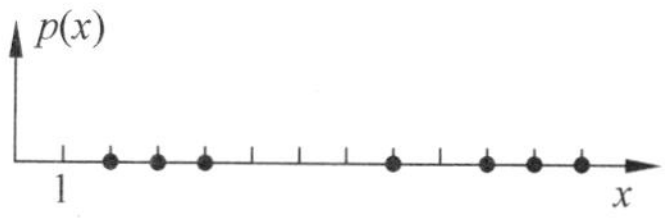

图 8.18　样本分布图

4. 试用最大最小距离聚类算法对样本集 X 进行聚类，取 $\rho=0.3$。

$$\begin{aligned}X&=\{\boldsymbol{x}_1,\boldsymbol{x}_2,\boldsymbol{x}_3,\boldsymbol{x}_4,\boldsymbol{x}_5,\boldsymbol{x}_6,\boldsymbol{x}_7\}\\&=\{(0,0)^{\mathrm{T}},(0,1)^{\mathrm{T}},(4,4)^{\mathrm{T}},(4,5)^{\mathrm{T}},(5,4)^{\mathrm{T}},(5,5)^{\mathrm{T}},(1,0)^{\mathrm{T}}\}\end{aligned}$$

5. 现有样本集 $\boldsymbol{x}_1=(0,0)^{\mathrm{T}},\boldsymbol{x}_2=(0,1)^{\mathrm{T}},\boldsymbol{x}_3=(2,1)^{\mathrm{T}},\boldsymbol{x}_4=(2,3)^{\mathrm{T}},\boldsymbol{x}_5=(3,4)^{\mathrm{T}},\boldsymbol{x}_6=(1,0)^{\mathrm{T}}$，试用 C 均值法进行聚类分析，其中 $c=2$，初始聚类中心为$(0,0)^{\mathrm{T}},(0,1)^{\mathrm{T}}$。

6. 用 ISODATA 算法对下列 10 个模式样本进行聚类分析

$$\boldsymbol{X}_1=(0,0)^{\mathrm{T}},\quad \boldsymbol{X}_2=(1,1)^{\mathrm{T}},\quad \boldsymbol{X}_3=(2,2)^{\mathrm{T}},\quad \boldsymbol{X}_4=(3,7)^{\mathrm{T}},\quad \boldsymbol{X}_5=(3,7)^{\mathrm{T}}$$

$$\boldsymbol{X}_6=(4,6)^{\mathrm{T}},\quad \boldsymbol{X}_7=(5,7)^{\mathrm{T}},\quad \boldsymbol{X}_8=(6,3)^{\mathrm{T}},\quad \boldsymbol{X}_9=(7,3)^{\mathrm{T}},\quad \boldsymbol{X}_{10}=(7,4)^{\mathrm{T}}$$

参考文献

[1]　彭凯. 概率论与数理统计[M]. 武汉：武汉理工大学出版社，2017.
[2]　韩明. 概率论与数理统计教程[M]. 2 版. 上海：同济大学出版社，2018.
[3]　李金昌. 人工智能与统计学[J]. 中国统计，2018，442(10)：18-20.
[4]　程细玉，程璟. 数理统计[M]. 厦门：厦门大学出版社，2016.
[5]　齐敏，李大健，郝重阳. 模式识别导论[M]. 北京：清华大学出版社，2009.

[6] 汪增福. 模式识别[M]. 合肥：中国科技大学出版社，2010.
[7] 石瑞民，熊允发. 应用概率统计[M]. 北京：中国人民公安大学出版社，2017.
[8] 干晓蓉. 模式识别[M]. 昆明：云南人民出版社，2006.
[9] Lecun Y, Bengio Y, Hinton G. Deep learning[J]. *Nature*, 2015, 521(7553): 436.
[10] Damas R, Avila C . Probability and Statistics[J] . *Mathematics Teaching in the Middle School*, 2016, 21(6), 324.
[11] Anderson M J, Robinson J. Generalized discriminant analysis based on distances[J]. *Australian & New Zealand Journal of Statistics*, 2003, 45(3): 301-318.
[12] Beck J V, Arnold K J. Parameter estimation in engineering & science[J]. *International Statistical Review*, 1977, 73(363).
[13] Van den Broeck J, Brestoff J R, Kaulfuss C. *Statistical Estimation*[M]. Springer Netherlands, 2013.
[14] Cortina-Borja M. Handbook of parametric and nonparametric statistical procedures, 5th Edition [J]. *Journal of the Royal Statistical Society*, 2012, 175(3): 829.

第9章 应用实例

9.1 MATLAB 基础

在用 MATLAB 编程之前,需要了解一些包含常量、变量、数组、矩阵、函数等基本的编程方法,下面进行简要介绍。

9.1.1 常量

顾名思义,常量就是指固定不变的量。MATLAB 也有一些自带的常量[1],如 pi 表示圆周率 π,i(j)表示虚数,exp(1)表示自然对数的底 e,等等。例如,在命令窗口输入这些变量,如图 9.1 所示。

```
>> pi

ans =

    3.1416

>> i

ans =

        0 + 1.0000i

>> j

ans =

        0 + 1.0000i

>> exp(1)

ans =

    2.7183
```

图 9.1　MATLAB 自带常量

9.1.2 变量

通过赋值语句可以给变量赋值。赋值语句格式为[2]

变量名 = 要赋的值(数值或者表达式);

其中,"="为赋值符号,分号则表示这是一条语句。图 9.2 给出了一个变量赋值命令。

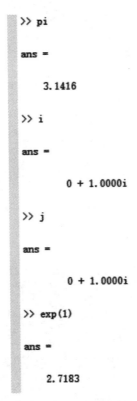

```
>> a=1;
>> A=8;
>> a

a =

     1

>> A

A =

     8
```

图 9.2　变量赋值窗口命令

9.1.3　数组

MATLAB 实现数组比较简单，如数组 y=[1 2 3 4 5] 可以在命令窗口直接输入 y=[1 2 3 4 5]，数据之间用空格或逗号隔开即可[1]。效果如图 9.3 所示。

```
>> y=[1 2 3 4 5]

y =

     1     2     3     4     5

>> y=[1,2,3,4,5]

y =

     1     2     3     4     5
```

图 9.3　一维数组窗口命令

另外，在工作空间双击变量名即可看到数组名和所创建的数组，如图 9.4 所示。

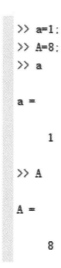

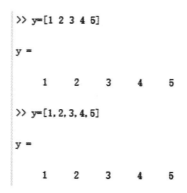

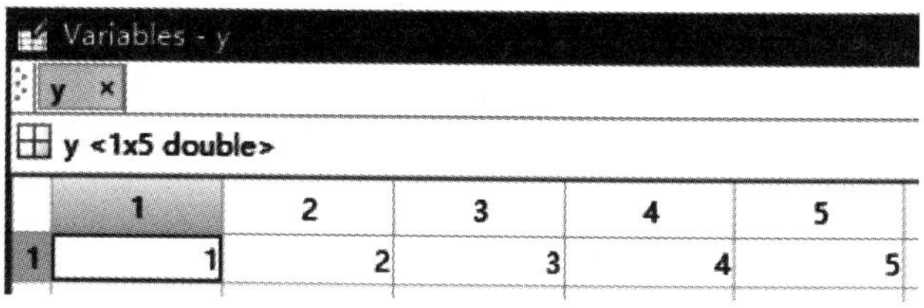

图 9.4　一维数组工作空间

9.1.4 矩阵

上面介绍的是一维数组，这里介绍二维数组，也就是矩阵。创建二维数组和一维数组类似，只需要把行与行之间用分号隔开即可[1]。例如，在命令窗口输入 A=[1 2;3 4;5 6]即可得到矩阵，如图 9.5 所示。

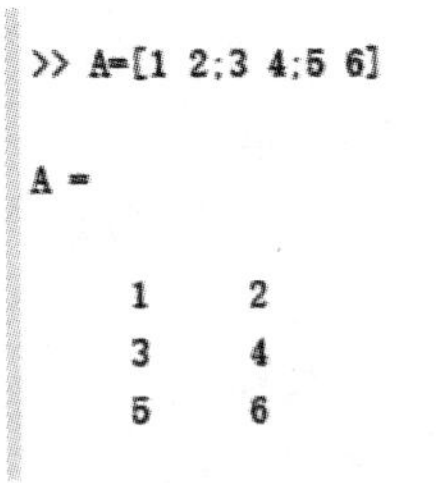

图 9.5　矩阵窗口命令

9.1.5 函数

MATLAB 创建函数的格式为[2]

$$输出变量=表达式$$

注意，表达式中涉及的变量需要预先赋值或有定义。例如，设想，x 和 y 分别赋值为 5 和 3，那么函数 z=x+y 及函数 f=xy+xsin(y)可分别用如图 9.6 所示的命令计算。

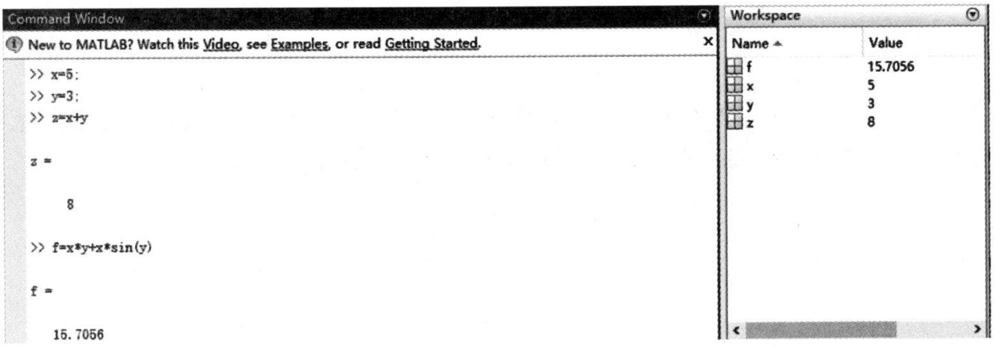

图 9.6　函数窗口命令及工作空间数值

9.1.6 循环语句

MATLAB 编程中循环语句一般用 for 循环语句表示。for 循环语句的形式如下[3]：

```
for 循环变量 = 表达式 1:表达式 2:表达式 3
    循环体语句
end
```

其中，表达式 1、表达式 2、表达式 3 分别表示循环变量的初值、步长和终值。当步长等于 1 时，表达式 2 可以省略。例如，求自然数 1～100 的和，可以用如图 9.7 所示的 for 语句实现。

从图 9.7 中可以看到，总和 sum 为 5050，这里 i 作为 for 循环语句的循环变量。

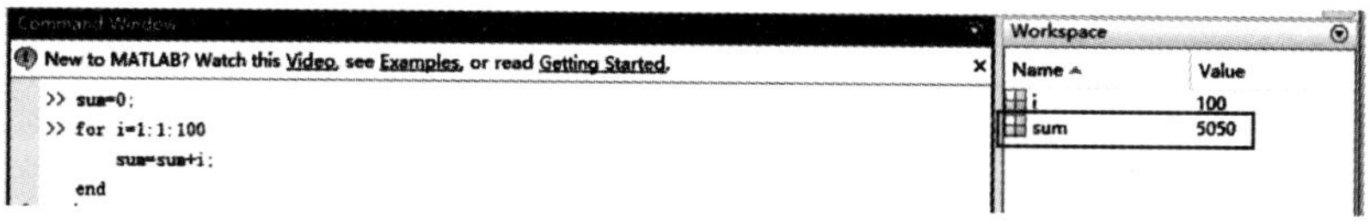

图 9.7　自然数 1～100 求和窗口命令及工作空间数值

9.1.7　条件语句

MATLAB 编程中条件语句最常用的是 if-else 条件语句，因此，这里只介绍 if-else 语句，其形式如下[4]：

```
if (条件表达式 1) 语句 1;
elseif (条件表达式 2)语句 2;
elseif(条件表达式 3)语句 3;
…
else 语句 n;
end
```

注意：if 后可以有 0 个或一个 else，也可以有 0 个或多个 elseif，但 else 必须放在 elseif 之后。另外，else 不可单独使用，必须与 if 配对出现。这里条件表达式外的括号通常可以省略。例如，当 a>b 时，y=1；当 a=b 时，y=2；否则 y=3，可以用如图 9.8 所示的 if-else 语句实现。

```
>> a=6;
>> b=2;
>> if (a>b) y=1;
   elseif (a==b) y=2;
   else y=3;
   end
>> y

y =

     1

>> a=3;
>> b=6;
>> if a>b y=1;
   elseif a==b y=2;
   else y=3;
   end
>> y

y =

     3
```

图 9.8　if-else 语句求取 y 值的窗口命令

9.2 几个典型案例

9.2.1 房价预测

小王打算寻找南京房价和年份之间的关系，收集到南京房价的历史数据如下：

```
Year x = [2000,2001,2002,2003,2004,2005,2006,2007,2008,2009,2010,2011,2012,2013],
Price y = [2.000,2.500,2.900,3.147,4.515,4.903,5.365,5.704,6.853,7.971,8.561,10.000,
        11.280,12.900]
```

使用 MATLAB 软件拟合出单价和年份之间的图形，如图 9.9 和图 9.10 所示，结合数据评价拟合结果。

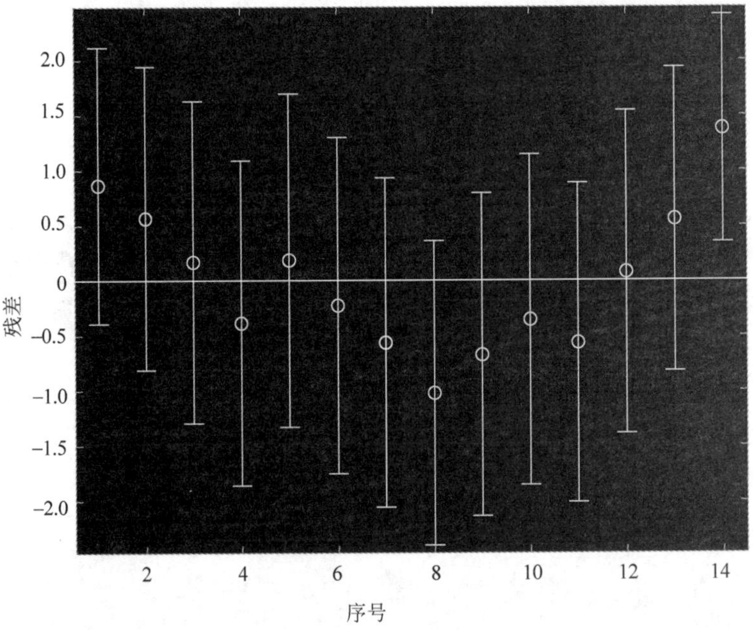

图 9.9 残差图

解：首先利用命令 plot(x,y,'r * ')画出散点图，从图形可以看出，这些点大致分布在一条直线的左右，因此，可以考虑一元线性回归。

编制程序如下：

```
x = [2000,2001,2002,2003,2004,2005,2006,2007,2008,2009,2010,2011,2012,2013];
y = [2.000,2.500,2.900,3.147,4.515,4.903,5.365,5.704,6.853,7.971,8.561,10.000,
11.280,12.900];
X = [ones(length(y),1),x'];
Y = y';
[b,bint,r,rint,stats] = regress(Y,X);
b,bint,stats
```

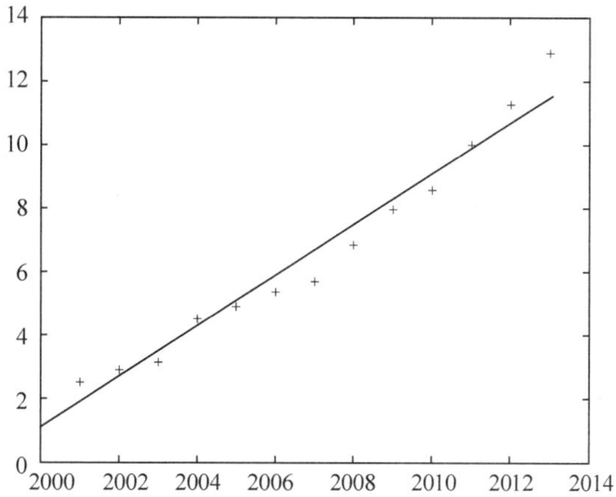

图 9.10 拟合图

```
7  rcoplot(r,rint)                %残差分析
8  z = b(1) + b(2) * x;
9  plot(x,Y,'k + ',x,z,'r')       %预测并作图
```

程序解释：输出向量 b 和 bint 为回归系数估计值和它们的置信区间，r 和 rint 为残差及其置信区间，stats 用于检验回归模型的统计量，它有 4 个数值，分别为相关系数 R^2、统计量值 F、与统计量 F 对应的概率和误差方差。

运行结果如下：

```
b =  - 1.5969
     0.0008
bint =  - 1.7986   - 1.3952
        0.0007  0.0009
stats =   0.9615  299.9719     0.0000     0.4842
```

因此可得线性回归模型：

$$y=-1.5969+0.0008$$

9.2.2 支持向量机的二分类应用

为了便于读者掌握支持向量机的原理，本节介绍一个支持向量机的简单分类应用实例及其仿真。要求读者熟悉基于 libSVM 二分类的一般流程与方法。

1. 实例内容

(1) 针对已知类别的 5 张卧室照片(标签为+1)和 5 张森林照片(标签为−1)所对应的矩阵数据进行分类训练，得到训练集模型；再利用支持向量机对另外未知类别的 5 张卧室照片和 5 张森林照片数据进行测试分类(二分类)。

(2) 得到分类结果及其准确率。

2. 仿真条件

(1) libSVM-3.24 软件包。

(2) MATLAB 2013a。

3. 仿真过程

1) 仿真步骤

(1) 根据给定的数据,选定训练集和测试集。

(2) 为训练集和测试集选定标签集。

(3) 利用训练集进行训练分类得到模型。

(4) 根据模型,对测试集进行测试得到准确率。

2) 数据准备

(1) bedroom.mat 为 10×15 的矩阵,分别代表了不同的 10 张有关于卧室图片的十五维属性,如图 9.11 所示。

bedroom <10x15 double>

	1	2	3	4	5	6	7	8	9	10	11	12	13	14	15
1	413.9510	422.9055	419.9332	416.2211	413.6629	454.8174	470.6336	443.3987	422.8556	447.2453	455.1718	427.1775	425.7503	415.3195	427.6229
2	365.6982	395.8340	378.0411	368.8984	365.8541	404.8282	434.1727	397.1676	395.6115	409.9343	421.9930	399.6448	393.0494	370.4787	385.2924
3	408.2997	420.0339	414.6973	414.2391	410.2715	449.0245	462.9025	433.9995	419.4307	443.1298	444.8681	422.4281	420.0445	415.2436	420.4300
4	406.7416	415.9033	415.3514	405.2924	406.5316	445.8755	461.2763	433.9949	410.8267	446.4875	445.5523	417.8944	419.4319	410.7842	417.0487
5	539.9242	552.4297	552.5695	551.6038	545.5941	582.0027	579.4850	579.2480	560.1797	563.2573	571.2560	557.8630	558.9190	550.8650	552.3057
6	463.2484	472.2079	469.9991	461.5149	465.0225	512.2010	510.4087	494.7568	466.1689	506.4764	497.8393	471.4288	476.4459	463.9015	471.8529
7	364.9729	380.5739	368.3372	367.2912	363.9928	395.9389	412.0177	386.4368	375.4537	398.2989	401.9197	379.8994	373.7515	369.6381	374.8141
8	492.9610	497.3143	489.8594	494.0539	490.5629	518.8936	530.3140	506.2037	497.1599	515.7013	511.6903	493.7649	495.4065	499.1809	495.9746
9	377.6268	392.7985	383.7478	379.4047	376.4012	403.0364	438.9711	398.4962	395.3762	404.5173	405.6650	393.6579	394.9626	373.4802	389.9703
10	406.7551	415.5401	416.1037	404.9116	405.7760	446.1167	460.7736	433.4981	411.1946	445.6545	445.8612	418.1709	419.7221	409.4053	417.2208

图 9.11 bedroom 属性矩阵

(数据来自 https://www.cnblogs.com/litthorse/p/9040436.html)

(2) forest.mat 为 10×15 矩阵,分别代表了不同的 10 张有关于森林图片的十五维属性,如图 9.12 所示。

MITforest <10x15 double>

	1	2	3	4	5	6	7	8	9	10	11	12	13	14	15
1	599.6515	589.1573	595.6978	609.0243	603.1004	601.5838	555.4240	602.4783	594.0806	586.3585	573.8764	594.2521	579.2323	631.4986	594.5033
2	563.0401	551.3541	558.8418	574.3963	565.4314	564.6445	531.9160	565.4444	561.7425	550.2928	542.4693	559.2445	547.4785	595.6265	561.8168
3	604.6008	595.2937	602.6952	615.6809	610.0681	604.7403	548.7296	608.4875	601.2456	592.4866	579.4121	604.8346	585.8549	639.4307	602.3089
4	608.4187	600.8469	606.0792	621.7410	613.8710	604.8068	575.6483	611.5210	605.2678	598.7097	580.9299	610.4379	592.5610	643.5175	606.0732
5	599.6035	589.9101	595.8983	609.4920	601.7165	590.2753	572.3389	597.9455	596.3643	588.8839	574.2710	598.1416	585.0467	626.3102	596.9098
6	599.9324	590.7204	595.8267	608.7556	605.7605	596.9539	565.8065	602.3397	596.9436	587.6023	572.9766	599.5797	581.2898	636.8949	596.1679
7	589.9741	580.1553	583.7190	596.7889	589.4695	594.6655	564.3120	594.3314	586.1537	576.8056	570.1941	585.2234	570.4440	613.8525	582.2130
8	584.9560	583.7828	577.7092	591.1465	584.1628	607.4052	558.6087	601.0240	578.8145	566.2615	567.0485	576.9374	566.5452	607.5261	577.6763
9	558.4927	547.7104	549.1522	562.9842	555.5723	555.1099	543.3511	553.3033	556.0400	537.5295	542.0438	548.5403	543.8964	571.1333	552.2320
10	522.0638	509.3912	520.7866	533.1569	524.6619	514.3378	513.2315	522.5721	517.2164	509.3435	504.8105	519.1680	505.1272	543.5003	525.8954

图 9.12 forest 属性矩阵

(3) 训练集: trainset(); 分别取 bedroom(1:5,:)和 forest(1:5,:)作为训练集。

(4) 测试集: testset(); 分别取 bedroom(6:10,:)和 forest(6:10,:)作为测试集。

(5) 标签集: labelset(); 取 bedroom 的数据为正类标签+1; forest 的数据为负类标签-1。

3）MATLAB程序与结果

（程序来自：https://www.cnblogs.com/litthorse/p/9040436.html）

（1）程序。

```
clear all;
clc;

load bedroom.mat
load forest.mat
Dataset = [bedroom;MITforest];          % dataset 将 bedroom 和 forest 合并
load labelset.mat                       % 导入分类标签集;

%% 将 bedroom.mat 的 1~5 行数据以及 forest.mat 的 11~15 行数据作为训练集
train_set = [dataset(1:5,:);dataset(11:15,:)];
train_set_labels = [labelset(1:5);labelset(11:15)];   % 相应的训练集的标签分离出来
%% 将 bedroom.mat 的 6~10 行数据以及 forest.mat 的 16~20 行数据作为测试集
test_set = [dataset(6:10,:);dataset(16:20,:)];
test_set_labels = [labelset(6:10);labelset(16:20)];   % 相应的测试集的标签分离出来

%% 数据预处理,将训练集和测试集归一化到[0,1]区间;
[mtrain,ntrain] = size(train_set);
[mtest,ntest] = size(test_set);
test_dataset = [train_set;test_set];
[dataset_scale,ps] = mapminmax(test_dataset',0,1);   % mapminmax 为 MATLAB 自带的归一化函数
dataset_scale = dataset_scale';
train_set = dataset_scale(1:mtrain,:);
test_set = dataset_scale( (mtrain+1):(mtrain+mtest),: );

%% SVM 网络训练
model = svmtrain(train_set_labels, train_set, '-c 1 -g 0.07');

%% SVM 网络预测
[predict_label] = svmpredict(test_set_labels, test_set, model);

%% 结果分析
figure;
hold on;
plot(test_set_labels,'o');
plot(predict_label,'r*');
xlabel('测试集样本','FontSize',12);
ylabel('类别标签','FontSize',12);
legend('实际测试集分类','预测测试集分类');
title('测试集的实际分类和预测分类图','FontSize',12);
grid on;
```

(2) 仿真结果。

仿真结果如图 9.13 所示。

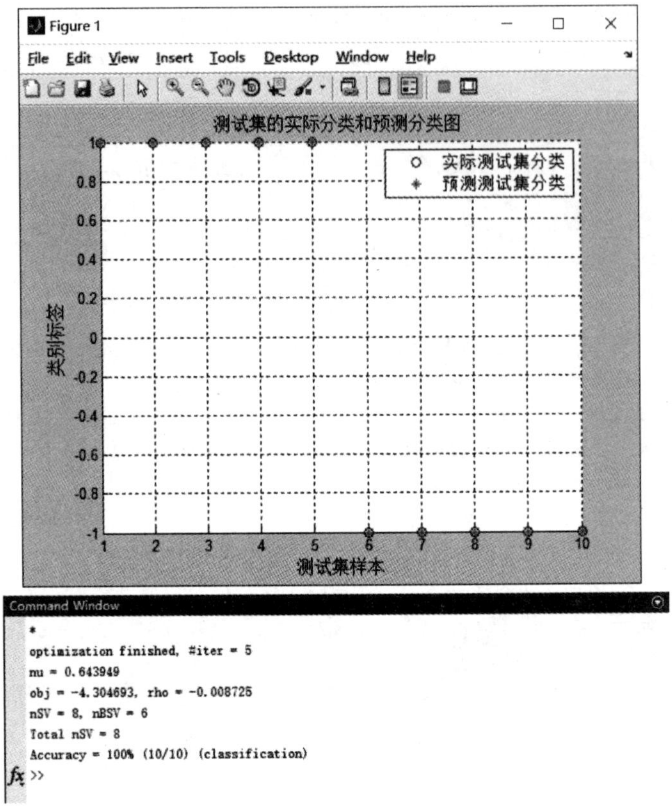

图 9.13　仿真结果及准确率

在仿真结果图中，蓝色图标表示实际测试集分类，1～5 的分类标签为＋1，6～10 的分类标签为－1；红色图标表示预测测试集分类，1～5 的分类标签为＋1，6～10 的分类标签为－1。由此可以看出，预测测试集分类结果与实际测试集分类结果完全一致，分类准确率达到 100％。

这是一个简单的二分类实际例子，感兴趣的读者可以尝试把支持向量机应用到更为复杂的实际工程应用中。

9.2.3　豆瓣读书评价分析

一本新书销量的好坏与该书的评分有着很大的关系，评分高的书籍销量往往较高，评分较低的书籍销量往往较低，因此出版商常常利用书籍的评分来决定需要预印刷数量。一本新书的评分与许多因素有关，已知新书的评分与该书籍出版社的知名度、书籍作者的知名度、书籍的阅读量、出版社的历史出版物平均得分和书籍作者的历史书籍的评分有关。我们把书籍的评分分为 1、2、3、4 共 4 个等级。同时为了方便求解，我们把这些指标进行量化，示例数据如表 9.1 所示。

表 9.1 书籍示例

书籍出版社知名度	书籍作者知名度	书籍阅读量	出版社历史评分	作者作品平均评分	评　分
0.651	0.283	0.066	0	0	1
0.226	0.452	0.29	0.032	0	2
0.359	0.394	0.22	0.023	0.003	3

现已知共有 10 000 条相关数据，请设计一个能够通过给定特征实现预测的书籍评分的模型。

解：分析问题可以发现，模型的输出有多个可能的结果，且该结果是定性分析，因此可以把该问题归类为一个多分类问题，可以考虑用于分类问题的模型结构。这里我们选择神经网络结构，神经网络有着学习能力强、支持多分类等特点。因此我们设计三层神经网络来实现对于读书评分的预测。设输入为

$$\boldsymbol{x}=[x_1,x_2,x_3,x_4,x_5]$$

其中，x_1,x_2,x_3,x_4,x_5 分别代表前面描述的 5 个特征。

选用三层神经网络，选择 sigmoid 函数作为激活函数，输出层选用 softmax 实现多分类。模型的训练采用随机梯度下降算法和 mini-batch 梯度下降算法实现，模型的损失函数选择交叉熵损失函数。具体实现过程将在实现代码中进行标明，模型实现的代码如下：

```
clc
clear all
close all

% bp 神经网络的预测代码
% 载入输出和输入数据

load train.txt;
load train.txt;

% 保存数据到 MATLAB 的工作路径中

save p.mat;
save t.mat;

% 注意 t 必须为行向量
% 赋值给输出 p 和输入 t

p = p;
t = t;

% 数据的归一化处理,利用 mapminmax()函数,使数值归一化到[ - 1.1]区间
% 该函数使用方法如下:[y,ps] = mapminmax(x,ymin,ymax),x 为需归化的数据输入,
```

```
% ymin,ymax 为需归化到的范围,不填默认为归一化到[ - 1,1]
% 返回归化后的值 y,以及参数 ps,ps 在结果反归一化中,需要调用

[p1,ps] = mapminmax(p);
[t1,ts] = mapminmax(t);

% 确定训练数据,测试数据,一般是随机地从样本中选取 70 % 的数据作为训练数据
% 15 % 的数据作为测试数据,一般是使用函数 dividerand,其一般的使用方法如下
% [trainInd,valInd,testInd] = dividerand(Q,trainRatio,valRatio,testRatio)

[trainsample.p,valsample.p,testsample.p] = dividerand(p,0.7,015,015);
[trainsample.t,valsample.t,testsample.t] = dividerand(t, 0.7,015,015);

% 建立反向传播算法的 BP 神经网络,使用 newff 函数,其一般的使用方法如下
% net = newff(minmax(p),[隐藏层的神经元的个数,输出层的神经元的个数],{隐藏层神经元的
传输函数,输出层的传输函数},'反向传播的训练函数'),其中 p 为输入数据,t 为输出数据
% tf 为神经网络的传输函数,默认'tansig()'函数为隐藏层的传输函数
% purelin()函数为输出层的传输函数
% 一般在这里还有其他的传输的函数,如果预测出来的效果不是很好,可以调节
% TF1 = 'tansig';TF2 = 'logsig';
% TF1 = 'logsig';TF2 = 'purelin';
% TF1 = 'logsig';TF2 = 'logsig';
% TF1 = 'purelin';TF2 = 'purelin';

TF1 = 'tansig';TF2 = 'purelin';
net = newff(minmax(p),[10,1],{TF1 TF2},'traingdm');        % 网络创建

% 网络参数的设置

net.trainParam.epochs = 10000;                             % 训练次数设置
net.trainParam.goal = 1e - 7;                              % 训练目标设置
net.trainParam.lr = 0.01;

% 学习率设置,应设置为较小值,太大虽然会在开始加快收敛速度,但邻近最佳点时,会产生动荡,
% 而致使无法收敛

net.trainParam.mc = 0.9;                                   % 动量因子的设置,默认为 0.9
net.trainParam.show = 25;                                  % 显示的间隔次数

% 指定训练参数
% net.trainFcn = 'traingd';                                % 梯度下降算法
% net.trainFcn = 'traingdm';                               % 动量梯度下降算法
% net.trainFcn = 'traingda';                               % 变学习率梯度下降算法
% net.trainFcn = 'traingdx';                               % 变学习率动量梯度下降算法

net.trainFcn = 'traingd';
[net,tr] = train(net,trainsample.p,trainsample.t);

% 计算仿真,一般用 sim()函数
[normtrainoutput,trainPerf] = sim(net,trainsample.p,[ ],[ ],trainsample.t);
% 训练的数据,根据 BP 得到的结果
```

```
[normvalidateoutput,validatePerf] = sim(net,valsample.p,[],[],valsample.t);
%验证的数据,经 BP 得到的结果
[normtestoutput,testPerf] = sim(net,testsample.p,[],[],testsample.t);
%测试数据,经 BP 得到的结果
%将所得的结果进行反归一化,得到其拟合的数据

trainoutput = mapminmax('reverse',normtrainoutput,ts);
validateoutput = mapminmax('reverse',normvalidateoutput,ts);
testoutput = mapminmax('reverse',normtestoutput,ts);

%正常输入的数据的反归一化的处理,得到其正式值

trainvalue = mapminmax('reverse',trainsample.t,ts);          %正常的验证数据
validatevalue = mapminmax('reverse',valsample.t,ts);         %正常的验证数据
testvalue = mapminmax('reverse',testsample.t,ts);            %正常的测试数据
```

实验过程中的准确率如图 9.14 所示。

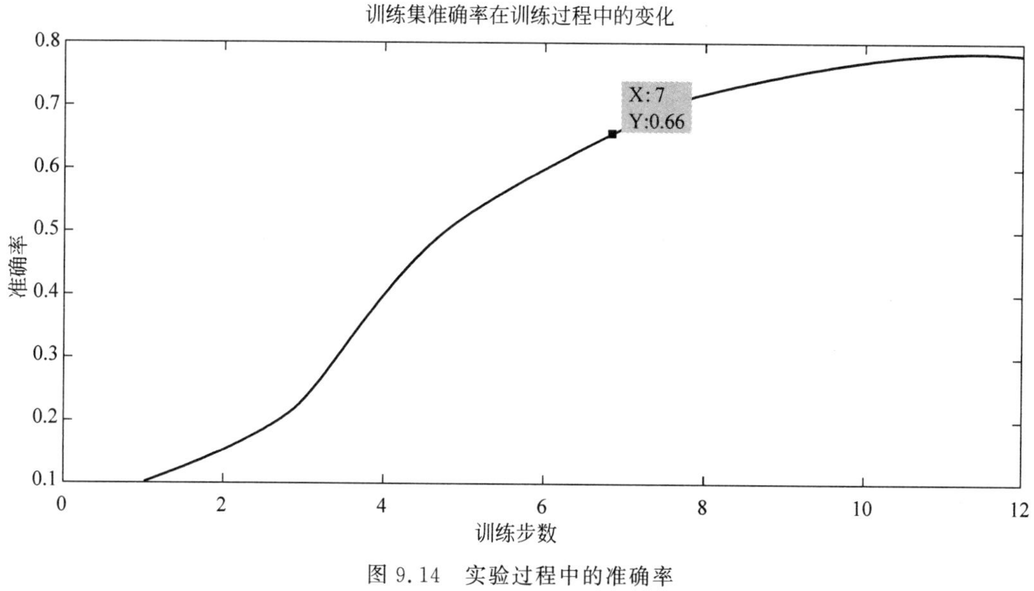

图 9.14 实验过程中的准确率

9.2.4 手写数字识别

MNIST 数据集是一个手写数字数据集,每一张图片都是包含 0～9 中的单个手写数字的图像,如图 9.15 所示。MNIST 数据集由两个数据集的合并而成,一个数据集来自美国国家标准与技术研究所的工作人员,另一个来自高中学生。MNIST 数据集有训练样本 60 000 个,测试样本 10 000 个。

我们设计一个卷积神经网络,使用 MNIST 数据集对该神经网络进行训练,实现对手写数字的正确识别,使用 MATLAB 进行编程。主要内容包括 5 个部分:

① 加载和显示 MNIST 数据集;

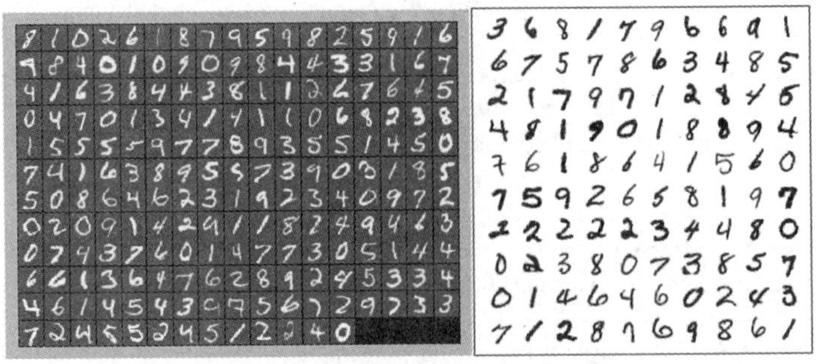

图 9.15　MNIST 数据集

② 定义卷积神经网络结构；

③ 定义训练的训练算法和设置超参数；

④ 训练卷积神经网络；

⑤ 使用训练后的卷积神经网络去识别手写数字并计算准确率。

(1) 在 MATLAB 工作空间中加载 MNIST 数据集，数据集中包含 10 000 张图像，0～9 中每个数字的图像均为 1000 张：

```
digitDatasetPath = fullfile(matlabroot, 'toolbox', 'nnet', 'nndemos', 'nndatasets',
                   'DigitDataset');
imds = imageDatastore(digitDatasetPath,'IncludeSubfolders', true, 'LabelSource',
       'foldernames');
```

对 MNIST 数据集进行显示(见图 9.16)：

```
figure;
perm = randperm(10000,20);
for i = 1:20
    subplot(4,5,i);
    imshow(imds.Files{perm(i)});
end
```

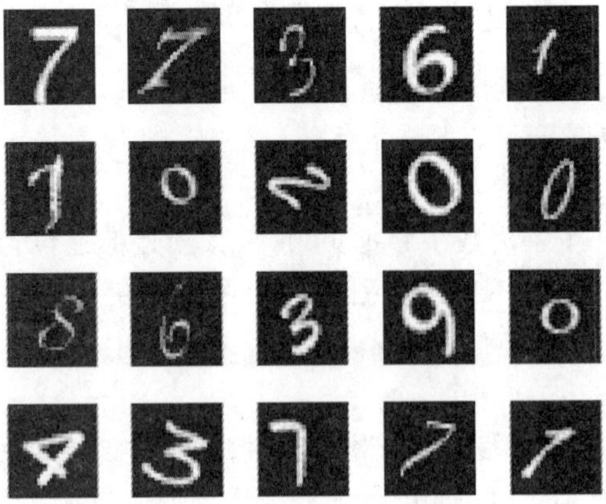

图 9.16　MNIST 数据集显示的结果

可以通过如下代码获取每张图片的尺寸：

```
img = readimage(imds, 1);
size(img)
```

获取到每张图片的宽为 28，高也为 28。将数据集拆分为训练数据集和测试数据集，其中训练数据集的图像占 75%，测试数据集占 25%：

```
numTrainFiles = 750;
[imdsTrain, imdsValidation] = splitEachLabel(imds, numTrainFiles, 'randomize');
```

(2) 定义卷积神经网络结构，该卷积神经网络包括 3 个卷积层。

```
layers = [
    imageInputLayer([28 28 1])
    convolution2dLayer(3,8,'Padding','same')
    batchNormalizationLayer
    reluLayer
    maxPooling2dLayer(2,'Stride',2)
    convolution2dLayer(3,16,'Padding','same')
    batchNormalizationLayer
    reluLayer
    maxPooling2dLayer(2,'Stride',2)
    convolution2dLayer(3,32,'Padding','same')
    batchNormalizationLayer
    reluLayer
    fullyConnectedLayer(10)
    softmaxLayer
classificationLayer];
```

(3) 使用基于动量的随机梯度下降算法对神经网络进行训练。

```
options = trainingOptions('sgdm', 'InitialLearnRate',0.01,
'MaxEpochs',4,
'Shuffle','every-epoch',
'ValidationData',imdsValidation,
'ValidationFrequency',30,
'Verbose',false,
'Plots','training-progress');
```

(4) 训练神经网络，如图 9.17 所示。

```
net = trainNetwork(imdsTrain,layers,options);
```

(5) 计算训练后的卷积神经网络准确率。

```
YPred = classify(net,imdsValidation);
YValidation = imdsValidation.Labels;
accuracy = sum(YPred == YValidation)/numel(YValidation)
```

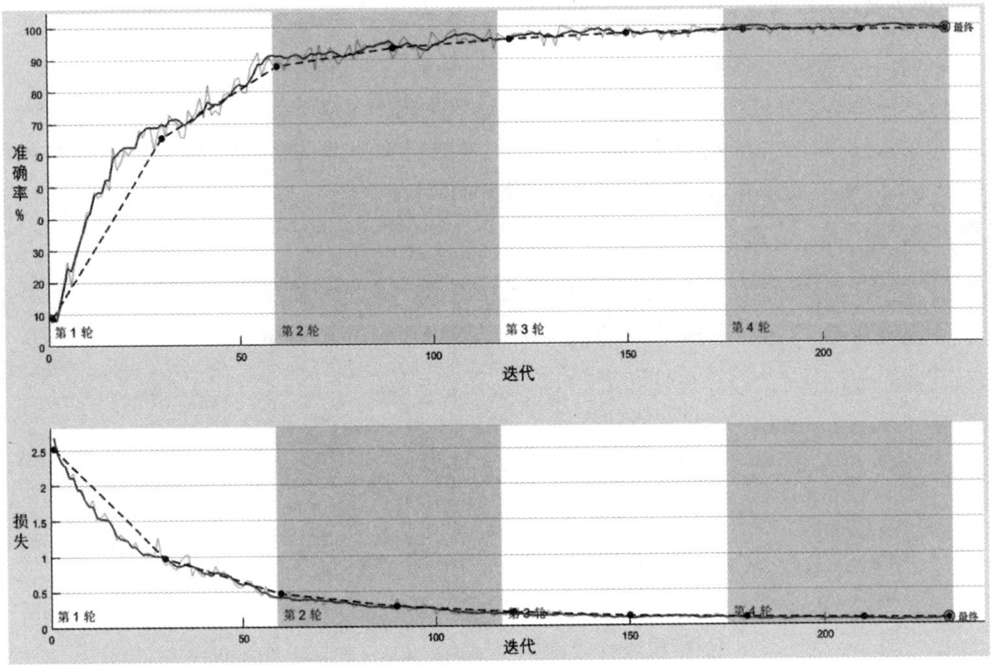

图 9.17　卷积神经网络训练结果图

卷积神经网络经过训练后，对手写数字的识别准确率是 accuracy = 0.9884。

9.2.5　基于循环神经网络的情感分类

随着互联网技术的发展，对网络内容监管、监控和有害（或垃圾）信息过滤的需求越来越大，网络信息的主观倾向性分类受到越来越多的关注。与传统文本分类不同，传统文本分类关注文本的客观内容，而倾向性分类关注文本中作者表达出来的主观倾向性信息。其中，情感分类是要从文本中获得作者是否支持某种观点的信息，以此将文本划分为褒扬的或贬义的两种或几种类型。以往可以使用基于统计的机器学习算法（支持向量机、朴素贝叶斯方法等）进行分类，但如今随着深度学习技术的飞速发展，使用用于处理文本序列的 RNN 即可达到较好的分类效果。现有一酒店评论数据集，其中包括正负两种评论，那么如何利用 RNN 构建一个评论分类模型实现酒店文本的情感分类？

已知数据集中数据格式如表 9.2 所示。

表 9.2　数据格式

字　段	说　明
Label	1：表示满意的评论 0：表示不满意的评论
review	评论内容

每一条评论文本对应着一条情感标签，利用已有知识可知，此时适用多对一的RNN架构。即首先利用RNN编码器对评论文本序列进行编码处理，获得对应的语义表示C，再经由全连接网络即可实现对评论满意或不满意的分类。构建模型如图9.18所示。

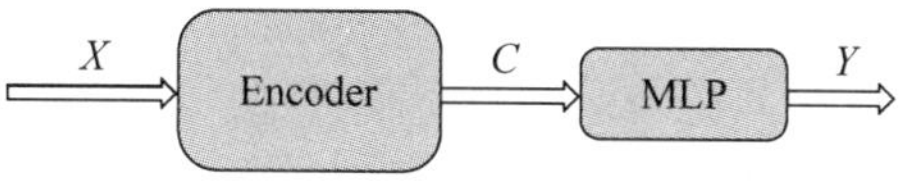

图9.18 模型框架

1. 数据预处理

1）训练、测试集构造

原数据中含有5322条正向评论数据、2444条负向评论数据。首先需要构建训练和测试数据集。考虑类别不平衡问题，且结合当前任务为简单的二分类（即使去除一些样本也可以达到较好的分类性能）的实际情况，我们采用随机采样的方法构建训练和测试数据集，如表9.3所示。

表9.3 训练和测试数据集

类　别	正　例	负　例
训练数据集	2000	2000
测试数据集	400	400

此处进行的是较为粗略的处理，进行随机采样势必会导致来自样本信息的缺失，为此人们针对不同情况提出了EasyEnsemble、BalanceCasade、Smote等算法，感兴趣的读者可以自行查阅资料，这里不做介绍。

2）中文分词

使用结巴分词对训练、测试数据集进行分词处理，即将句子拆分为单个的词。分词前，需要将文本中的数字、字母和特殊符号去除，可以使用Python中的string和re模块实现。分词结束后构建词典，此时每一个单词对应一个ID，以便于后续word2vec的查询。

3）去除停用词

分词结束后即可读取停用词表中的停用词，并对分词后的语料进行匹配以去除停用词。去除这些停用词可以使模型将更多的注意力放在有用的单词上，加速模型训练。另外还需要注意的是，由于我们做的是情感分类任务，传统停用词表中一些停用词可能会对分类结果产生影响，考虑下面这种情况：

满意：“我很喜欢这家店，住宿条件很好。”

不满意：“我不喜欢这家店。”

一般“不”将作为停用词被过滤，但此时如果我们将其过滤则会导致文本表示的情感发生改变，如果此类数据占比较大就会严重影响模型预测的准确性。因此，我们在去除停用词时要结合具体情况进行处理,此时只去除标点符号、人称代词、敏感性词汇。

4) 获取特征词向量

将每个单词对应的 ID 表示转化为特征词向量表示,常见的方法有 BOW、TF-IDF、Word2Vec。此处使用 Glove 预训练词向量,词向量维度为二百。

步骤如下:

(1) 读入 Glove 预训练词向量矩阵。

(2) 按照输入句子中的单词 ID,查询词向量矩阵(ID 对应于矩阵的行数),获得与 ID 对应的词向量,则一个句子将转化为词向量矩阵,以此作为模型输入。

2. 构建模型

数据集处理完成后,结合图 9.18 所示模型架构,进行具体模型搭建:以 LSTM 为基本单元构建模型,如图 9.19 所示。

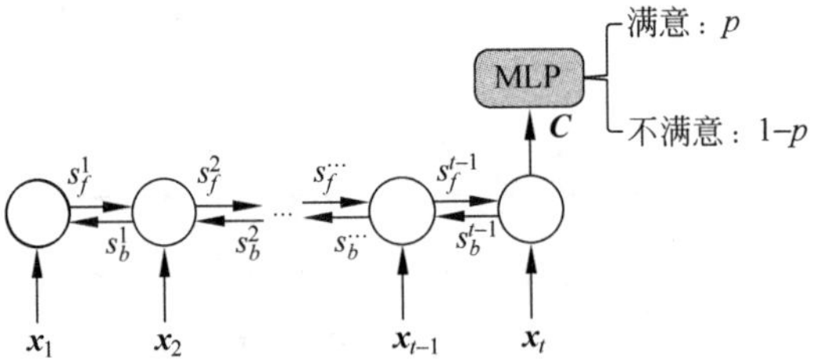

图 9.19 模型结构

其中,$\boldsymbol{s}_t=[s_f^t, s_b^t]$;$\boldsymbol{C}=\text{Enc}(X)=\boldsymbol{s}_t$;$\boldsymbol{o}=\text{MLP}(\boldsymbol{C})$;$y=\text{argmax}(\text{sigmoid}(o))$。$y$ 即为对应当前输入序列的类别预测。

确定模型后,可以使用交叉熵函数作为损失函数,并以 Adam 优化器对模型进行训练。

3. 实验结果

训练过程曲线如图 9.20 所示。

由图 9.20 可知,模型最终可以达到收敛,训练集上预测准确率在稳步提高并最终稳定。

使用得到的模型进行预测工作,数据输入与方式与训练样本相同。最后得到预测值的分类准确率为 0.9524。

可知针对情感二分类任务,使用 RNN 可以获得较为良好的结果,也可以尝试使用分层结构或预训练模型等技术来实现更好的分类效果。

4. 实验代码

```
[XTrain,YTrain] = ChnSentiCorpTrainData;      ＃加载训练数据
numObservations = numel(XTrain);              ＃获取每个输入训练数据的长度
```

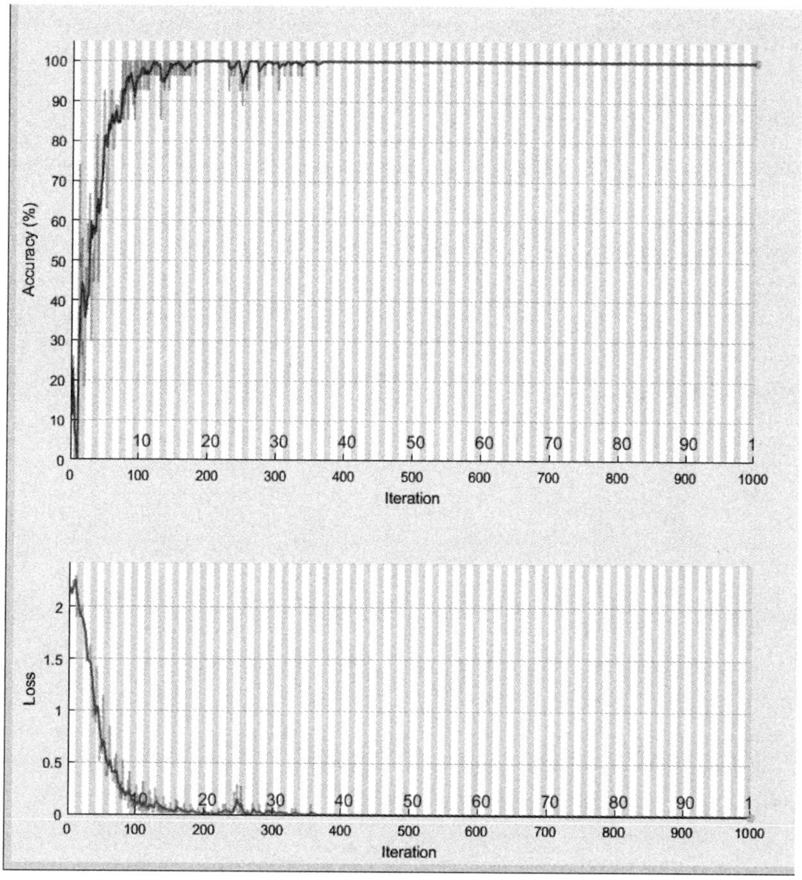

图 9.20 训练过程曲线

```
for i = 1:numObservations
    sequence = XTrain{i};
    sequenceLengths(i) = size(sequence,2);
end
[sequenceLengths,idx] = sort(sequenceLengths);    #将序列按照长度排序
XTrain = XTrain(idx);
YTrain = YTrain(idx);

miniBatchSize = 16;                        #设置 mini-batch 大小为 27
inputSize = 200;                           #输入大小为输入数据维度二百
numHiddenUnits = 200;                      #双向 LSTM 隐藏单元数 200
numClasses = 2;                            #输出大小为 2 的全连接层,后跟 softmax 层和分类层
maxEpochs = 100;                           #训练轮数 100

#定义 LSTM 网络架构
layers = [ ...
    sequenceInputLayer(inputSize)
```

```
    bilstmLayer(numHiddenUnits,'OutputMode','last')
    fullyConnectedLayer(numClasses)
    softmaxLayer
    classificationLayer]

#指定优化器 Adam,梯度阈值 1,最大训练轮数 100,以 27 位 mini-batch 大小,填充数据与最长序列相同
options = trainingOptions('adam', ...
    'ExecutionEnvironment','gpu', ...
    'GradientThreshold',1, ...
    'MaxEpochs',maxEpochs, ...
    'MiniBatchSize',miniBatchSize, ...
    'SequenceLength','longest', ...
    'Shuffle','never', ...
    'Verbose',0, ...
    'Plots','training-progress');
net = trainNetwork(XTrain,YTrain,layers,options);          #训练 LSTM 网络

#测试 LSTM 网络
[XTest,YTest] = japaneseVowelsTestData;          #加载测试数据
numObservationsTest = numel(XTest);              #获取每个输入测试数据的长度
for i = 1:numObservationsTest
    sequence = XTest{i};
    sequenceLengthsTest(i) = size(sequence,2);
end

[sequenceLengthsTest,idx] = sort(sequenceLengthsTest);    #将序列按照长度排序
XTest = XTest(idx);
YTest = YTest(idx);

miniBatchSize = 16;
YPred = classify(net,XTest, ...
    'MiniBatchSize',miniBatchSize, ...
    'SequenceLength','longest');                 #对测试数据进行分类
acc = sum(YPred == YTest)./numel(YTest)          #计算预测分类准确率
```

9.2.6 国民健康状况研究

根据世界银行 WDI 数据库,国家统计局给出了如图 9.21 所示的共计 43 个国家和地区 2000 年、2010 年、2016 年的婴儿死亡率和出生时预期寿命数据,现尝试根据这些数据,对各个国家和地区进行聚类分析。

国家和地区	Country or Area	婴儿死亡率(‰) Infant Mortality Rate(‰) 2000	2010	2016	出生时预期寿命(岁) Life Expectancy at Birth (years) 2000	2010	2016
世 界	**World**	**53.9**	**37.4**	**30.5**	**67.7**	**70.7**	**72.0**
中 国	China	30.1	13.5	8.5	72.0	75.2	76.3
孟加拉国	Bangladesh	64.0	39.1	28.2	65.3	70.2	72.5
文 莱	Brunei Darussalam	9.5	8.8	8.5	75.2	76.7	77.2
柬埔寨	Cambodia	79.6	37.8	26.3	58.4	66.6	69.0
印 度	India	66.6	45.5	34.6	62.6	66.6	68.6
印度尼西亚	Indonesia	41.1	27.5	22.2	66.3	68.2	69.2
伊 朗	Iran	28.2	16.5	13.0	70.1	73.9	76.0
以色列	Israel	5.6	3.7	2.9	79.0	81.6	82.4
日 本	Japan	3.3	2.4	2.0	81.1	82.8	84.0
哈萨克斯坦	Kazakhstan	37.1	19.1	10.1	65.5	68.3	72.3
韩 国	Korea, Rep.	6.4	3.5	2.9	75.9	80.1	82.0
老 挝	Laos	82.5	58.5	48.9	58.9	64.4	66.7
马来西亚	Malaysia	8.7	6.8	7.1	72.8	74.2	75.3
蒙 古	Mongolia	48.6	22.0	15.4	62.9	67.4	69.3
缅 甸	Myanmar	65.6	49.3	40.1	62.1	65.2	66.6
巴基斯坦	Pakistan	88.1	73.6	64.2	62.7	65.1	66.5
菲律宾	Philippines	30.0	24.9	21.5	67.2	68.3	69.1
新加坡	Singapore	3.0	2.2	2.2	78.0	81.5	82.8
斯里兰卡	Sri Lanka	14.1	9.7	8.0	71.0	74.4	75.3
泰 国	Thailand	19.6	12.8	10.5	70.6	73.9	75.3
越 南	Viet Nam	23.6	18.6	17.3	73.3	75.1	76.3
埃 及	Egypt	37.3	24.3	19.4	68.6	70.4	71.5
尼日利亚	Nigeria	112.3	81.1	66.9	46.3	50.9	53.4
南 非	South Africa	46.3	37.3	34.2	56.3	55.9	62.8
加拿大	Canada	5.2	4.9	4.3	79.2	81.2	82.3
墨西哥	Mexico	22.5	14.8	12.6	74.4	76.1	77.1
美 国	United States	7.1	6.2	5.6	76.6	78.5	78.7
阿根廷	Argentina	17.3	12.9	9.9	73.8	75.6	76.6
巴 西	Brazil	31.3	17.7	13.5	70.1	73.8	75.5
委内瑞拉	Venezuela	18.5	14.7	14.0	72.3	73.6	74.6
捷 克	Czech Rep.	4.5	2.7	2.5	75.0	77.4	78.3
法 国	France	4.4	3.5	3.2	79.1	81.7	82.3
德 国	Germany	4.4	3.5	3.2	77.9	80.0	80.6
意大利	Italy	4.8	3.4	2.8	79.8	82.0	82.5
荷 兰	Netherlands	5.1	3.8	3.2	78.0	80.7	81.5
波 兰	Poland	8.1	5.2	4.0	73.8	76.3	77.5
俄罗斯	Russia	16.6	8.6	6.6	65.5	68.8	71.6
西班牙	Spain	4.3	3.1	2.7	79.0	81.6	82.8
土耳其	Turkey	31.9	16.4	10.9	70.0	74.2	75.8
乌克兰	Ukraine	15.7	10.1	7.8	67.9	70.3	71.5
英 国	United Kingdom	5.5	4.4	3.7	77.7	80.4	81.0
澳大利亚	Australia	5.1	4.0	3.1	79.2	81.7	82.5
新西兰	New Zealand	6.1	5.1	4.5	78.6	80.7	81.6

图 9.21　43 个国家和地区 2000 年、2010 年、2016 年的婴儿死亡率和出生时预期寿命数据

(1) 分析：现实世界中存在着大量的分类问题，而聚类分析作为研究分类问题的一种非常重要的方法，在生物、经济、人口、生态、电商等多个方面都存在着广泛的应用。其中，C 均值聚类法由于其快速性和方便性成为一种常用的聚类方法。因此在此尝试用 C 均值法进行聚类分析。

其基本步骤为：选择 C 个样本作为初始聚类中心，然后对其余样本根据与聚类中心距离大小，逐个进行归类，并将该类的聚点更新为此时这一类的均值，最后重复上一步直至聚类中心不再发生改变为止。

(2) 采集并整理数据集。

```
[X,textdata] = xlsread('exemp.xlsx','Sheet1','3:47');
row = ~any(isnan(X),2);
X = X(row,:);
contryname = textdata(1:end,1);
contryname(row == 0) = [];
```

%读取数据，利用 isnan()函数，对行向量做出判断，其中 row=～any(isnan(X),2)是取 A=isnan(X)与 row=～any(isnan(X),2)的简化，使其返回一个逻辑向量，其中观测元素缺失项为 0。然后提取非缺失元素和对应的国家或地区名字。

```
X = zscore(X);
% 标准化数据
```

(3) 选取初始聚类点。

```
startdata = X([16,28],:);
idx = kmeans(X,2,'Start',startdata);
[S,H] = silhouette(X,idx);
contryname(idx == 1)
contryname(idx == 2)
```

%人为随机指定，此例中尝试将 43 个国家和地区分为两类，选取第 16 个和第 28 个样本为初始聚类中心。查看分类信息并绘制轮廓图。

得到结果：

```
ans =
  8 × 1 cell 数组
    {'孟加拉国'};{'柬埔寨'};{'印度'};{'老挝'};{'缅甸'};{'巴基斯坦'},{'尼日利亚'};{'南非'}
ans =
  35 × 1 cell 数组
    {'中国'};{'文莱'};{'印度尼西亚'};{'伊朗'};{'以色列'};{'日本'};{'哈萨克斯坦'};{'韩国'};
{'马来西亚'};{'蒙古'};{'菲律宾'};{'新加坡'};{'斯里兰卡'};{'泰国'};{'越南'};{'埃及'};
{'加拿大'}; {'墨西哥'};{'美国'};{'阿根廷'};{'巴西'};{'委内瑞拉'};{'捷克'}; {'法国'};{'德
国'}; {'意大利'};{'荷兰'};{'波兰'};{'俄罗斯'}; {'西班牙'};{'土耳其'};{'乌克兰'};{'英国'};
{'澳大利亚'};{'新西兰'}
```

从图 9.22 可以看出，将 43 个样本分为 2 类时，轮廓都为正，且均大于或等于 0.3，说明将其分为 2 类是合适的。

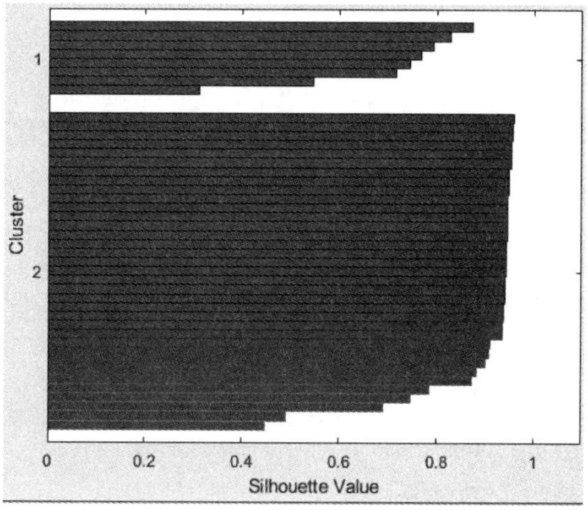

图 9.22　分为 2 类时的轮廓图

(4) 尝试将样本分为 3 类。

```
startdata = X([18,23,29],:);
idx = kmeans(X,3,'Start',startdata);
[S,H] = silhouette(X,idx);
contryname(idx == 1)
contryname(idx == 2)
contryname(idx == 3)
```

如图 9.23 所示,相比于 2 类,分类效果降低。

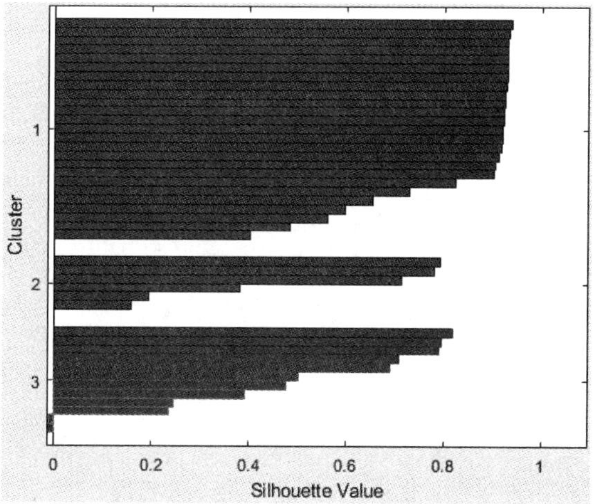

图 9.23　分为 3 类时的轮廓图

(5) 尝试分为 4 类。

```
startdata = X([2,15,23,35],:);
idx = kmeans(X,4,'Start',startdata);
```

```
[S,H] = silhouette(X,idx);
contryname(idx == 1)
contryname(idx == 2)
contryname(idx == 3)
contryname(idx == 4)
```

也能够得到较好的聚类效果，如图 9.24 所示。

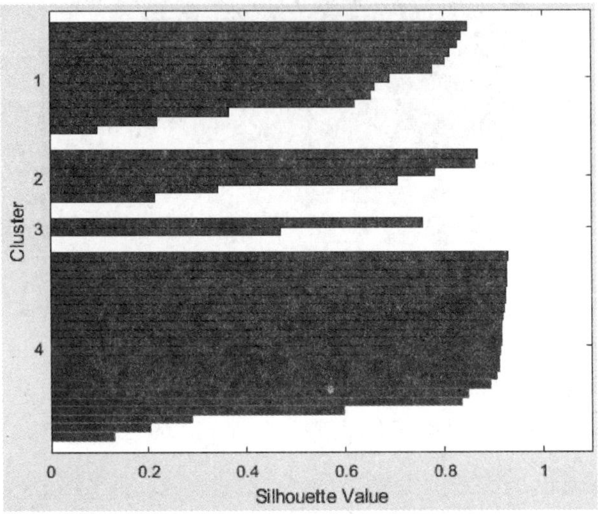

图 9.24　分为 4 类时的轮廓图

以上给出了分类为 2,3,4 时的聚类分析结果，读者也可自行尝试设置不同的聚类中心或者分为更多的类别。

参考文献

[1] Endlessp. MATLAB 编程入门(一)：编程基础[DB/OL]. 2018. https://www.cnblogs.com/Endlessp162096/archive/2018/04.html.

[2] Chapman S J. MATLAB 编程[M]. 邢树军，郑碧波，译. 2 版. 国外高校电子信息类优秀教材. 2008.

[3] Whut_L. MATLAB 怎么创建矩阵和数组[DB/OL]. 2018. https://jingyan.baidu.com/article/ f3e34a12f44906f5ea65355c.html.

[4] IT 知识解. MATLAB 中如何定义函数[DB/OL]. 2019. https://www.360kuai.com/pc/9f660e81bc5ec2e40?cota =4&kuai_so=1&tj_url=xz&sign=360_57c3bbd1&refer_scene=so_1.

[5] jinziyato. MATLAB 循环语句[DB/OL]. 2018. https://wenku.baidu.com/view/bdc7a842be1e650e52ea99cd.html.

[6] 精品课件.(新版)条件语句、循环语句、块语句和生成语句优秀课件——同济大学数学系.[DB/OL]. 2019. https://ishare.iask.sina.com.cn/f/1R0DMmm8c7I1.html.

参考答案

第1章

1. **答**：人工智能是让机器去学习人类的行动、思维等能力，从而拓展人类自身能力的一门科学技术。

2. **答**：(1)人工智能的发展经历了7个阶段，分别是起源期、第一次繁荣期、第一次低谷期、第二次繁荣期、第二次低谷期、复苏期和增长爆发期。

(2) 每个阶段的代表性事件分别说明如下。

起源期：1950年，图灵提出了“图灵测试”。

第一次繁荣期：1956年，达特茅斯会议的召开提出了人工智能的概念，此年也成了人工智能元年。

第一次低谷期：1973年，莱特希尔向英国政府提交了“莱特希尔报告”，对人工智能的知名子领域进行了严重的质疑。

第二次繁荣期：1980年，卡内基·梅隆大学设计出专家系统XCON，专家系统被大量应用于实际领域中。1986年，Rumelhart、Hinton和Williams发明了可以训练的反向传播神经网络。

第二次低谷期：1982年，日本第五代计算机系统的研究项目失败，导致人工智能又进入低谷。

复苏期：1997年，深蓝超级计算机战胜了国际象棋世界冠军卡斯帕罗夫。2006年，多伦多大学教授杰弗里·辛顿(Geoffrey Hinton)和他的学生利用单层的RBM自编码预训练使得深层的神经网络训练变得可能。同年，美国斯坦福大学计算机科学系李飞飞教授带头构建大型图像数据集——ImageNet。

增长爆发期：2016年，AlphaGo(阿尔法狗)大战世界围棋冠军李世石，以4∶1的战绩赢得比赛。一年后，AlphaGo以3∶0的战绩完胜世界排名第一的围棋世界冠军柯洁。

3. **答**：(1) 人工智能发展过程中产生了符号主义、连接主义和行为主义三大学派。

(2) 三大学派的区别：符号主义认为人的认知基元是符号，其原理主要为物理符号系统假设和有限合理性原理，可解释性强；连接主义认为思维的基本是神经元，其原理为神经网络及神经网络间的连接机制与学习算法，可解释性差；行为主义认为智能取决于感知和行动，智能不需要知识、表示和推理，其原理为控制论及感知-动作型控制系统，可解释性强。

三大学派之间的联系：三大学派分别从不同的角度对人工智能进行了解释和表示，都属于人工智能领域的主要流派，三大学派之间的结合可以更好地解释和表示人工智能，是人工智能未来的发展趋势。

4. **答**：人工智能面临的问题包括：通用人工智能实现问题、稀缺数据资源条件下的学习、安全问题、法律法规的制定问题和道德伦理问题。

5. **答**：人工智能未来发展趋势包括：从专用智能向通用智能发展、从人工智能向人机融合智能发展、自动化AI技术、可解释性和鲁棒性将受到更多关注、人工智能将减少对数据的需求和加快 AI 药物的研发速度。

6. **解题思路**：该问题为开放性问题，可从生活、学习和工作等方面谈谈人工智能对你的影响，并谈谈对人工智能的看法。

比如：(1) 人工智能给人们的生活带来了很多便利，比如进火车站时的人脸识别验票、智能音箱、智能客服等，随着人工智能的发展，会有越来越多的便利产品投入使用，会让我们的生活更加便利多彩。

(2) 人工智能的迅速发展极大地推动了人类社会的发展，带来了巨大的经济利益，但是，也存在一些安全、道德伦理等方面的问题，只要提前把相应的问题解决好，让人工智能在人类可控的范围内发展，人工智能就一定会让人们的生活越来越好。

第 2 章

1. **解**：(1) $\begin{bmatrix}3 & 2 & 8\\5 & 7 & 3\\1 & 4 & 2\end{bmatrix}\begin{bmatrix}5\\3\\4\end{bmatrix}=\begin{bmatrix}3\times5+2\times3+8\times4\\5\times5+7\times3+3\times4\\1\times5+4\times3+2\times4\end{bmatrix}=\begin{bmatrix}53\\58\\25\end{bmatrix}$

(2) $$\begin{bmatrix}1 & 3 & 2\\3 & 4 & 1\end{bmatrix}\begin{bmatrix}3 & 2 & 8\\5 & 7 & 3\\1 & 4 & 2\end{bmatrix}=\begin{bmatrix}1\times3+3\times5+2\times1 & 1\times2+3\times7+2\times4 & 1\times8+3\times3+2\times2\\3\times3+4\times5+1\times1 & 3\times2+4\times7+1\times4 & 3\times8+4\times3+1\times2\end{bmatrix}$$

$$=\begin{bmatrix}20 & 31 & 21\\30 & 38 & 38\end{bmatrix}$$

(3) $$\begin{bmatrix}1 & 4 & 2\\2 & 3 & 6\\2 & 3 & 5\end{bmatrix}\begin{bmatrix}3 & 2 & 8\\5 & 7 & 3\\1 & 4 & 2\end{bmatrix}=\begin{bmatrix}1\times3+4\times5+2\times1 & 1\times2+4\times7+2\times4 & 1\times8+4\times3+2\times2\\2\times3+3\times5+6\times1 & 2\times2+3\times7+6\times4 & 2\times8+3\times3+6\times2\\2\times3+3\times5+5\times1 & 2\times2+3\times7+5\times4 & 2\times8+3\times3+5\times2\end{bmatrix}$$

$$=\begin{bmatrix}25 & 38 & 24\\27 & 49 & 37\\26 & 45 & 35\end{bmatrix}$$

2. **解**：易得，$\boldsymbol{AB}=\begin{bmatrix}17 & 14 & 32\\30 & 20 & 44\\37 & 19 & 37\end{bmatrix}$，从而有

$$2\boldsymbol{AB}-4\boldsymbol{A}=\begin{bmatrix}30 & 20 & 52\\52 & 24 & 80\\54 & 34 & 62\end{bmatrix}$$

又

$$\boldsymbol{BA}=\begin{bmatrix}25 & 23 & 31\\45 & 27 & 39\\30 & 15 & 22\end{bmatrix}$$

显然，$\boldsymbol{AB}\neq\boldsymbol{BA}$。

3. **解**：$\|\boldsymbol{X}\|_1=3+|-6|+2+5=16$

$$\|\boldsymbol{X}\|_2=\sqrt{3^2+(-6)^2+2^2+5^2}=\sqrt{74}$$

$$\|\boldsymbol{X}\|_\infty=\max\{3,|-6|,2,5\}=6$$

4. **解**：计算可得 $\boldsymbol{A}^{\mathrm{H}}\boldsymbol{A}=\begin{bmatrix}9&0&0\\0&2&1\\0&1&1\end{bmatrix}$

易得，$\boldsymbol{A}^{\mathrm{H}}\boldsymbol{A}$ 的特征值分别为 $\frac{3-\sqrt{5}}{2}$、$\frac{3+\sqrt{5}}{2}$ 和 9。显然 9 为 $\boldsymbol{A}^{\mathrm{H}}\boldsymbol{A}$ 矩阵的最大特征值，故 $\|\boldsymbol{A}\|_2=\sqrt{9}=3$；$\|\boldsymbol{A}\|_F=\sqrt{9+2+1}=2\sqrt{3}$。

5. **解**：根据函数求导法则可得

(1) $y'=(1+x^4+5\sin(\mathrm{e}^x))'$

$$=4x^3+5\mathrm{e}^x\cos(\mathrm{e}^x)$$

(2) $y'=(2^x+\ln(\mathrm{e}^{3x^2}))'$

$$=2^x\ln 2+\frac{1}{\mathrm{e}^{3x^2}}\cdot\mathrm{e}^{3x^2}\cdot 6x$$

$$=2^x\ln 2+6x$$

(3) $y'=\dfrac{0-1\cdot\dfrac{1}{2\sqrt{x}}}{(\sqrt{x})^2}$

$$=-\frac{1}{2}x^{-\frac{3}{2}}$$

6. **解**：显然，函数 $f(x)$ 在 $x=1$ 处是连续的，为了检查函数 $f(x)$ 在该点的可导性，分别求函数 $f(x)$ 在该点处的左导数和右导数，如下：

$$f'_-(1)=\lim_{\Delta x\to 0^-}\frac{f(1+\Delta x)-f(1)}{\Delta x}$$

$$=\lim_{\Delta x\to 0^-}\frac{1+(1+\Delta x)^2-2}{\Delta x}$$

$$=2$$

$$f'_+(1)=\lim_{\Delta x\to 0^+}\frac{f(1+\Delta x)-f(1)}{\Delta x}$$

$$=\lim_{\Delta x\to 0^+}\frac{2\sin(0.5\pi(1+\Delta x))-2}{\Delta x}$$

$$=\lim_{\Delta x\to 0^+}\frac{2\cos(0.5\pi\Delta x)-2}{\Delta x}$$

$$=\lim_{\Delta x\to 0^+}\frac{-2\sin(0.5\pi\Delta x)\cdot 0.5\pi}{1}$$

$$=0$$

显然，$f'_-(1)\neq f'_+(1)$，故函数在 $x=1$ 处不可导。

7. **解**：(1) $\mathrm{d}y=(x^2+x\sin(\mathrm{e}^x))'\Delta x=(2x+\sin(\mathrm{e}^x)+x\mathrm{e}^x\cos(\mathrm{e}^x))\Delta x$

(2) $\mathrm{d}y=(2^x\mathrm{e}^{x^2})'\Delta x=(2^x\mathrm{e}^{x^2}(\ln 2+2x))\Delta x$

(3) $\mathrm{d}y=\left(\frac{1}{2x}+\frac{1}{\sqrt{x}}\right)'=\left(-\frac{1}{2x^2}-\frac{1}{2}x^{-\frac{3}{2}}\right)\Delta x$

8. **解**：(1) $\frac{\partial f}{\partial x}=2xy+2\sin(xy)+2xy\cos(xy)$；$\frac{\partial f}{\partial y}=x^2+2x^2\cos(xy)$

(2) $\frac{\partial f}{\partial x}=-\frac{y}{x^2}+y\mathrm{e}^{xy}$；$\frac{\partial f}{\partial y}=\frac{1}{x}+x\mathrm{e}^{xy}$

9. **解**：由 $f(x)=x^2\mathrm{e}^x$ 可得

$$f'(x)=2x\mathrm{e}^x+x^2\mathrm{e}^x$$
$$f''(x)=2\mathrm{e}^x+4x\mathrm{e}^x+x^2\mathrm{e}^x$$
$$f'''(x)=6\mathrm{e}^x+6x\mathrm{e}^x+x^2\mathrm{e}^x$$
$$f^{(4)}(x)=12\mathrm{e}^x+8x\mathrm{e}^x+x^2\mathrm{e}^x$$
$$\vdots$$
$$f^{(n)}(x)=n(n-1)\mathrm{e}^x+2nx\mathrm{e}^x+x^2\mathrm{e}^x$$

因而可得

$$f(0)=0,f'(0)=0,f''(0)=2,f'''(0)=6,\cdots,f^{(n)}(0)=n(n-1)$$

故函数 $f(x)=x^2\mathrm{e}^x$ 的带有佩亚诺型余项的 n 阶麦克劳林公式为

$$f(x)=f(0)+f'(0)x+\frac{f''(0)}{2!}x^2+\cdots+\frac{f^{(n)}(0)}{n!}x^n+o(x^n)$$
$$=x^2+x^3+\cdots+\frac{1}{(n-2)!}x^n+o(x^n)$$

10. **解**：由 $f(x,y,z)=2x^2+y^2+3z^2+2xyz$ 可得

$$\left.\frac{\partial f}{\partial x}\right|_{(1,2,3)}=(4x+2yz)\big|_{(1,2,3)}=16$$
$$\left.\frac{\partial f}{\partial y}\right|_{(1,2,3)}=(2y+2xz)\big|_{(1,2,3)}=10$$
$$\left.\frac{\partial f}{\partial z}\right|_{(1,2,3)}=(6z+2xy)\big|_{(1,2,3)}=22$$

因此，$\mathrm{grad}f(1,2,3)=16i+10j+22k$。

11. **解**：首先求函数 $f(x,y)=2\mathrm{e}^x+xy$ 在点(0,1)处的梯度，由于

$$\left.\frac{\partial f}{\partial x}\right|_{(0,1)}=(2\mathrm{e}^x+y)\big|_{(0,1)}=3,\quad \left.\frac{\partial f}{\partial y}\right|_{(0,1)}=x\big|_{(0,1)}=0$$

可得 $\mathrm{grad}f(0,1)=(3,0)$，而从(1,1)到$(3,1+2\sqrt{3})$的向量为$(2,2\sqrt{3})$，那么与之方向相同的单位向量为 $\boldsymbol{e}_l=\frac{(2,2\sqrt{3})}{\sqrt{4+12}}=\left(\frac{1}{2},\frac{\sqrt{3}}{2}\right)$，因此函数 $f(x,y)=2\mathrm{e}^x+xy$ 在点(0,1)处沿

从(1,1)到$(3,1+2\sqrt{3})$方向的方向导数为 $\mathrm{grad}f(0,1)\cdot \boldsymbol{e}_l=\frac{3}{2}$。

12. **解**：首先给小球编号，其中1、2、3号分别为3个红色球的编号，4、5号则为2个黄色球的编号。记(i,j)表示第一次取得的是第i号球且第二次取得的是第j号球，作不放回抽取的样本空间为

$$S=\{(1,2),(1,3),(1,4),(1,5),(2,1),(2,3),(2,4),(2,5),(3,1),(3,2),(3,4),(3,5),(4,1),(4,2),(4,3),(4,5),(5,1),(5,2),(5,3),(5,4)\};$$

$$A=\{(1,2),(1,3),(1,4),(1,5),(2,1),(2,3),(2,4),(2,5),(3,1),(3,2),(3,4),(3,5)\}$$

$$AB=\{(1,4),(1,5),(2,4),(2,5),(3,4),(3,5)\}$$

因此，$P(B|A)=\frac{P(AB)}{P(A)}=\frac{6/20}{12/20}=\frac{1}{2}$。

13. **解**：由变量X的概率密度可得其分布函数为

$$F(x)=\begin{cases}0, & x<0\\ \int_0^x x\,\mathrm{d}x, & 0\leqslant x<1\\ \int_0^1 x\,\mathrm{d}x+\int_1^x (2-x)\,\mathrm{d}x, & 1\leqslant x<2\\ 1, & \text{其他}\end{cases}$$

$$=\begin{cases}0, & x<0\\ \frac{1}{2}x^2, & 0\leqslant x<1\\ 2x-\frac{1}{2}x^2-1, & 1\leqslant x<2\\ 1, & \text{其他}\end{cases}$$

14. **解**：$E(X)=-2\times 0.2+(-1)\times 0.1+0\times 0.2+1\times 0.3+2\times 0.2=0.2$

15. **解**：因为$X\sim U(a,b)$，其概率密度为

$$f(x)=\begin{cases}\frac{1}{b-a}, & a<x<b\\ 0, & \text{其他}\end{cases}$$

那么变量X的数学期望为

$$\begin{aligned}E(X)&=\int_{-\infty}^{\infty}xf(x)\,\mathrm{d}x\\&=\int_{-\infty}^{0}0\,\mathrm{d}x+\int_a^b\frac{1}{b-a}x\,\mathrm{d}x+\int_b^{\infty}0\,\mathrm{d}x\\&=\frac{x^2}{2(b-a)}\Big|_a^b\\&=\frac{a+b}{2}\end{aligned}$$

第 3 章

1. **答**：客观经济现象是错综复杂的，很难用有限个因素来准确说明，随机误差项 ε_i 可以概括表示由于人们认知以及其他客观原因局限而没有考虑的种种因素。另一方面，由于随机误差项 ε_i 的引入，使变量间的关系可以描述为一个随机方程，进而可以借助数学中随机数学方法研究 y_i 和 x_i 之间的关系。

2. **解**：(1) 用 x 表示机器速度，y 表示每小时生产次品数，那么有 $(x_1,y_1)=(8,5)$，$(x_2,y_2)=(12,8)$，$(x_3,y_3)=(14,9)$，$(x_4,y_4)=(16,11)$，则 $\bar{x}=12.5$，$\bar{y}=8.26$。回归直线的斜率为

$$w=\frac{\sum_{i=1}^{4}x_iy_i-4\bar{y}}{\sum_{i=1}^{4}x_i^2-4\bar{x}^2}=0.7286 \tag{0.1}$$

截距为

$$b=\bar{y}-w\bar{x}=-0.8571 \tag{0.2}$$

因此，所求回归方程为 $\hat{y}=0.7286x-0.8571$。

(2) 根据回归方程 $\hat{y}=0.7286x-0.8571$，要使 $\hat{y}\leqslant 10$，即 $0.7286x-0.8571\leqslant 10$，则需 $x\leqslant 14.9013$。因此，机器的速度不能超过 14.9013 转/秒。

3. **解**：当 $b_1+b_2=1$ 时，模型变为 $y-x_2=b_0+b_1(x_1-x_2)+u$，因此可作为一元回归模型对待，求解可得 $b_1=\dfrac{n\sum(x_1-x_2)(y-x_2)-\sum(x_1-x_2)\sum(y-x_2)}{n\sum(x_1-x_2)^2-\left(\sum(x_1-x_2)\right)^2}$。

当 $b_1=b_2$ 时，模型变为 $y=b_0+b_1(x_1+x_2)+u$，同样可作为一元回归模型对待，求解可得 $b_1=\dfrac{n\sum(x_1+x_2)y-\sum(x_1+x_2)\sum y}{n\sum(x_1+x_2)^2-\left(\sum(x_1+x_2)\right)^2}$。

第 4 章

1. **解**：感知机原始形式：

$$\min_{\boldsymbol{\omega},b}L(\boldsymbol{\omega},b)=-\sum_{x_i\in M}(y_i(\boldsymbol{\omega}\cdot\boldsymbol{x}_i+b))$$

其中 M 为误分点的集合。等价于

$$\min_{\boldsymbol{\omega},b}L(\boldsymbol{\omega},b)=\sum_{i=1}^{N}(-y_i(\boldsymbol{\omega}\cdot\boldsymbol{x}_i+b))_+$$

对于对偶形式：$\boldsymbol{\omega}$，b 表示 $\boldsymbol{x}_i$，y_i 的线性组合形式，求其系数(线性组合系数)

$$\boldsymbol{\omega}=\sum_{i=1}^{N}\alpha_i y_i \boldsymbol{x}_i$$

$$b=\sum_{i=1}^{N}\alpha_i y_i$$

所以对偶形式为

$$\min_{\boldsymbol{\omega},b} L(\boldsymbol{\omega},b)=\min_{\alpha_i}\sum_{i=1}^{N}\left(-y_i\left(\sum_{j=1}^{N}\alpha_j y_i \boldsymbol{x}_j\cdot\boldsymbol{x}_i+\sum_{j=1}^{N}\alpha_j y_j\right)\right)$$

线性可分支持向量机原始问题：

$$\min_{\boldsymbol{\omega},b}\frac{1}{2}\|\boldsymbol{\omega}\|^2$$

$$\text{s.t. } y_i(\boldsymbol{\omega}\cdot\boldsymbol{x}_i+b)-1\geqslant 0,\quad i=1,2,\cdots,N$$

线性可分支持向量机对偶问题：

$$\min_{\alpha}\frac{1}{2}\sum_{i,j=1}^{N}\alpha_i\alpha_j y_i y_j(\boldsymbol{x}_i\cdot\boldsymbol{x}_j)-\sum_{i=1}^{N}\alpha_i$$

$$\text{s.t. }\sum_{i=1}^{N}\alpha_i y_i=0$$

$$\alpha_i\geqslant 0,\quad i=1,2,\cdots,N$$

最终$\boldsymbol{\omega}^*$和b^*可以按照下式求得

$$\boldsymbol{\omega}^*=\sum_{i=1}^{N}\alpha_i^* y_i \boldsymbol{x}_i$$

$$b^*=y_j-\sum_{i=1}^{N}\alpha_i^* y_i(\boldsymbol{x}_i\cdot\boldsymbol{x}_j)$$

可以看出，$\boldsymbol{\omega}$，b 实质上也可表示为 $\boldsymbol{x}_i$，$\boldsymbol{x}_j$ 的线性组合形式。

2. **解**：根据题意，得到目标函数即约束条件：

$$\min\frac{1}{2}\|\omega_1^2+\omega_2^2\|$$

$$\text{s.t.}\quad \omega_1+2\omega_2+b\geqslant 1$$

$$2\omega_1+3\omega_2+b\geqslant 1$$

$$3\omega_1+3\omega_2+b\geqslant 1$$

$$-2\omega_1-\omega_2-b\geqslant 1$$

$$-3\omega_1-2\omega_2-b\geqslant 1$$

求得该最优化问题的解为 $\omega_1=-1$，$\omega_2=2$，$b=-2$。所以最大间隔分离超平面为

$$-x^{(1)}+2x^{(2)}-2=0$$

分类决策函数为

$$f(x)=\text{sign}(-x^{(1)}+2x^{(2)}-2)$$

由下图有

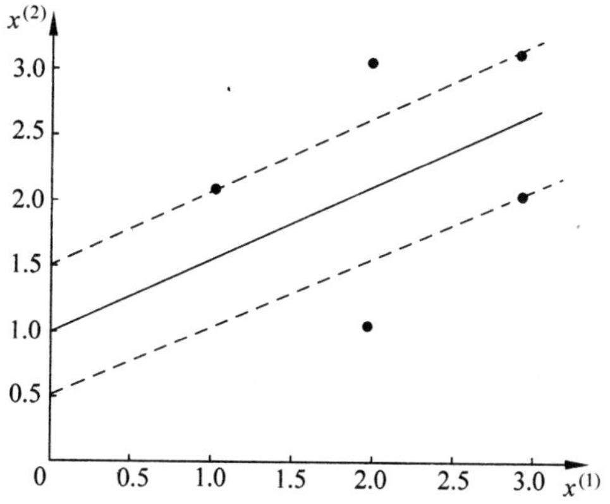

第 4 章习题 2 图示

3. **解**：根据支持向量机的对偶算法得到对偶形式

$$L(\boldsymbol{\omega},b,\xi,\alpha,\lambda)=\frac{1}{2}\|\boldsymbol{\omega}\|^2+C\sum_{i=1}^{N}\xi_i^2-\sum_{i=1}^{N}\alpha_i(y_i(\boldsymbol{\omega}\cdot\boldsymbol{x}_i+b)-1+\xi_i)-\sum_{i=1}^{N}\lambda_i\xi_i$$

其中 $\alpha_i\geqslant 0,\lambda_i\geqslant 0$。

求 $L(\boldsymbol{\omega},b,\xi,\alpha,\lambda)$ 对 $\boldsymbol{\omega},b,\xi$ 的极小值：

$$\frac{\partial L}{\partial \omega}=\boldsymbol{\omega}-\sum_{i=1}^{N}\alpha_i y_i \boldsymbol{x}_i=0$$

$$\frac{\partial L}{\partial b}=-\sum_{i=1}^{N}\alpha_i y_i=0$$

$$\frac{\partial L}{\partial \boldsymbol{\xi}_i}=2C\boldsymbol{\xi}_i-\alpha_i-\lambda_i=0$$

得到

$$\boldsymbol{\omega}=\sum_{i=1}^{N}\alpha_i y_i \boldsymbol{x}_i$$

$$\sum_{i=1}^{N}\alpha_i y_i=0$$

$$2C\boldsymbol{\xi}_i-\alpha_i-\lambda_i=0$$

最后得到对偶形式：

$$\min_{\boldsymbol{\omega},b,\xi}L(\boldsymbol{\omega},b,\boldsymbol{\xi},\alpha,\lambda)=-\frac{1}{2}\sum_{i,j=1}^{N}\alpha_i\alpha_j y_i y_j(\boldsymbol{x}_i\cdot\boldsymbol{x}_j)+\sum_{i=1}^{N}\alpha_i-\frac{1}{4C}\sum_{i=1}^{N}(\alpha_i+\lambda_i)^2$$

4. **解**：取特征空间 $H=\mathbf{R}^6$，记 $\boldsymbol{x}=(x^{(1)},x^{(2)},x^{(3)})^{\mathrm{T}}$，$\boldsymbol{z}=(z^{(1)},z^{(2)},z^{(3)})^{\mathrm{T}}$，由于

$$\begin{aligned}(\boldsymbol{x}\cdot\boldsymbol{z})^2&=(x^{(1)}z^{(1)}+x^{(2)}z^{(2)}+x^{(3)}z^{(3)})^2\\&=(x^{(1)}z^{(1)})^2+(x^{(2)}z^{(2)})^2+(x^{(3)}z^{(3)})^2\\&\quad+2x^{(1)}z^{(1)}x^{(2)}z^{(2)}+2x^{(1)}z^{(1)}x^{(3)}z^{(3)}+2x^{(2)}z^{(2)}x^{(3)}z^{(3)}\end{aligned}$$

所以取映射：

$$\phi(\boldsymbol{x})=((x^{(1)})^2,(x^{(2)})^2,(x^{(3)})^2,\sqrt{2}x^{(1)}x^{(2)},\sqrt{2}x^{(1)}x^{(3)},\sqrt{2}x^{(2)}x^{(3)})^{\mathrm{T}}$$

容易验证，$\phi(\boldsymbol{x})\cdot\phi(\boldsymbol{z})=(\boldsymbol{x}\cdot\boldsymbol{z})^2=K(\boldsymbol{x},\boldsymbol{z})$。

5. **证明**：根据书中的定理 4.5，需要证明 $K(\boldsymbol{x},\boldsymbol{z})$ 对应的 Gram 矩阵 $\boldsymbol{K}=[K(\boldsymbol{x}_i,\boldsymbol{x}_j)]_{m\times n}$ 是半正定矩阵。

对任意的 $c_1,c_2,\cdots,c_m\in\mathbf{R}$，有

$$\begin{aligned}\sum_{i,j=1}^{m}c_ic_jK(\boldsymbol{x}_i,\boldsymbol{x}_j)&=\sum_{i,j=1}^{m}c_ic_j(\boldsymbol{x}_i\cdot\boldsymbol{x}_j)^p\\&=(\sum_{i=1}^{m}c_i\boldsymbol{x}_i)\cdot(\sum_{j=1}^{m}c_j\boldsymbol{x}_j)(\boldsymbol{x}_i\cdot\boldsymbol{x}_j)^{p-1}\\&=\|(\sum_{i=1}^{m}c_i\boldsymbol{x}_i)\|^2(\boldsymbol{x}_i\cdot\boldsymbol{x}_j)^{p-1}\end{aligned}$$

因为 $p\geqslant1$，所以 $p-1\geqslant0$，$(\boldsymbol{x}_i\cdot\boldsymbol{x}_j)^{p-1}\geqslant0$，所以 Gram 矩阵 $\boldsymbol{K}=[K(\boldsymbol{x}_i,\boldsymbol{x}_j)]_{m\times n}$ 是半正定的，所以正整数的幂函数是正定核函数。

第 5 章

1. **答**：在指定空间内，如果存在一个超平面将不同种类的数据集分割开，即不同种类的数据集分布在超平面的两侧，则可以认为数据集是线性可分的。解决线性不可分问题可以采用加深神经网络层数，或者选择核函数方法，将数据集映射到高维空间。

2. **解**：

可以将逻辑运算拆分为两步：

(1) $x_1\&x_2$

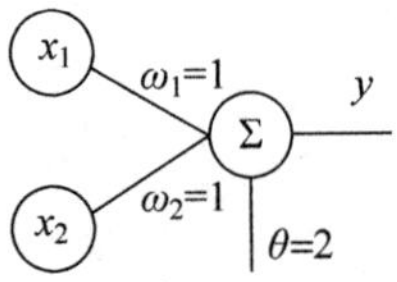

(2) $y=(x_1\&x_2)||(x_3\&x_4)$

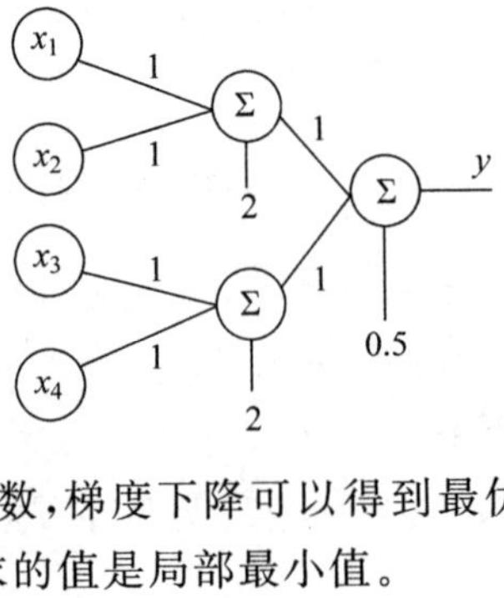

3. **答**：不一定。对于凸函数，梯度下降可以得到最优解，即极小值点。但是对于非凸函数而言，梯度下降有可能求的值是局部最小值。

4. **解**：假设模型的损失值为

$$L=\sum L_i$$

$$L_i=\frac{1}{2}\sum_{j=1}^{l}(y_j-\hat{y}_j)^2$$

$$\Delta\omega_i=-\alpha\frac{\partial L_i}{\partial\omega_{ih}}$$

$$\hat{y}=f(\beta(\omega,x))$$

$$\beta(\omega,x,\theta)=\omega x+\theta$$

根据链式求导法则

$$\Delta\omega_i=-\alpha\frac{\partial L_i}{\partial\omega_{ih}}=-\alpha\frac{\partial L_i}{\partial y^{(3)}}\frac{\partial y^{(3)}}{\partial\beta}\frac{\partial\beta}{\partial\omega_i^{(3)}}$$

$$\beta=\sum\omega_i^{(3)}y^{(2)}$$

$$\frac{\partial\beta}{\partial\omega_i}=y_i^{(3)}$$

$$f'(x)=\begin{cases}1 & x>0\\0 & x\leqslant 0\end{cases}$$

$$\begin{aligned}\Delta\omega_i&=-\alpha x\frac{\partial L_i}{\partial\hat{y}}\frac{\partial\hat{y}}{\partial\beta}\\&=\alpha x(y_j-\hat{y})f'(\beta)\\&=\begin{cases}\alpha x(1-\hat{y})\\0\end{cases}\end{aligned}$$

5. **答**：标准梯度下降算法：标准梯度下降算法是利用的全部样本损失之和，得到损失函数之和后进行一次梯度的更新。

随机梯度下降算法：随机梯度下降算法根据每个数据的损失函数值进行参数更新，即每个数据都更新一次参数。

mini-batch：mini-batch 随机梯度下降的主要思想是将整体的数据集 n 拆分为大小相等的数据集合，需要注意的是，各个数据集合中的数据应满足独立同分布的原则，一般的做法是进行随机划分。通过计算 n' 上的梯度的和，对模型的参数进行更新。

6. **答**：循环神经网络：网络结构为循环结构，即当前时间步的输出会作为下一时间步的输入。

卷积神经网络：卷积神经网络由卷积层、非线性层、池化层、输出层构成。

径向基神经网络：径向基神经网络在结构上与前馈神经网络差异不大，但是其激活函数为径向基函数。

7. **答**：

平方差损失函数

$$l=\sum(y_i-\hat{y}_i)^2$$

交叉熵损失函数

$$l=\sum y_i\log(\hat{y}_i)$$

指数损失函数

$$y=\exp(yf(x))$$

0-1 损失函数

$$l=\begin{cases}1, & y=f(x)\\ 0, & y!=f(x)\end{cases}$$

第 6 章

1. **答**：随着卷积网络的不断发展，卷积层的深度不断加深，宽度也逐渐变宽，导致梯度爆炸和梯度弥散的出现。残差网络结构配合使用 ReLU 激活函数、批归一化技术能够有效解决梯度爆炸和梯度弥散等问题。

2. **答**：输出矩阵的宽度是 78，高度是 58。

3. **答**：特征图如下所示。

23	6	22
13	12	21
17	14	16

4. **答**：经过平均池化层滤波后的矩阵如下所示。

1	5
2.5	2.5

3	5
2	2

5. **答**：经过最大池化层滤波后的矩阵如下所示。

4	8
7	5

5	5
7	3

6. **答**：softmax 函数的输出值为

$$y_1=\frac{e^2}{e^2+e^3+e^4}=0.09$$

$$y_2=\frac{e^3}{e^2+e^3+e^4}=0.2447$$

$$y_3=\frac{e^3}{e^2+e^3+e^4}=0.6652$$

第 7 章

1. **答**：适合多对一 RNN 结构的任务：情感分类，人声性别识别等。其按时间步展开图如下：

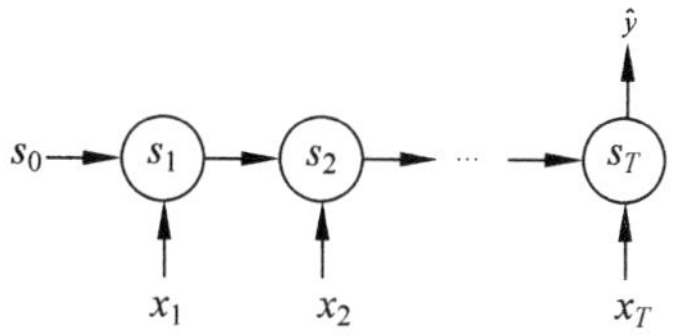

2. **答**：此时应该使用单向 RNN，因为 y_t 的值仅依赖于 $x_1, x_2, \cdots, x_t$，而不依赖于 $x_{t+1}, x_{t+2}, \cdots, x_{365}$。

3. **答**：模型在时刻 t 时，将利用前面所有时刻的知识进行当前步预测：

$$P(y_t \mid y_1, y_2, \cdots, y_{t-1})$$

4. 对于每一个时间步 t：

(1) 使用由 RNN 输出概率来选择该时间步的最高概率词为 $\hat{y}_t$。

(2) 将选择的词传递给下一时间步。

5. **答**：当训练 RNN 网络出现权重和激活值都是 NaN 时，最有可能导致这个问题的原因：

(1) 训练数据中存在坏数据，需要找到这些坏数据并剔除。

(2) 梯度爆炸，此时可采取的措施有：梯度剪切、权重正则化、使用不同的激活函数(relu)和使用 BatchNorm 方法。

6. **答**：同学 2 的方法可行，即移除 r_t，因为对于每一时间步而言，如果 $z_t \approx 0$，梯度可以通过时间步反向传播而不会衰减。

7. **答**：使得目标序列单词生成时可以看到源序列的每一个单词，提高了目标序列和源序列的语义相关性，在一定程度上解决了由于输入序列和目标序列由于时间跨度大导致无法建立长时间依赖关系的问题。

经过注意力机制得到的目标序列单词和源序列每一个单词之间的注意力得分反映了单词之间的关联程度，得分高的关联程度高，反之关联程度低。

8. **解**：求解点积注意力得分：

$$\mathbf{score} = \boldsymbol{h}^{\mathrm{T}} \boldsymbol{s} = \begin{bmatrix} 0.1 & 0.2 & 0.3 & 0.4 \\ 0.2 & 0.4 & 0.6 & 0.8 \\ 0.3 & 0.5 & 0.7 & 0.9 \end{bmatrix} \cdot \begin{bmatrix} 0.1 \\ 0.3 \\ 0.5 \\ 0.7 \end{bmatrix} = [0.5 \quad 1 \quad 1.16]$$

进行归一化：

$$\alpha = \mathrm{softmax}(\mathbf{score}) = [0.22 \quad 0.36 \quad 0.42]$$

加权后得到与解码 t 时刻对应的上下文向量：

$$c = h \cdot \alpha = \begin{bmatrix} 0.1 & 0.2 & 0.3 \\ 0.2 & 0.4 & 0.5 \\ 0.3 & 0.6 & 0.7 \\ 0.4 & 0.8 & 0.9 \end{bmatrix} \cdot \begin{bmatrix} 0.22 \\ 0.36 \\ 0.42 \end{bmatrix} = [0.22 \quad 0.40 \quad 0.58 \quad 0.76]$$

9. **答**：一般注意力机制在输入源序列和输出目标序列之间进行运算。自注意力机制只需要一个输入序列即可，相当于源序列等于目标序列的一般注意力机制。

通过对输入序列自身运算注意力机制可以挖掘序列本身深层次的语义信息，为后续下游任务提供支撑。

第 8 章

1. **解**：选择两个恰当的分界点来使得分类正确，设分别为 $x=-4.5$ 和 $x=-1.5$，则相应的决策面形式为

$$G(x)=(x+4.5)(x+1.5)=x^2+6x+6.75$$

决策形式：

$$\begin{cases} \text{若 } x<-4.5 \text{ 或 } x>-1.5, & \text{则 } x\in\omega_1 \\ \text{若 } -4.5<x<-1.5, & \text{则 } x\in\omega_2 \end{cases}$$

等价为

$$\begin{cases} G(x)>0 \\ G(x)<0 \end{cases} \Rightarrow \begin{cases} x\in\omega_1 \\ x\in\omega_2 \end{cases}$$

定义变换：

$$y_1=x^2, \quad y_2=x$$

决策函数线性形式：

$$G(Y)=y_1+6y_2+6.75$$

使得新的特征空间 Y^2 中的样本分布如下图所示：

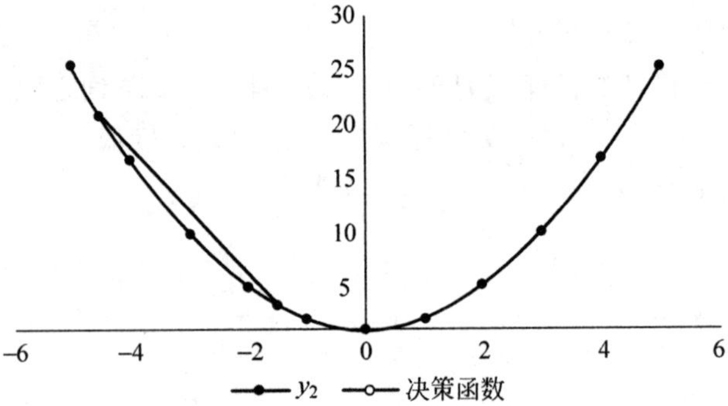

2. **解**：似然函数 $L=\prod_{i=1}^{n}\theta x_i^{\theta-1}=\theta^n\prod_{i=1}^{n}x_i^{\theta-1}$

$$\ln L = n\ln\theta + (\theta - 1)\sum_{i=1}^{n}\ln x_i$$

$$\frac{\mathrm{d}\ln L}{\mathrm{d}\theta} = \frac{n}{\theta} + \sum_{i=1}^{n}\ln x_i = 0 \Rightarrow \hat{\theta} = -\frac{n}{\sum_{i=1}^{n}\ln x_i}$$

3. **解**：由 Parzen 窗估计公式：$\hat{p}(X) = \dfrac{k/N}{V} = \dfrac{1}{N}\sum_{i=1}^{N}\dfrac{1}{V_N}\varphi\left(\dfrac{X - X_i}{h_N}\right)$

$$\hat{p}(1) = \frac{1}{7}\sum_{i=1}^{7}\frac{1}{3}\varphi\left(\frac{1 - X_i}{3}\right) = \frac{1}{21}\left(\varphi\left(\frac{1-2}{3}\right) + \varphi\left(\frac{1-3}{3}\right) + \cdots + \varphi\left(\frac{1-12}{3}\right)\right)$$

其中：

$$\varphi\left(\frac{1 - X_i}{3}\right) = \begin{cases} 0, & \left|\dfrac{1 - X_i}{3}\right| \geqslant \dfrac{1}{2} \\ 1, & \left|\dfrac{1 - X_i}{3}\right| < \dfrac{1}{2} \end{cases}$$

$$\hat{p}(1) = \frac{1}{21}(1 + 0 + \cdots + 0) = \frac{1}{21}$$

4. **解**：(1) 首先选择类心 $\boldsymbol{z}_1 = \boldsymbol{x}_1 = (0,0)^{\mathrm{T}}$

(2) 选择距离 $\boldsymbol{z}_1$ 欧几里得距离最远的 $\boldsymbol{x}_6$ 作为第二个类心，则有 $\boldsymbol{z}_2 = \boldsymbol{x}_6 = (5,5)^{\mathrm{T}}$。计算可得：$d(\boldsymbol{z}_1, \boldsymbol{z}_2) = \|\boldsymbol{z}_1 - \boldsymbol{z}_2\| = 5\sqrt{2}$，进而可求得距离阈值为

$$D = d(\boldsymbol{z}_1, \boldsymbol{z}_2) = 1.5\sqrt{2}$$

(3) 计算其余样本与 Z_1, Z_2 之间的距离，选出其中的最小值。

$$d(\boldsymbol{x}_2, \boldsymbol{z}_1) = \|\boldsymbol{x}_1 - \boldsymbol{z}_1\| = 1 < d(\boldsymbol{x}_2, \boldsymbol{z}_2) = \sqrt{41}$$

$$\min[d(\boldsymbol{x}_2, \boldsymbol{z}_1), d(\boldsymbol{x}_2, \boldsymbol{z}_2)] = d(\boldsymbol{x}_2, \boldsymbol{z}_2) = 1 < D \Rightarrow \boldsymbol{x}_2 \in \omega_1$$

$$d(\boldsymbol{x}_3, \boldsymbol{z}_1) = \|\boldsymbol{x}_3 - \boldsymbol{z}_1\| = 4\sqrt{2} > d(\boldsymbol{x}_3, \boldsymbol{z}_2) = \sqrt{2}$$

$$\min[d(\boldsymbol{x}_3, \boldsymbol{z}_1), d(\boldsymbol{x}_3, \boldsymbol{z}_2)] = d(\boldsymbol{x}_3, \boldsymbol{z}_2) = \sqrt{2} < D \Rightarrow \boldsymbol{x}_3 \in \omega_1$$

$$d(\boldsymbol{x}_4, \boldsymbol{z}_1) = \|\boldsymbol{x}_4 - \boldsymbol{z}_1\| = \sqrt{41} > d(\boldsymbol{x}_4, \boldsymbol{z}_2) = 1$$

$$\min[d(\boldsymbol{x}_4, \boldsymbol{z}_1), d(\boldsymbol{x}_4, \boldsymbol{z}_2)] = d(\boldsymbol{x}_4, \boldsymbol{z}_2) = \sqrt{41} < D \Rightarrow \boldsymbol{x}_4 \in \omega_2$$

$$d(\boldsymbol{x}_5, \boldsymbol{z}_1) = \|\boldsymbol{x}_5 - \boldsymbol{z}_1\| = \sqrt{41} > d(\boldsymbol{x}_5, \boldsymbol{z}_2) = 1$$

$$\min[d(\boldsymbol{x}_5, \boldsymbol{z}_1), d(\boldsymbol{x}_5, \boldsymbol{z}_2)] = d(\boldsymbol{x}_5, \boldsymbol{z}_2) = \sqrt{41} < D \Rightarrow \boldsymbol{x}_5 \in \omega_2$$

$$d(\boldsymbol{x}_7, \boldsymbol{z}_1) = \|\boldsymbol{x}_7 - \boldsymbol{z}_1\| = 1 < d(\boldsymbol{x}_4, \boldsymbol{z}_2) = \sqrt{41}$$

$$\min[d(\boldsymbol{x}_7, \boldsymbol{z}_1), d(\boldsymbol{x}_7, \boldsymbol{z}_2)] = d(\boldsymbol{x}_7, \boldsymbol{z}_1) = \sqrt{41} < D \Rightarrow \boldsymbol{x}_7 \in \omega_1$$

则聚类结果为

$$\omega_1 = \{\boldsymbol{x}_1, \boldsymbol{x}_2, \boldsymbol{x}_7\}, \quad \omega_2 = \{\boldsymbol{x}_3, \boldsymbol{x}_4, \boldsymbol{x}_5, \boldsymbol{x}_6\}$$

5. **解**：(1) $c = 2, \boldsymbol{z}_1(0) = \boldsymbol{x}_1 = (0,0)^{\mathrm{T}}$， $\boldsymbol{z}_2(0) = \boldsymbol{x}_2 = (0,1)^{\mathrm{T}}$。

(2) 按照最近原则进行聚类：$\|x_6-z_1(0)\|=1<\|x_6-z_1(0)\|=\sqrt{2}$，其余样本都是距离 $z_2(0)$ 更近，则得到第一次聚类结果：

$$\omega_1=\{x_1,x_6\},\quad \omega_2=\{x_2,x_3,x_4,x_5\}$$

(3) 计算新的聚类中心：

$$z_1(1)=\frac{1}{2}(x_1+x_6)=\frac{1}{2}\begin{pmatrix}0+1\\0+0\end{pmatrix}=\begin{pmatrix}1/2\\0\end{pmatrix}$$

$$z_2(1)=\frac{1}{4}(x_2,x_3,x_4,x_5)=\begin{pmatrix}7/4\\9/4\end{pmatrix}$$

(4) 由于聚类中心发生变化，即 $Z_1(1)\neq Z_1(0)$，$Z_2(1)\neq Z_2(0)$，故跳回步骤(2)再次进行计算：

$$\|x_1-z_1(1)\|^2=(0-1/2)^2+0=0.25$$

$$\|x_1-z_2(1)\|^2=(0-7/4)^2+(0-9/4)^2=8.125\Rightarrow x_1\in\omega_1$$

$$\|x_2-z_1(1)\|^2=(0-1/2)^2+1=0.8$$

$$\|x_2-z_2(1)\|^2=(0-7/4)^2+(1-9/4)^2=1.526\Rightarrow x_2\in\omega_1$$

$$\|x_3-z_1(1)\|^2=(2-1/2)^2+(1-0)^2=3.25$$

$$\|x_3-z_2(1)\|^2=(2-7/4)^2+(1-9/4)^2=1.625\Rightarrow x_3\in\omega_2$$

$$\|x_4-z_1(1)\|^2=(2-1/2)^2+(3-0)^2=11.25$$

$$\|x_4-z_2(1)\|^2=(2-7/4)^2+(3-9/4)^2=0.625\Rightarrow x_4\in\omega_2$$

$$\|x_5-z_1(1)\|^2=(3-1/2)^2+(4-0)^2=22.25$$

$$\|x_5-z_2(1)\|^2=(3-7/4)^2+(4-9/4)^2=4.625\Rightarrow x_5\in\omega_2$$

$$\|x_6-z_1(1)\|^2=(1-1/2)^2+(0-0)^2=0.25$$

$$\|x_6-z_2(1)\|^2=(1-7/4)^2+(0-9/4)^2=5.625\Rightarrow x_6\in\omega_1$$

得到新的聚类为

$$\omega_1=\{x_1,x_2,x_6\},\quad \omega_2=\{x_3,x_4,x_5\}$$

$$z_1(2)=\frac{1}{3}(x_1+x_2+x_6)=\begin{pmatrix}1/3\\1/3\end{pmatrix},\quad z_2(2)=\frac{1}{3}(x_3+x_4+x_5)=\begin{pmatrix}7/3\\8/3\end{pmatrix}$$

(5) 由于聚类中心发生变化，即 $Z_1(2)\neq Z_1(1)$，$Z_2(2)\neq Z_2(1)$，故跳回步骤(2)再次进行计算，同理得到第三次的聚类结果为：$\omega_1=\{x_1,x_2,x_6\}$，$\omega_2=\{x_3,x_4,x_5\}$，各个样本的归属类别不变，则聚类中心也保持不变，故结束迭代算法。

6. **解**：(1) 预设参数和初始值：

$$c=2,N_c=4,\theta_N=1,\theta_S=2,\theta_C=4,L=1,I=4,Z_1=(0,0)^T,I_k=3$$

先任意选取，后可根据需要通过算法逐渐修正调整。

(2) 因为只有一个聚类中心，则 $S_1=\{X_1,X_2,\cdots,X_8\}$，$N_1=10$。

(3) $N_1>\theta_N$，不进行合并。

(4) 分别计算聚类中心：

$$\boldsymbol{Z}_1=\frac{1}{N_j}\sum_{i=1}^{N_j}=(3.8,3.9)^{\mathrm{T}}$$

类内平均距离：

$$\overline{D}_1=\frac{1}{N_j}\sum_{i=1}^{N_j}\|\boldsymbol{X}_i-\boldsymbol{Z}_1\|=3.19$$

总的平均距离：

$$\overline{D}=\overline{D}_1=3.19$$

(5) 不是最后一次迭代，且 $N_c=\frac{c}{2}$，转至步骤(6)。

(6) 求 S_1 的标准差向量：

$$\boldsymbol{\sigma}_1=\begin{pmatrix}2.32\\2.39\end{pmatrix}$$

(7) 求得 $\sigma_{1\max}=2.39$。

(8) $\sigma_{1\max}=2.39>\theta_S$，且 $N_c=\frac{c}{2}$，则对 S_1 进行分裂，取 $k=0.5$，$0.5\sigma_{1\max}\approx1.20$

$$\boldsymbol{Z}_1\triangleq\boldsymbol{Z}_1^+=\begin{pmatrix}3.80\\3.90+1.20\end{pmatrix}=\begin{pmatrix}3.80\\5.10\end{pmatrix},\quad \boldsymbol{Z}_2\triangleq\boldsymbol{Z}_1^-=\begin{pmatrix}3.80\\3.90-1.20\end{pmatrix}=\begin{pmatrix}3.80\\2.71\end{pmatrix}$$

且 $N_c=N_c+1=2$，跳转至步骤(2)。

(2) 按最小距离原则划分得到新的聚类

$S_1=\{\boldsymbol{X}_4,\boldsymbol{X}_5,\boldsymbol{X}_6,\boldsymbol{X}_7,\boldsymbol{X}_{10}\}$，$N_1=5$；$S_2=\{\boldsymbol{X}_1,\boldsymbol{X}_2,\boldsymbol{X}_3,\boldsymbol{X}_8,\boldsymbol{X}_9\}$，$N_2=5$

(3) $N_1>\theta_N$，$N_2>\theta_N$，不进行合并。

(4) 分别计算聚类中心：

$$\boldsymbol{Z}_1=\begin{pmatrix}4.40\\6.00\end{pmatrix}\quad \boldsymbol{Z}_2=\begin{pmatrix}3.20\\1.80\end{pmatrix}$$

类内平均距离：

$$\overline{D}_1=1.59\quad \overline{D}_2=2.85$$

总的平均距离：

$$\overline{D}=2.22$$

(5) 这是偶数次迭代，故转至步骤(9)。

(9) 计算类间距离得

$$D_{12}=4.37$$

(10) 经过比较与判断有 $D_{12}>\theta_N$，不合并。不是最后一次迭代，不修改参数，迭代次数加 1，$I_k=I_k+1=3$，再重复步骤(2)～步骤(4)，计算结果与前一次相同。

(5) 没有任何一种情况得到满足，故下转进行分裂。

(6) 求 S_1 和 S_2 的标准差向量：

$$\boldsymbol{\sigma}_1=\begin{pmatrix}1.50\\1.10\end{pmatrix}\quad \boldsymbol{\sigma}_2=\begin{pmatrix}2.79\\1.17\end{pmatrix}$$

(7) $\sigma_{1\max}=0.75$，$\sigma_{2\max}=0.82$。

(8) $\sigma_{2\max}>\theta_S$，满足分裂条件，取 $k=0.5$，

$$\boldsymbol{Z}_2 \triangleq \boldsymbol{Z}_2^+ = \begin{pmatrix} 3.80+0.5\sigma_{2\max} \\ 2.71 \end{pmatrix} = \begin{pmatrix} 5.20 \\ 2.71 \end{pmatrix}, \quad \boldsymbol{Z}_3 \triangleq \boldsymbol{Z}_2^- = \begin{pmatrix} 3.80-0.5\sigma_{2\max} \\ 2.71 \end{pmatrix} = \begin{pmatrix} 2.41 \\ 2.71 \end{pmatrix}$$

且 $N_c=N_c+1=2$，$I_k=I_k+1=4$，跳转至步骤(2)。

(2) 按最小距离原则划分得到新的聚类：

$$S_1=\{\boldsymbol{X}_4,\boldsymbol{X}_5,\boldsymbol{X}_6,\boldsymbol{X}_7\}, \quad N_1=4$$

$$S_2=\{\boldsymbol{X}_8,\boldsymbol{X}_9,\boldsymbol{X}_{10}\}, \quad N_2=3, \quad S_3=\{\boldsymbol{X}_1,\boldsymbol{X}_2,\boldsymbol{X}_3\}, \quad N_3=3$$

(3) $N_1>\theta_N$，$N_2>\theta_N$，$N_3>\theta_N$，不进行合并。

(4) 分别计算聚类中心：

$$\boldsymbol{Z}_1=\begin{pmatrix} 3.75 \\ 6.50 \end{pmatrix} \quad \boldsymbol{Z}_2=\begin{pmatrix} 6.67 \\ 3.33 \end{pmatrix} \quad \boldsymbol{Z}_3=\begin{pmatrix} 1.00 \\ 1.00 \end{pmatrix}$$

类内平均距离：

$$\overline{D}_1=0.93 \quad \overline{D}_2=0.66 \quad \overline{D}_3=0.94$$

总的平均距离：

$$\overline{D}=0.85$$

(5) 这是偶数次迭代，故转至步骤(9)。

(9) 计算类间距离得

$$D_{12}=4.31, \quad D_{13}=6.15, \quad D_{23}=6.13$$

(10) 比较所有聚类中心间的距离与 θ_C 的大小，这里均大于 θ_C，不是最后一次迭代，不修改参数，迭代次数 $I_k=I_k+1=5$，再重复步骤(2)～步骤(4)，计算结果与前一次相同。

(5) 这是最后一次迭代 $I_k=I$，令 $\theta_C=0$，跳转至步骤(9)。

(9) 计算类间距离得到的结果与上一次迭代运算结果相同。

(10) 无合并发生。因为是最后一次迭代，故计算结束。

聚类结果为

$$\omega_1: \boldsymbol{X}_4,\boldsymbol{X}_5,\boldsymbol{X}_6,\boldsymbol{X}_7, \quad \omega_2: \boldsymbol{X}_8,\boldsymbol{X}_9,\boldsymbol{X}_{10}, \quad \omega_3: \boldsymbol{X}_1,\boldsymbol{X}_2,\boldsymbol{X}_3$$

图书资源支持

感谢您一直以来对清华大学出版社图书的支持和爱护。为了配合本书的使用，本书提供配套的资源，有需求的读者请扫描下方的“书圈”微信公众号二维码，在图书专区下载，也可以拨打电话或发送电子邮件咨询。

如果您在使用本书的过程中遇到了什么问题，或者有相关图书出版计划，也请您发邮件告诉我们，以便我们更好地为您服务。

我们的联系方式：

地　　址：北京市海淀区双清路学研大厦 A 座 701

邮　　编：100084

电　　话：010-83470236　010-83470237

资源下载：http://www.tup.com.cn

客服邮箱：tupjsj@vip.163.com

QQ：2301891038（请写明您的单位和姓名）

教学资源 · 教学样书 · 新书信息

人工智能科学与技术
人工智能|电子通信|自动控制

资料下载 · 样书申请

书圈

用微信扫一扫右边的二维码，即可关注清华大学出版社公众号。